U0176211

食品检验与技术研究

汤浩源◎著

吉林科学技术出版社

图书在版编目（CIP）数据

食品检验与技术研究 / 汤浩源著. -- 长春 : 吉林
科学技术出版社, 2022.9
ISBN 978-7-5578-9740-6

Ⅰ.①食… Ⅱ.①汤… Ⅲ.①食品检验—研究 Ⅳ.
①TS207.3

中国版本图书馆CIP数据核字(2022)第178086号

食品检验与技术研究

著	汤浩源
出 版 人	宛　霞
责任编辑	乌　兰
封面设计	周　凡
制　　版	长春美印图文设计有限公司
幅面尺寸	170mm × 240mm　1/16
字　　数	200 千字
页　　数	304
印　　张	19
印　　数	1–1500 册
版　　次	2022 年 9 月第 1 版
印　　次	2023 年 3 月第 1 次印刷

出　　版　吉林科学技术出版社
发　　行　吉林科学技术出版社
地　　址　长春市净月区福祉大路 5788 号
邮　　编　130118
发行电话　/　传真　0431-81629529　81629530　81629531
　　　　　　　　　　　81629532　81629533　81629534
储运部电话　0431-86059116
编辑部电话　0431-81629518
印　　刷　三河市嵩川印刷有限公司

书　　号　ISBN　978-7-5578-9740-6
定　　价　90.00 元

近年来，为进一步规范食品生产行业、形成良好的社会风气，相关生产企业对于食品检验工作予以了高度重视。检验人员可利用食品检测技术实现对食品中有害成分的检测分析，以保障食品安全。我国在食品检验技术应用方面存在滞后性问题亟待解决。一直以来食品安全都是社会各界高度关心的问题，当前食品安全事故频发，这对我国食品行业的发展产生了极为不利的影响。因此，为了提升食品安全质量，使人们能够食用营养、安全的食品，就需要充分发挥食品检验检测技术的作用，严格把控检测质量。

因此，本书以"食品检验与技术研究"为题，共设置六章。第一章主要阐述食品安全管理与检验要求、食品样品的具体处理、食品检测准确性的提升；第二章主要论述食品感官评定、食品感官评定的组织管理、食品感官评定的检验方法；第三章探究食品理化检验的基本原理、食品中一般成分的检验技术、食品添加剂的检验技术；第四章解析食品微生物检验及其发展趋势、环境条件与微生物的生命活动、食品微生物检验的主要程序、常见食品的微生物检验方法；第五章研究食品生物性污染及其检验技术、食品化学性污染及其检验技术、食品包装中有害物质的检验技术；第六章探究食品检测的质控与不足之处、食品检测的重要性及完善对策。

本书从食品与食品检测的基础概念出发，由浅入深、层层递进，逻辑清晰，结构合理，内容全面，通过具体分析，系统性地对食品检验与食品检验技术进行解读，分析了食品检测的相关内容，以及对食品检验与技术研究展开了深入探讨。

本书的撰写得到了许多专家学者的帮助和指导，在此表示诚挚的谢意。由于时间仓促，书中所涉及的内容难免有疏漏与不够严谨之处，希望读者多提宝贵意见，以待进一步修改，使之更加完善。

目 录

第一章

食品与食品检测

食品安全问题是影响国民身体健康和社会稳定的重要因素。如果食品安全问题频发，不仅会对人们的身体健康和生命安全造成威胁，同时会造成社会信任危机，影响社会稳定。在食品安全工作中，食品检测是食品安全的第一道防线，对于保障食品安全、保证食品质量具有至关重要的作用。本章主要阐述食品安全管理与检验要求、食品样品的具体处理、食品检测准确性的提升。

第一节　食品安全管理与检验要求

一、食品安全管理

（一）食品安全管理的含义

"食品安全关系人们的身体健康，但食品安全事件时有发生。生物毒素、生产环境污染、农药、兽药残留等都会影响食品安全。为保证人们的食品安全，食品监管部门要总结以往的经验，制定严格的食品安全标准，建立完善的食品安全管理体系，加强对食品从生产到销售的质量控制，严格控制好每一个环节的质量，从根本上处理好食品安全问题"①。食品安全管理是指相关食品安全管理部门，对食品的整个环节如生产、加工、流通、销售等进行安全方面的管理，保障人们的身体健康、生命安全和社会的公共利益。食品安全管理的定义主要包含以下四层内容：

第一，食品安全的主体是政府食品安全管理相关部门，国务院也专门设立了食品安全委员会。

第二，食品安全管理的客体是和食品相关的各个环节，包括食品的生产加工、食品的流通和餐饮服务、食品添加剂的生产经营，用于食品的包装材料、容器、洗涤剂、消毒剂和用于食品生产经营的工具设备的生产经营。食品的生产经营者使用食品添加剂等相关产品一定要做好全面的安全管理，这样才能够避免对公众的生命健康造成影响。

第三，食品安全管理的内容主要集中于提高食品质量、保障社会公共利益。

第四，食品安全管理是通过对食品安全的一系列活动的调节控制，呈现有

---

①牟玉芳. 食品安全管理中存在的问题及对策[J]. 食品安全导刊，2022（2）：19-21.

序、有效、可控制的市场特点，确保公众健康及社会稳定，促进社会经济发展。由于食品安全问题在世界范围内普遍存在，考虑到食品污染、食源性疾病、加工食品的新工艺和新技术的不确定性危害等，食品安全管理面临着诸多挑战。

（二）食品安全管理的对策

1.完善法律法规，提升惩处力度

　　法律和法规是人们行动的指南，是重要的指导依据。为了让人们更加重视食品安全，同时对食品问题起到警示作用，降低食品安全管理出现的风险，要不断地完善相关的法律和法规，以法律为武器，为食品安全筑起防线。当前我国食品安全方面的法律和法规非常多，并且存在相互重叠或冲突的情况，因此，要不断完善和调整，通过借鉴或者引进国外先进的管理方法，对我国当前的法律和法规进行优化，弥补各种漏洞和缺陷，构建更完善的管理体系，相关部门可根据法律和法规要求进行协调或补充，从而使食品安全管理更加有序。

　　结合《食品安全国家标准管理办法》，在法律和法规上还要加大威慑力度和惩处力度，不能出现食品安全问题一概以罚款作为处罚手段，这样既打不到痛处又起不到作用，也很难真正对食品安全问题说不。要通过行政处罚、刑法等方式建立层次更多、门类更全的法律体系，以保障食品安全。

2.严格源头监管，健全标准机制

　　解决食品安全问题，第一步要做的就是在源头上进行严格科学的管控，从根本上防止源头出现污染，可以从以下两方面入手：

　　（1）对农产品源头和环境进行不断完善和优化，农业生产基地要安全无公害，要减少农药、化肥、激素、抗生素、添加剂等的使用以及重金属污染和转基因食品的应用等，在食品源头上打造优良的环境，从而提高质量安全系数。

　　（2）不断构建和完善食品相关的安全论证制度，对化学药品和农药等的使用要严格地进行控制，以形成一个健全的标准机制，明确监督管理的程度，严禁超越应用准线。

　　我国要积极借鉴一些发达国家的科学做法，在食品安全标准上和国际接轨，加快健全食品安全相关方面的标准体系和评价体系建设，包括：①对相关的卫生环境和运输环境以及食品添加剂等都要做出具体规定，加强对微生物、化学等和食品有关的因素的评价，完善评价体系；②监督标准要合理、严格、科学，为食品安全管理提供支撑；③对市场准入制度进行完善，严格审查企业的生产条件，包括环境、原材料把关、生产设备、工艺流程、产品标准、检验设备等。

3.发挥监督作用，重视舆论反馈

食品安全管理的相关部门要明确职能范围，打造一个结构更为合理科学、权责更为分明的监督管理体系，保障相关部门能更好地开展工作。对相关职能部门进行改革，比如与绩效考核挂钩，设置相应的奖惩方案，提高工作人员的素质和工作态度，提升工作人员的晋级渠道；对于失职行为要予以严格惩处，保障食品安全管理的各项工作有序连接、落到实处。

社会舆论对于食品安全管理的作用显著，通过群众雪亮的眼睛让食品安全问题无处遁形。因此，相关管理部门要通过舆论监督科学合理地增加对食品安全的管理，主要体现在以下三个方面：

（1）在全社会范围内宣传食品安全的重要性，强化人们的食品安全意识，并以此为基础强化人们对食品安全的监督意识，调动全社会的力量，让所有的消费者都可以积极参与到对食品安全的监督中，增强食品安全的监督规模。

（2）构建良好的发声渠道和监督渠道，比如通过监督机构或者网络平台进行调查问卷，让人们就食品安全问题发表看法或者反映问题。

（3）相关管理和监督部门要重视社会舆论，设置专门机构进行处理和回复，以保障人们反映的问题都能及时得到反馈。

二、食品检验要求

食品检验要求包括：（1）检验方法中所采用的名词及单位制，均应该符合国家规定的标准要求。（2）检验方法中所使用的试剂均为分析纯，所使用的水应为纯度能满足分析要求的蒸馏水或软化水，或其他相当纯度的水，除非特别声明。（3）检验中所用的计量器具必须按国家规定及规程计量和校正。（4）称取或量取精度要求用数值的有效数位表示，其中准确称取系指用精密天平进行的称量操作，其精度为±0.0001g。吸取系指用移液管、刻度吸量管取液体物质的操作。（5）检验有关要求，检验时必须做空白实验。空白实验是指除不加样品外，采用完全相同的分析步骤、试剂和用量，进行平行操作所得的结果。用于扣除样品中试剂本底和计算检验方法的检出限。检验时必须做空白实验。（6）检验方法的选择，同一检验项目，如有两个或两个以上检验方法时，可根据不同条件选择使用，但必须以国家标准方法的第一法为仲裁方法。（7）采样必须注意样品的生产日期、批号、代表性和均匀性，采集的数量应能反映该食品的卫生质量和满足检验项目对样品量的需要。（8）一般样品在检验结束后应保留1个月，以备需要时复查。保留期限从检验报告单签发之日起计算，易变质食品不宜保留，保留样应加封存放在适当的地方，并尽可能保持其原状。

第二节　食品样品的具体处理

一、食品样品的采集与制备

从产品中抽取少量的、有一定代表性的样品，供检验分析用，这一过程称为采样，也称扦样。

（一）食品样本采集准备

第一，采样前的一些准备工作。包括：①干冰。用作制冷剂，也可以用湿冰。②盒子或制冷皿。贮藏、运输样品。③灭菌容器。从塑料袋到灭菌的加仑漆桶等。④取样工具。茶匙、角匙、尖嘴钳、镊子、量筒和烧杯等。⑤灭菌手套。⑥无菌棉拭子。一般用于拭取仪器设施和工厂环境区域。⑦灭菌全包装袋。装样品用。

第二，当收集样品时，样品采集时的条件如产品的温度、地点等，要一并记录在检验员的注释说明中。

第三，当采集无菌样品时，一条最重要的规则是：千万别污染样品。这需要样品采集人非常小心地采集所有附加样品，以确保不违反这条规则。

（二）食品检样采集原则

第一，所采样品应具有代表性。

第二，采样必须符合无菌操作的要求，防止一切外来污染：一件用具只能用于一个样品，防止交叉污染。

第三，在保存和运送过程中，应保证样品中微生物的状态不发生变化，采集的非冷冻食品一般在0~5 ℃冷藏，不能冷藏的食品立即检验。一般在36 h内进行检验。

第四，采样标签应完整、清楚，每件样品的标签须标记清楚，尽可能提供详尽的资料。

（三）食品检测采集方法

第一，取样方案。一般来说，进出口贸易合同对食品抽样数量明确规定的，按合同规定抽样；无具体抽样规定的，可根据检验目的、产品及被抽样品的性质和分析方法确定抽样方案。

目前最为流行的抽样方案为国际食品微生物学标准委员会（International Commissionon Microbiological Specificationsfor Foods，ICMSF）推荐的一般抽样方案和随机抽样方案。无论采取何种方法抽样，每批货物的抽样数量不得少于5件；对于需要检验沙门氏菌的食品，抽样数量应适当增加，不少于8件。

第二，样本选择。样本选择一般遵循的原则包括：①代表性原则。食品加工批号，原料情况，加工方法，运输、贮藏条件，销售中的各个环节及销售人员的责任心和卫生知识水平等都对食品卫生质量有着重要影响。②适时性原则。因为不少被检物质总是随时间发生变化的，为了保证得到正确结论就必须很快送检，因此采样和送检的时间是很重要的。③程序原则。采样、送检、留样和出具报告均按规定的程序进行，各阶段都要有完整的手续责任分明。

第三，抽样（采样）方法。国际食品微生物标准委员会（ICMSF）的推荐方法。ICMSF方法是从统计学角度考虑，对一批产品检查多少个检样才能够具有代表性，才能客观地反映该批产品质量的设想采样。

ICMSF提出的采样基本原则，是根据以下考虑来规定不同的采样数的。各种微生物本身对人的危害程度各有不同；食品经不同条件处理后，其危害程度可分为3种情况，即危害度降低、危害度未变、危害度增加。

ICMSF方法是将微生物的危害度、食品的特性及处理条件三者综合在一起进行食品中微生物危害度分类的。这个设想是很科学的、符合实际情况的，对生产者及消费者来说都是比较合理的。

ICMSF的采样方案：ICMSF方法中包括二级法及三级法两种。二级法只设有 n、c 及 m 值，三级法则有 n、c、m 及 M 值。其中，n 系指一批产品的采样个数；c 系指该批产品中检样菌数超过限量检样数；m 系指合格菌数限量；M 系指附加条件后判定为合格的菌数限量。

在中等或严重危害的情况下使用二级抽样方案，对健康危害低的则建议使用三级抽样方案。三级法：设有微生物标准值 m 及 M 值，如同二级法。超过 m 值的检样为不合格；所有检样均小于 m 值，该批产品为合格；在 m 值到 M 值范围内的检样数在 c 值范围内，即为附加条件合格，否则为不合格；凡有检样超过 n 值者，则该批产品为不合格。

二、食品样品保存与预处理

（一）食品样品的保存

第一，所采样品在分析之前应妥善保存，不使样品发生受潮、挥发、风干、变质等现象，以保证其中的成分不发生变化。

第二，检品采集后应迅速化验。检验样品应装入具磨口玻璃塞的瓶中。易于腐败的食品，应放在冰箱中保存；容易失去水分的样品，应首先取样测定水分。

第三，一般样品在检验结束后应保留1个月，以备需要时复查。保留期限从检验报告单签发之日起计算；易变质食品不予保留；保留样品应加封存放在适当的地方，并尽可能保持其原状。

第四，感官不合格产品不必进行理化检验，直接判为不合格产品。

（二）食品样品预处理

一般各种样品采样后直接进行分析的可能性极小，都要经过制备与前处理后才能测定。其目的是：①除去样品中的基体与其他干扰物；②浓缩被测部分，提高方法的灵敏度，降低最小检测极限；③通过衍生化与其他反应使被测物转化为检测灵敏度更高的物质或与样品中干扰部分能分离的物质，提高方法的灵敏度与选择性；④缩减样品的重量与体积，便于运输与保存，提高样品的稳定性，使其不受时空的影响；⑤保护分析仪器及测试系统，以免影响仪器的性能与使用寿命。

有些样品的检测项目在测定前对其进行分析处理比较费时，操作过程十分烦琐，技术要求高，直接影响测定结果。这就要求我们对样品的前处理应加以特别重视，对不同的样品及测定项目应选择适当的方法，以满足测定要求。一个理想的样品制备与处理方法应具备以下各项条件：

第一，能最大限度地除去干扰被测部分的物质，这是评价样品处理方法是否有效的首要条件。

第二，被测部分的回收率高。较低的回收率通常伴随着较大的方法误差，重现性也差。

第三，操作简便。步骤越多越复杂，引起方法系统误差与人为误差的概率也越高，方法的总误差也越大。

第四，成本低廉，应避免使用昂贵的仪器、设备与试剂。

第五，不用或少用对环境及人体有影响的试剂，尤其是卤代烃类的溶剂。

第六，应用范围广。适用各种分析测试方法，甚至联机操作，便于过程自动化，适用于野外或现场操作。

第三节　食品检测准确性的提升

食品与人们的生活息息相关，而食品安全更是关系到人们的身体健康，是每个人关注的焦点。食品安全对人们的生活影响巨大，是人们持续关注的焦点。利用正确有效的食品检测技术，人们可以在第一时间发现问题，防止不符合标准的食品流入市场，做好食品安全检查工作，从而有效促进监管部门第一时间对不合格产品进行处置，切断问题食品进入市场的途径，确保监管的及时性和有效性。

一、完善食品检测技术

食品检测技术直接决定检测结果。为保证有效的食品检测，有必要改进相关的检测技术，相关部门应加大力度，探究更合理、有效、准确的检测技术，以填补目前技术领域的空白。例如，关于食品外表的农药残留，相关食品检测部门需探究愈加完善的办法，加强食用原料的安全检验；对食品出产中运用的甲醛、膨化剂、过氧化氢、挂白块等严重威胁人体健康的化学添加剂进行系统研究是十分必要的。关于常用的食品添加剂，有必要拟定统一的检测标准，探究更活跃、更先进的检测方法，根据不同事物的不同特色，探究更合理有效的检测方法，而不是采用定性检测的方法进行任何食品的安全检测。

二、加强检测机构管理

目前，我国检测机构的食品安全检测标准是严格按照政府拟定的资质或行业法规制定的，因而，加强食品检测机构的管理十分重要。检测机构要结合实际情况，拟定一套行之有效的监督制度，保证监督办法严格落实到食品安全出产的各个环节。"食品检测单位要深刻认识到食品检测对食品安全的重要性，并按照发现、分析、解决问题的思路，既要对食品检测的制约因素进行调查和分析，也要采取更加科学的方法和措施，推动食品检测取得更好成效，确保食品安全监管取得实效"[①]。

三、提高检测设备质量

食品安全检测需要先进的技术和设备。国家要加大检测设备的投资力度，引进更先进、更齐全的食品检测设备，以保证设备在运用过程中不出现质量问题。同时，学习国外先进的食品检测技术，引进国外先进设备，缓解我国食品安全检验中的设备问题，在相关检测技术方面，需要不断加强和弥补技术水平，寻觅技术含量高、准确度高、操作简洁的食品安全检测方法，完善我国食品安全检测技术。

[①] 吴传立. 食品检测对食品安全的重要性分析[J]. 现代食品，2022，28（11）：114-116.

四、加强食品理化检验

食品理化检验专业性很强，操作也很复杂。其具体要求如下：

第一，检测机构要积极准备各项测试，以获得准确、科学的测试结果，完成各项测试程序。同时，检查准备工作应重点关注范围、灵敏度、准确度等关键指标，确保设备的可靠性和顺利使用。

第二，食品理化检验过程中使用的设备应定期进行检查和维护，以免设备使用问题影响正常检验操作。

第三，分光光度计和气相色谱仪必须由专业技术人员操作。检测前，严格按照不同的标准和规范，精心配制不同的检测试剂和设计使用方法，充分保证检测结果的准确性。

第四，严格控制食品安全检验和理化检验条件。在进行理化检验操作前，必须对工作环境和设备进行消毒，确保样品纯度，避免样品和设备受到污染。同时，严格按照检验流程，确保检验环境的湿度和温度在规定值内，从多方面保证检验的准确性；明确理化检验主体可确保检验结果准确，因而对相关人员的有效管理非常重要。

第五，不断丰富检查员的理论知识，使其做到技术与时俱进，并尽最大努力积极确保检查结果的准确性和有效性。

五、建立安全应急机制

建立国家食品安全应急机制、食品安全标准体系和食品安全技术保障体系。目前，我国负责食品安全监管工作的部门之间存在工作交叉点和工作盲点。首先，要在国家层面形成较为完整、系统的食品安全应急机制，在全国统一实施，明确应急机制各部门及其责任人的法律责任，依法依规开展，针对故意隐瞒、遗漏信息的工作人员，部门领导要严格执行问责制度；其次，随着世界贸易和食品国际化进程的推进，有必要尽快建立符合国际标准的食品检测标准和体系；最后，国家需要加大食品检测科技投入，发展先进的食品检测设备，提高食品检测的速度和效率，以尽快使检验技术和设备与国际接轨。

第二章

食品感官评定及其方法

　　食品感官评定作为系统探究感官、食物互相作用的一项工作，主要探究二者互相作用的形式和规律。当前，随着我国食品产业正在逐渐呈现规模化、市场化以及品牌化的发展态势，食品感官评定已经逐渐成为食品科学的关键领域。基于此，本章分别对食品感官评定概述、食品感官评定的组织管理、食品感官评定的检验方法进行详尽论述。

第一节　食品感官评定概述

　　食品感官评定是根据人对食品各种质量特征的味觉、嗅觉、听觉、视觉等感觉，用语言、文字、符号或数据进行记录，再运用统计学的方法进行统计分析，从而得出结论，对食品的色、香、味、形、质地、口感等各项指标做出评价的方法。食品感官评定是一门研究食品可接受性问题的学科，它与其他的分析检验过程一样，也涉及精密度、准确度和可靠性。所以，食品感官评定实验应在一定的控制条件下制备和处理样品，以规定的程序进行实验，从而将各种偏见和外部因素对结果的影响降到最低。

一、食品感官评定的理论依据

（一）感觉的定义与分类

　　感觉是人脑对直接作用于感官的当前客观事物个别属性的反映，是生物体认识客观世界的本能，每一个客观事物都有其光线、声音、温度、气味等属性。人的每个感官只能反映物体的一个属性，如眼睛看到光线、耳朵听到声音、鼻子闻到气味、舌头尝到滋味、皮肤感受到温度等。

　　按照刺激的来源，可以把感觉分为：（1）外部感觉。外部感觉是由外部刺激作用于感官所引起的感觉，包括视觉、听觉、嗅觉、味觉和皮肤感觉（包括触觉、温觉、冷觉和痛觉等）。（2）内部感觉。内部感觉是对来自身体内部的刺激所引起的感觉，包括运动觉、平衡觉和内脏感觉（包括饿、胀、渴、窒息、疼痛等）。

　　客观事物可通过机械能、辐射能或化学能刺激生物体的相应受体，在生物体中产生反应。因此，按照受体的不同，可以把感觉分为：（1）机械能受体听觉、触觉、压觉和平衡感；（2）辐射能受体视觉、热觉和冷觉；（3）化学能受体味觉、嗅觉和一般化学感。

除此之外，感觉还可以简单地分为物理感（包括视觉、听觉和触觉等）和化学感（包括味觉、嗅觉和一般化学感，后者包括皮肤、黏膜或神经末梢对刺激性药剂的感觉）。如果引起人体感官反应（包括温感、舌头的触感等）的刺激为物理性刺激，可称之为物理味；如果该刺激为化学性刺激（如甜味、酸味、咸味、苦味等物质刺激味觉神经），可称之为化学味。

（二）感觉与知觉的关联

感觉与知觉既有区别又有联系。

感觉与知觉是不同的心理过程。感觉反映的是事物的个别属性，知觉是人脑对直接作用于感官的当前客观事物的整体属性的反映，即事物的各种不同属性、各个部分及其相互关系；感觉仅依赖个别感官的活动，知觉依赖多种感官的联合活动。任何事物都是由许多属性组成的，如一块面包有颜色、形状、气味、滋味、质地等属性。不同属性通过刺激不同感官反映到人的大脑，从而产生不同的感觉。知觉反映事物的整体及其关联性，它是人脑对各种感觉信息的组织与解释的过程。人认识某种事物或现象，并不仅仅局限于它的某方面的特性，而是把这些特性组合起来作为一种整体加以认识并理解它的意义。例如，就感觉而言，我们可以获得各种不同的声音特性（音高、音响、音色），但却无法理解它们的意义；知觉则能将这些听觉刺激序列加以组织，并依据我们头脑中的经验将它们理解为各种有意义的声音。

感觉与知觉有密切的联系，它们都是对直接作用于感官的事物的反映，如果事物不再直接作用于我们的感官，那么我们对该事物的感觉与知觉也将停止。感觉与知觉都是人类认识世界的初级形式，反映的是事物的外部特征和外部联系。如果想揭示事物的本质特征，光靠感觉与知觉是不行的，还必须在感觉、知觉的基础上进行更复杂的心理活动，如记忆、想象、思维等。知觉是在感觉的基础上产生的，没有感觉，也就没有知觉。我们感觉到的事物的个别属性越多、越丰富，对事物的知觉也就越准确、越完整。

可见，知觉并不是感觉的简单相加，因为在知觉过程中还有人的主观经验在起作用，人们要借助于已有的经验去解释所获得的当前事物的感觉信息，从而对当前事物做出识别。感觉虽然是低级的反映形式，但它却是一切高级复杂心理活动的基础和前提，感觉对人类的生活具有重要影响。

感觉与知觉通常合称为感知，是人类认识客观现象最基本的认知形式，人们对客观世界的认识始于感知。

（三）人类感官的主要特征

在人类产生感觉的过程中，感官直接与客观事物特性相联系，不同的感官对于外部刺激有较强的选择性。感官由感觉受体或一组对外界刺激有反应的细胞组成，这些受体物质获得刺激后，能将这些刺激信号通过神经传导到大脑。

人类的感官对周围环境和机体内部的化学与物理变化非常敏感，通常具有以下特征：

第一，一种感官只能接收和识别一种刺激。眼睛能接收光波的刺激，而接收不到声波的刺激，耳朵能接收声波的刺激，而接收不到光波的刺激。

第二，只有刺激量在一定范围内才会对感官产生作用。感官或感受体并不是对所有刺激都会产生反应，只有当引起感受体发生变化的外部刺激处于适当范围内时，才能产生正常的感觉。刺激量过大会造成感受体反应过于强烈而失去感觉，刺激量过小则会造成感受体无反应而不产生感觉。例如，人眼只对波长为 380～780 nm 的光波产生的辐射能量变化有反应。

第三，某种刺激连续施加到感官上一段时间后，感官会产生疲劳（适应）现象，感觉灵敏度会随之明显下降。例如，人们在刚进入水产品市场时，会嗅到强烈的鱼腥味，可随着他在市场逗留时间的延长，其所感觉到的鱼腥味会渐渐变淡，如长期处于此环境中，这种鱼腥味甚至可以被忽略。

第四，心理作用对感官识别刺激有影响。人的心理现象复杂多样，心理生活的内容也丰富多彩。从本质上讲，人的心理是人脑的机能，是对客观现实的主观反映。在人的心理活动中，认知是第一步，其后才有情绪和意志。认知活动包括感觉、知觉、记忆、想象、思维等不同形式的心理活动。感知过的事物可被保留、储存在头脑中，并在适当的时候重新显现，这就是记忆；人脑对已储存的表象进行加工改造形成新现象的心理过程被称为想象；思维是人脑对客观现实的间接的、概括的反映，人可以借助于思维认识那些未直接作用于人的事物，也可以预见事物的未来及发展变化。情绪活动和意志活动是认知的进一步活动，认知影响情绪和意志，并最终与心理状态相关联。

第五，不同感官在接收信息时会相互影响。看起来色泽诱人、外形美观的食物，会让人感觉它更香、更有滋味；相反，色泽暗淡、外形不吸引人的食物，会降低人们对它的气味和味道的评价。

（四）感觉的主要影响因素

1.生理因素对感觉的影响

（1）疲劳现象。当一种刺激长时间施加在一种感官上后，该感官就会产生疲劳现象。疲劳现象发生在感官的末端神经、感受中心的神经和大脑的中枢神经上，疲劳的结果是感官对刺激感受的灵敏度急剧下降。嗅觉器官若长时间嗅闻某种气体，就会使嗅感受体对这种气味产生疲劳，敏感度逐步下降，随着刺激时间的延长甚至达到忽略这种气味存在的程度。味觉也有类似现象，除痛觉外，几乎所有感觉都存在疲劳现象。感官的疲劳程度依所施加刺激强度的不同而有所变化，在去除产生感官疲劳的强烈刺激之后，感官的灵敏度会逐渐恢复。一般情况下，感官疲劳产生得越快，感官灵敏度恢复得越快。值得注意的是，强刺激的持续作用会产生感官疲劳，敏感度降低；而微弱刺激的持续作用反而会使敏感度提高。食品检测机构可利用后者进行感官评价员的培训，使其感官灵敏度得到提高。

（2）对比现象。当两个刺激同时或连续作用于同一个感受器官时，一个刺激的存在造成另一个刺激增强的现象被称为对比增强现象。在感觉两个刺激的过程中，两个刺激量都未发生变化，而感觉的变化是由于这两种刺激同时或先后存在时对人心理上产生的影响。各种感觉都存在对比现象。对比现象会提高两个同时或连续刺激的差别反应，因此，在进行感官检验时应尽量避免对比现象的发生。

（3）变调现象。当两个刺激先后施加时，一个刺激造成另一个刺激的感觉发生本质的变化时的现象被称为变调现象。对比现象和变调现象虽然都是前一种刺激对后一种刺激的影响，但变调现象影响的结果是本质性的改变。

（4）相乘作用。当两种或两种以上的刺激同时施加时，感觉水平超出每种刺激单独作用效果叠加的现象被称为相乘作用。相乘作用的效果广泛应用于复合调味料的调配中，麦芽酚对甜味的增强效果就是一种相乘作用。

（5）阻碍作用。由于某种刺激的存在，导致另一种刺激的减弱或消失的现象被称为阻碍作用或拮抗作用。匙羹藤酸能阻碍味感受体对苦味和甜味的感觉，但对咸味和酸味无影响；糖精是常用的合成甜味剂，但其缺点是有苦味，如果添加少量的谷氨酸钠，苦味就可明显减弱。

2.其他因素对感觉的影响

（1）温度。食物可分为热吃食物、冷吃食物和常温食用食物。理想的食物温度因食品的品种不同而异，不同食物的适宜品尝温度显然是有区别的，热吃食物的温度最好在60～65 ℃，冷吃食物的温度最好在10～15 ℃，常温食用食物通常在30±5℃范围内最适宜。适宜于室温下食用的食物不太多，一般只有饼干、糖果、西点等。食物的最佳食用温度还受个人的健康状态和环境因素的影响，一般来说体质虚弱的人喜欢食用的温度稍高。

（2）年龄。随着年龄的增长，人体的各种感觉阈值都在升高，敏感程度不断下降，年龄到50岁左右，敏感性衰退得更加明显，对食物的嗜好也有很大的变化。老人的口味往往难以满足，这主要是因为他们的味觉在衰退，吃什么东西都觉得无味。

（3）生理状况。人的生理周期对食物的嗜好也有很大的影响，平时觉得很好吃的食物，在特殊时期（如妇女的妊娠期）会有很大变化；许多疾病也会影响人的感觉敏感度。因此，如果味觉、嗅觉等突然出现异常，可能是发生疾病的讯号。

（4）药物。许多药物都会削弱人的味觉功能，如服用抗阿米巴药、麻醉药、抗胆固醇血症药、抗凝血药、抗风湿药、抗生素、抗甲状腺药、利尿药、低血糖药、肌肉松弛剂、镇静剂、血管舒张药等药物的病人常患化学感觉失调症。

二、食品感官评定的发展历程

食品感官评定最早起源于20世纪30年代的欧美国家，并于六七十年代随着食品加工行业的兴起而日益得到重视，因此，在发达国家有着较为广泛的研究基础，发展比较成熟。我国的感官评定工作起步较晚，从1975年开始有学者研究香气和组织的评价，直到20世纪90年代后期，我国才在食品科学研究中慢慢开始广泛应用感官评定。

食品感官评定技术曾一度有被单一的仪器分析所主导的趋势，但是在随后的研究中，科技工作者发现当食品的某些感官性状只发生轻微到连一些检测仪器都难以准确发现的变化时，人的嗅觉器官、味觉器官等也都能给予应有的评价。食品感官评定技术不仅可以帮助消费者确定商品的价值及可接受性，得到商品的最佳性价比，还可以应用于企业质量控制、产品研发、市场预测、产品评优、产品定位和评估等方面，直接影响到食品工业企业的决策。作为在体验经济环境趋势下发展起来的研究感知的重要工具之一，食品感官评定技术有着仪器分析和理化检测方法所无法替代的优势。

随着经济的转型和全球市场的形成，企业越来越意识到食品只有符合消费者的感官喜好和健康意愿，才能得到良好的收益，关注消费者对产品购买意向的主要因素——产品的感官品质成为决定食品企业胜负的最基本的态度。由于应用范围广、实用可操作性强、灵敏度高、结果具有可靠性和代表性，而且在某些情况下还可解决复杂生理感受问题等优势，食品感官评定技术已被世界许多国家普遍采用。在此发展趋势下，食品感官评定科学逐渐形成了一套完善的评价员筛选、培训、评价和数据分析的严格程序和科学方法，被广泛应用于前期研究、新产品研制、产品改良、食品质量控制、市场预测、产品评优和销售营运等各个领域。

三、食品感官评定中的主要感觉

"感官分析是利用人的感觉器官对食品进行评定，反映出人们对产品质量好坏、喜好程度的重要科学检验方法，食品在通过感官品质评定等检验后才能投放市场"[①]。食品感官评定中涉及的主要感觉包括视觉、听觉、嗅觉、味觉和触觉。

（一）视觉

视觉是人类重要的感觉之一，我们接收到的绝大部分外部信息要靠视觉来获取。可以说，视觉是人类认识周围环境、建立客观事物第一印象的最直接和最简捷的途径。食品的色泽是人们评价食品品质的一个重要因素，不同的食品显现着

---

① 邓家棋，黄桂颖，姚敏，等.感官分析在果脯中的应用[J].农产品加工，2021（15）：76-79.

各不相同的颜色，并常与该食物的成熟程度或煮熟程度、香气和风味等变化相关。

视觉是眼球接收外界光线（光波）刺激后产生的感觉，视觉检验包括观看产品的外观形态和颜色特征。产生视觉的刺激物质是光波，只有波长在380～780 nm范围内的光波才能被人眼接收。当可见光聚焦于人眼视网膜时，感光细胞接收光刺激，产生讯号。感光细胞中最重要的有视锥细胞和视杆细胞，它们分别执行着不同的视觉功能，前者是明视觉器官，在光亮条件下能够分辨颜色和物体的细容；后者是暗视觉器官，只能在较暗条件下起作用，适用于微光视觉，但不能分辨颜色与细节。

眼球的表面由三层组织构成，从外到里分别是巩膜、脉络膜、视网膜。巩膜使眼球免遭损伤并保持眼球形状；脉络膜可以阻止多余光线对眼球的干扰；视网膜是对视觉感觉最重要的部分，其上分布有柱形和锥形光敏细胞。视网膜的中心部分只有锥形光敏细胞，这个区域对光线最敏感。晶状体位于眼球内，可以进行不同程度的弯曲以保持外部物体的图像始终集中在视网膜上。晶状体的前部是瞳孔，这是一个中心带有孔的薄肌隔膜，瞳孔直径可变化以控制进入眼球的光线。眼球视觉的基本原理类似于照相机成像：视网膜就好像照相机里的底片，脉络膜相当于照相机的暗室，晶状体和瞳孔分别相当于镜头和光圈。视觉感受器、视杆和视锥细胞位于视网膜中，这些感受器含有光敏色素，当受到光能刺激时会改变形状，导致电神经冲动产生并沿着视神经传递到大脑，这些脉冲经视神经和末梢传导到大脑，再由大脑转换成视觉。

视觉的感觉特征主要是色彩视觉，即色觉，人眼对颜色的感知主要是由于位于视网膜上的视锥细胞的功能。因视锥细胞集中分布在视网膜中心，故该处辨色能力最强。目前，关于色觉形成的机理主要有"三原色学说"和"四色学说"。三原色学说认为，人的视网膜上有三种不同类型的视锥细胞，每一种细胞对某一光谱段特别敏感，第一种对蓝色光敏感，第二种对绿色光敏感，第三种对红色光敏感。当不同波长的光线入眼时，可引起相应的视锥细胞发生不同程度的兴奋，于是在大脑中产生相应的色觉；若三种视锥细胞受到同等程度的刺激，则产生白色色觉；不能正确辨认红色、绿色和蓝色的现象称为色盲；对色彩的感觉存在个体差异；色觉还受到光线强度的影响，在亮度很低时，人眼只能分辨物体的外形、轮廓，不能分辨物体的色彩。

此外，视觉的感觉特征还有闪烁效应、暗适应和亮适应、残像效应、日盲、夜盲等。

视觉虽不像味觉和嗅觉那样对食品风味分析起决定性作用，但它的作用不容忽视。例如，食品色彩的明亮度与其新鲜度有关，而色彩的饱和度则与食品的成熟度有关，食品的颜色变化也会影响其他感觉。只有当食品处于正常颜色范围内才会使味觉和嗅觉在对该种食品的评定上正常发挥，否则其他感觉的灵敏度会下降，甚至不能正确感觉。

（二）听觉

耳朵包括耳郭、外耳、中耳、内耳等。耳郭是我们平常就可以看到的耳朵；外耳是指外耳道到鼓膜之间的部分，其主要功能在于搜集来自外界的声波，把它向中耳和内耳传递，并在一定程度上有自身的滤波特性和增大耳压的功能，外耳对中耳和内耳还具有保护作用；中耳包括鼓膜、鼓室、咽鼓管等部分，其主要功能在于传递声波、增强声压，对内耳也具有保护作用；内耳由耳蜗、听觉神经和基膜等组成。

外界的声波以振动的方式通过空气介质传送至外耳，再经耳道、耳膜、中耳、听小骨进入耳蜗，此时声波的振动已由耳膜转换成膜振动，这种振动在耳蜗内引起耳蜗液体的相应运动，进而导致耳蜗后基膜发生移动，基膜移动对听觉神经的刺激产生听觉脉冲信号，使这种信号传至大脑，即感受到声音。正常人只能感受频率为30~15000 Hz的声波，其中对频率500~4000 Hz的声波最为敏感。声波必须借助于气体、液体或固体的媒介物才能传播。

听觉与食品感官评定有一定的联系——食品的质感物，特别是咀嚼食品时发出的声音，在决定食品质量和食品接受性方面起到重要作用，主要用于某些特定食品（如膨化谷物食品）和食品的某些特性（如质构）的评析上。比如，焙烤制品中的酥脆薄饼、爆玉米和某些膨化制品，在咀嚼时应该发出特有的声响，否则人们就可认为其质量已变化而拒绝接受这类产品。

进行食品感官评定时，应避免杂音的干扰，而在饮食艺术设计中，则需要考虑辅助音乐的配合，如与饮食文化相关的背景音乐、与食品烹饪有关联的声音设计等。高分贝背景噪声影响人的味觉敏感度，可导致人在进餐过程中觉得食物没有味道。随着噪声增大，受试者感受食物甜度和咸度的敏感度降低，从而导致他们对食物的喜爱程度降低。噪声可能影响大脑感知食物味道的能力，或者会分散人类进食的注意力。嘈杂的噪声使人的味觉变迟钝，愉悦的音乐可以优化人的用餐体验。这一发现能够帮助各类餐馆有的放矢地选择背景音乐，让食客充分享受美食。

此外，评价员应该熟悉声音强度与音质两个概念，强度是用分贝来衡量的，而音质是用声波的频率来衡量的。有时，声音出现变调的原因可能是声音在头盖骨中传播，而不是在耳内部传播，如腭和牙齿的移动就使其经过骨结构传播，这种区别在感官评定过程中是必须注意的。

（三）嗅觉

除含有各种味道外，食品还含有各种气味。食品的味道和气味组成食品的风味特性，共同影响着人类对食品的接受性和喜好性。因此，嗅觉也是进行感官评定时所使用的重要感官之一。食品气味是人们是否能够接受该食品的一个决定因素，食品的气味常与该食物的新鲜程度、加工方式、调制水平有很大关联。

嗅觉是由挥发性物质刺激鼻腔中的嗅细胞，引起嗅觉神经冲动，冲动沿嗅神经传入大脑皮层而引起的感觉。嗅觉的刺激物必须是气体物质（嗅感物质），只有有挥发性的有味物质的分子才能成为嗅细胞的刺激物（嗅觉感受器位于鼻腔顶部，称为嗅黏膜，面积约为5 cm^2）。鼻腔的鼻道内有嗅上皮，其中的嗅细胞是嗅觉器官的外周感受器。人类鼻腔每侧约有2000万个嗅细胞，嗅细胞的黏膜表面带有纤毛，可以同有气味的物质接触。人在正常呼吸时，嗅感物质随空气流进入鼻腔，溶于嗅黏液中，与嗅纤毛相遇而被吸附到嗅黏膜的嗅细胞上，然后通过内鼻进入肺部。溶解在嗅黏膜中的嗅感物质与嗅细胞感受器膜上的分子相互作用生成一种特殊的复合物，再以特殊的离子传导机制穿过嗅细胞膜，将信息转换成电信号脉冲。经与嗅细胞相连的三叉神经的感觉神经末梢，将嗅黏膜或鼻腔表面感受到的各种刺激信息传递到大脑。

人类嗅觉的敏感度高于味觉，通常用嗅觉阈来表征。最敏感的气味物质——甲基硫醇只要在1 m^{3}空气中有4×10^{-5} mg（约为1.41×10^{-10} mol/L）就能被感觉到；最敏感的呈味物质——马钱子碱的苦味要达到1.6×10^{-6} mol/L浓度才能感觉到。嗅觉感官能够感受到的乙醇溶液的浓度，要比味觉感官所能感受到的浓度低24000倍。很多时候，人嗅觉的敏感度甚至超过仪器分析方法测量的灵敏度，人类的嗅觉可以检测到许多在10^{-10} mol/L范围内的风味物质，如某些含硫化合物。

当鱼、肉等食品或食品材料发生轻微的腐败变质时，其理化指标变化不大，但人类灵敏的嗅觉可以察觉到其异味的产生。

食品的气味是由一些具有挥发性的物质形成的，通常对温度的变化很敏感，因此，在检验嗅觉时，可把样品稍加热（15～25 ℃）。在鉴别食品的异味时，液态食品可滴在清洁的手掌上，然后摩擦，以增加气味的挥发；在识别畜肉等大块食品时，可将一把尖刀稍微加热刺入深部，拔出后立即嗅闻气味。

感官长时间接触浓气味物质的刺激会疲劳，因此，检验时往往先识别气味淡的，后鉴别气味浓的，检验一段时间后，应休息一会儿。在鉴别前禁止吸烟。嗅觉的个体差异很大，对于同一种气味物质的嗅觉敏感度，不同的人具有很大的区别，有的人甚至缺乏一般人所具有的嗅觉能力，我们通常称其为嗅盲。食品感官检验员不应有嗅觉缺失症。即使嗅觉敏锐的人，其辨别气味的敏感性也会因气味而异。例如，长期从事评酒工作的人，其嗅觉对酒香的变化非常敏感，但对其他气味就不一定敏感。嗅觉敏感度受到多种因素的影响，如身体状况、心理状态、实际经验、环境中的温度、湿度和气压等的明显变化等。

（四）味觉

味觉是人的基本感觉之一，是指可溶性呈味物质溶解在口腔中对味感受体进行刺激后产生的反应。味觉一直是人类对食物进行辨别、挑选和决定是否予以接受的主要因素之一，对人类的进化和发展起着重要的作用。

味感物质必须要溶于水才能刺激味细胞，基本味觉有酸、甜、苦、咸四种，其余味觉都是由基本味觉组成的混合味觉。从试验角度讲，纯粹的味感应是堵塞鼻腔后，将接近体温的试样送入口腔内而获得的感觉。通常，味感往往是味觉、嗅觉、温度觉和痛觉等几种感觉在嘴内的综合反应。

呈味物质刺激口腔内的味觉感受体，通过收集和传递信息的神经感觉系统传导到大脑的味觉中枢，最后通过大脑的综合神经中枢系统的分析而产生味觉。不同的味觉产生有不同的味觉感受体。人对味的感觉主要依靠口腔内的味蕾以及自由神经末梢。味蕾大部分分布在舌头表面的乳状突起中，尤其是在舌黏膜皱褶处的乳状突起中最稠密。味蕾一般由40～150个香蕉形的味细胞构成，10～14d更换一次，味细胞表面有许多味觉感受分子，包括蛋白质、脂质及少量的糖类、核酸和无机离子，不同物质能与不同的味觉感受分子结合而呈现不同的味道，蛋白质是甜味物质的受体，脂质是苦味和咸味物质的受体。

由于味觉几乎以极限速度通过神经传递信息，因此，人的味觉从呈味物质刺激到感受到滋味仅需1.5~4.0 ms，比视觉（13~45 ms）、听觉（1.27~21.5 ms）、触觉（2.4~8.9 ms）都快。在四种基本味觉中，人对咸味的感觉最快，对苦味的感觉最慢，但就人对味觉的敏感性来讲，苦味比其他味觉都敏感，更容易被觉察。一种观点认为，舌头上的味蕾可以感觉到各种味道，只是敏感度不一样。舌前部有大量感觉到甜的味蕾，舌两侧前半部负责咸味，后半部负责酸味，近舌根部分负责苦味。

味觉与温度有关，一般在10~45 ℃范围内较适宜，以30 ℃时最为敏锐。影响味觉的因素还与呈味物质所处介质有关联，介质的黏度会影响味感物质的扩散，黏度增加使味道辨别能力降低。味道与呈味物质的组合以及人的心理也有微妙的相互关系，如谷氨酸钠（味精）只有在食盐存在时才呈现出鲜味，食盐和砂糖以相当的浓度混合，砂糖的甜味会明显减弱等。由于味之间的相互作用受多种因素的影响，呈味物质相混合并不是味道的简单叠加，需要鉴评员经过训练，并在实践中认真感觉才能获得比较可靠的结果。

味觉同样会有疲劳现象，并受身体疾病、饥饿状态、年龄等个人因素影响。味觉的灵敏度存在着广泛的个体差异，特别是对苦味物质。这种对某种味觉的感觉迟钝，也被称作"味盲"。

在做味觉检验时，也应按照刺激性由弱到强的顺序，最后鉴别味道强烈的食品。每鉴别一种食品之后，必须用温开水漱口，并注意中间适当的休息。

（五）肤觉和三叉神经感觉

肤觉和三叉神经感觉也属于人类食物感受系统。肤觉检查是用人的手、皮肤表面接触物体时所产生的感觉来分辨、判断产品质量特性的一种感官检查。其主要用于检查产品表面的粗糙度、光滑度、软、硬、柔性、弹性、塑性、热、冷、潮湿等。感官检查中应注意：人自身皮肤（手指、手掌等）的光滑程度；皮肤表面是否有伤口、炎症、裂痕。三叉神经是面部最粗大的神经，支配脸部、口腔、鼻腔的感觉和咀嚼肌的运动，并能将感觉讯息传送至大脑。在食品感官评定中，感觉讯息往往与味觉、嗅觉等感觉混合，一起影响人们对食品的评价。

1.肤觉

皮肤的感觉称为肤觉，用于辨别物体的机械特性和温度。肤觉包括触觉、痛觉和温度觉。

（1）触觉。触觉是口部和手与食品接触时产生的感觉，通过对食品施加形变应力而产生刺激的反应表现。触觉可主要分为"体觉"（触摸感、皮肤感觉）和"肌肉运动知觉"（深度压力感或本体感受），触觉用于感知外界事物的表面属性。皮肤受到机械刺激尚未引起变形时的感觉为触觉，触觉的感受器在有毛的皮肤中就是毛发感受器，在无毛发的皮肤中主要是迈斯纳小体；若刺激强度增加，可使皮肤变形时的感觉为压觉，感受器是巴西尼环层小体。触觉和压觉通称为触压觉。

触压觉的感受器在皮肤内的分布不均匀，所以不同部位有不同的敏感性：四肢皮肤比躯干部敏感，手指尖的敏感性强。不同皮肤区感受两点之间最小距离的能力也有所不同：舌尖最敏感，能分辨相隔1.1 mm的刺激；手指掌面分辨间距2.2 mm；背部正中只能分辨相隔6~7 mm的刺激。食品的触觉是口部和手与食品接触时产生的感觉，通过对食品形变所施加力产生刺激的反应表现出来，主要表现为咬断、咀嚼、品味、吞咽的反应。

在人体皮肤表皮、真皮、皮下组织中有多种神经末端。我们触摸、轻压样品感觉到的冷、热、痒等感觉都是由这些神经末端感知的，而肌肉运动知觉则是肌肉、腱、关节部位的神经纤维通过肌肉的拉伸与松弛来感知的。这种肌肉机械运动产生的知觉主要来源于触摸时手部肌肉的压缩和口腔咀嚼食物时对样品剪切或破碎的动作使腭、舌部肌肉产生的运动。由于唇、舌、脸部和手的表面感觉比身体其他部位的感觉敏感得多，因此，对样品中颗粒大小、热量、化学特征等属性的区分主要来源于手和口腔的感知。

触觉能使人通过触摸感受到食品的大小和形状，通过口感了解食物在口腔中的质构变化，通过手感压力了解食物的软硬等。

（2）痛觉。痛觉是指机体受到伤害性刺激所产生的感觉。痛觉类有很多，可分为皮肤痛，来自肌肉、肌腱和关节的深部痛、内脏痛等。痛觉达到一定程度后，通常可使机体出现某种生理变化和不愉快的情绪反应。因为痛点疏密不均，故人体各部位的感痛能力有一定差别。痛觉的强弱和皮肤与外界的接触摩擦有关。

（3）温度觉。皮肤上分布着冷点与温点，若以冷或温的刺激作用于冷点或温点，便可产生温度觉。冷点和温点的末端感受体不相同，冷点感受体是克劳泽小体，温点感受体是鲁菲尼小体。人皮肤表面的温度称为生理零度。皮肤低于这个温度就会觉得冷，高于就会觉得热。冷点分布的数量多于温点，两者之比为4∶1～10∶1，所以皮肤对冷敏感而对热相对不敏感。面部皮肤对热和冷有最大敏感性，每平方厘米平均有冷点8～9个、温点1.7个；腿部皮肤每平方厘米平均有冷点4.8～5.2个、温点0.4个。一般来说，躯干部皮肤对冷的敏感性比四肢皮肤大。

2.三叉神经感觉

除味觉和嗅觉系统具有化学感觉外，鼻腔和口腔中以及整个身体还有一种更为普遍的化学敏感性。如角膜，对于化学刺激就很敏感，切洋葱时人容易流泪就是证明。这种普遍的化学反应就是由三叉神经来调节的，也称三叉神经感觉。

三叉神经为混合神经，是第5对脑神经，也是面部最粗大的神经，含有一般躯体感觉和特殊内脏运动两种纤维。其支配脸部、口腔、鼻腔的感觉和咀嚼肌的运动，并将头部的感觉讯息传送至大脑。三叉神经由眼支（第一支）、上颌支（第二支）和下颌支（第三支）汇合而成，分别支配眼裂以上、眼裂和口裂之间、口裂以下的感觉和咀嚼肌收缩。

某些刺激物（如氨水、生姜、山葵、洋葱、辣椒、胡椒粉、薄荷醇等）会刺激三叉神经末端，使人在眼、鼻、嘴的黏膜处产生辣、热、冷、苦等感觉。人们一般很难从嗅觉或味觉中区分三叉神经感觉，在测定嗅觉试验中常会与三叉神经感觉混淆。三叉神经对于较温和的刺激物的反应（如糖果和小吃中蔗糖和盐浓度较高而引起的嘴部灼热感、胡椒粉或辣椒引起的热辣感）有助于人们对一种产品的接受。

四、食品感官属性

食品感官属性主要包括外观、气味、风味等，识别这些属性的途径涉及视觉、听觉、嗅觉、味觉、肤觉和三叉神经感觉等。只有在完全了解食品感官属性的物理化学因素以后，才能进行感官评定试验的设计；只有学习了食品属性的真正本质及感官识别的方法，才可能减少对试验结果的曲解。在识别食品的感官属性时，通常按照下面的顺序进行：①外观；②气味/香味/芳香；③浓度、黏度与质构；④风味（芳香、味道、化学感觉）；⑤咀嚼时的声音。

这些感官属性的种类是按照感官属性识别方式的不同来划分的，其中风味是指食品在嘴里经由化学感官所感觉到的一种复合印象，它不包括外观和质构；芳香用于指示食物在咀嚼时产生的挥发性物质，它是通过后鼻腔的嗅觉系统识别的。然而，在属性识别过程中，大部分（甚至所有的）属性都会部分重叠。评价员感受到的是几乎所有感官属性印象的混合，未经培训的评价员是很难对每种属性做出一个独立的评价的。

（一）外观

每个消费者都知道，外观通常是决定我们是否购买一件商品的唯一属性，如表面的外观粗糙度、表面印痕的大小和数量、液体产品容器中沉淀的密度和数量等。对于这些简单而具体的品质，评价员几乎不需要经过训练，就能够很容易地对产品的相关属性进行描述和介绍。外观属性通常有以下几个方面：

第一，颜色。眼睛对波长在400～500 nm（蓝色）、500～600 nm（绿色和黄色）、600～800 nm（红色）的视觉感知，通常是根据孟塞尔颜色体的色调（H）、数值（V）和色度（C）三个品质来描述的，孟塞尔颜色体是用立体模型表示出物体表面色的亮度、色调和饱和度作为颜色分类和标定的体系方法。食品变质通常会伴随着颜色的改变。

第二，大小、形状、长度、厚度、宽度、颗粒大小、几何形状（方形、圆形等）。大小和形状通常用于指示食品的缺陷。

第三，表面的质构。表面的质构指示表面是钝度或亮度、粗糙或平坦、湿润或干燥、柔软或坚硬、易碎或坚韧。

第四，澄清度。透明液体或固体的混浊或澄清程度，是否存在肉眼可见的颗粒。

第五，碳酸的饱和度。对于碳酸饮料，主要观察倾倒时的起泡度。常采用Zahm&Nagel装置（二氧化碳测定仪）测定。

（二）气味/香味/芳香

当样品的挥发性物质进入鼻腔时，它的气味就会被嗅觉系统所识别。香味是食品的一种气味，芬芳是香水或化妆品的气味。芳香既可以指一种令人愉悦的气味，也可以代表食品在口腔中通过嗅觉系统所识别的挥发性香味物质。

食品中释放的挥发性物质的数量是受温度和组分的性质影响的。挥发度也会受到表面条件的影响，在一定温度下，柔软、多孔和湿润的表面会比坚硬、平滑和干燥的表面释放出更多的挥发性物质。许多气味只有在酶反应发生时才会从剪切面释放出来（如洋葱的味道）。气味分子只有通过气体（可能是大气、水蒸气或工业气体）传输，所识别的气味强度才能按气体比例测定出来。

目前，世界上还没有国际性的标准化气味术语。这个领域是非常广泛的，世界上已知的气味物质大概有17000多种，一个好的调香师能区分出150~200种气味品质。我们可以用多个术语来描述单个气味组分（麝香草酚=类似药草、绿色、类似橡胶），单个术语也可能包含多种气味组分（柠檬=α-松萜、β-松萜、α-柠檬油精、β-罗勒烯、柠檬醛、香茅醛、芳樟醇等）。

（三）浓度、黏度与质构

这类属性不同于化学感觉和味道，它主要包括三个方面：黏度用以评定均一的牛顿液体；浓度用以评定非牛顿液体、均一的液体和半固体；质构用以评定固体或半固体。

黏度主要与某种压力下（如重力）液体的流动速率有关。它能被准确测量出来，并且变化范围大概在10^{-3} Pa·s（水和啤酒类）到1 Pa·s（果冻类产品）之间。浓度（如浓汤、酱油、果汁、糖浆等液体）原则上也能被测量出来，实际上，一些标准化需要借助于浓度计。

质构就复杂得多，可以将其定义为产品结构或内部组成的感官表现。这种表现来源于两种行为：①产品对压力的反应，通过手、指、舌、颌或唇的肌肉运动知觉测定其机械属性（如硬度、黏性、弹性等）；②产品的触觉属性，通过手、唇或舌、皮肤表面的触觉神经测量其几何颗粒（粒状、结晶、薄片）或湿润特性（湿润、油质、干燥）。

食品的质构属性包括三方面：机械属性、几何特性、湿润特性。机械属性，即产品对压力的反应，可通过肌肉运动的知觉测定。产品的几何特性可通过触觉感知颗粒的大小、形状和方位，而湿润特性可通过触觉感知产品的水、油、脂肪的特性。

（四）风味

风味作为食品的一种属性，可以定义为食物刺激味觉或嗅觉受体而产生的各种感觉的综合。但为了感官评定，可以将其更狭义地定义为食品在嘴里经由化学感官所感觉到的一种复合印象。

按照这个定义，风味可以分为三种情况：①芳香，即食物在嘴里咀嚼时，后鼻腔的嗅觉系统识别出释放的挥发性香味物质的感觉；②味道，即口腔中可溶物质引起的感觉（咸、甜、酸、苦）；③化学感觉因素在口腔和鼻腔的黏膜里可刺激三叉神经末端产生的感觉（苦涩、辣、冷、鲜味等）。

第二节 食品感官评定的组织管理

一、食品感官评定的准备工作

感官评定的结果往往受到许多条件的影响，这些条件包括评价前的准备工作、感官实验室的外部环境、鉴评人员的基本条件和素质等。因此，一般在进行感官实验前，需要做一些准备工作，具体见表2-1[1]。

表2-1　感官评定前准备表

检验对象：	
检验类型：	
评价员： 　　招聘：联系方式 　　　　　管理层批准 　　筛选：接收通知 　　　　　动机 　　培训：	说明：标度类型 　　　　品质用语 　　　　固定用语 　　　　编码 　　　　随机化/均衡化 　　　　品评间细则 　　　　清扫 　　　　布置安排 　　　　承接 　　　　评价员的任务报告
样品： 　　大小和形状 　　体积 　　装载工具 　　准备温度 　　最大保持时间	

①王永华，吴青. 食品感官评定[M].北京：中国轻工业出版社，2018：21.

续表

检验计划： 　　评价员报到 　　味觉清除 　　指令（对于技术人员、对于评价员） 　　打分表	检验区域： 　　评价员的隔离 　　温度 　　湿度 　　光照条件 　　噪声（听觉） 　　背景气味/空气清洁处理/正压 　　可接近性 　　安全性

二、食品感官评定实验室

（一）食品感官评定实验室的要求

1.食品感官评定实验室的一般要求

食品感官分析实验室应建立在环境清净、交通便利的地区，周围不应有外来气味或噪声。在建立感官分析实验室时，一般要考虑的条件有：噪声、振动、室温、湿度、色彩、气味、气压等。针对检查对象及种类，还需做适合各自对象的特殊要求。

2.食品感官评定实验室的功能要求

食品感官分析实验室由两个基本部分组成：试验区和样品制备区。若条件允许，也可设置一些附属部分，如办公室、休息室、更衣室、盥洗室等。

试验区是感官检验人员进行感官检验的场所，专业的试验区应包括品评区、讨论区以及评价员的等候区等。最简单的试验区可能就像一间大房子，里面有可以将评价员分隔开的、互不干扰的独立工作台和座椅。

样品制备区是准备试验样品的场所，该区域应靠近试验区，但又要避免试验人员进入试验区时经过制备区看到所制备的各种样品和嗅到气味后产生的影响，也应该防止制备样品时的气味传入试验区。样品制备区应配备必要的加热、保温设施，如电炉、燃气炉、微波炉、恒温箱、冰箱、冷冻机等，用于样品的烹调和保存以及必要的清洁设备，如洗碗机等，还应有用于制备样品的必要设备（厨具、容器、天平）、仓储设施、清洁设施、办公辅助设施等。用于制备和保存样品的器具，应采用无味、无吸附性、易清洗的惰性材料制成。

休息室是供试验人员在样品试验前等候、多个样品试验时中间休息的地方，有时也可用作宣布一些规定或传达有关通知的场所；如果作为多功能考虑，兼做讨论室也是可行的。

品评试验区是感官分析实验室的中心区，品评试验室区的大小和个数，应视检验样品数量的多少及种类而定。

如果除做一般食品的感官检验外，还可能评价一些个人消费品之类的产品，如剃须膏、肥皂、除臭剂、清洁剂等，则需建立有特殊的评价室。

3.食品感官评定实验室的环境要求

（1）试验区内的微气候。这里的微气候专指试验区工作环境内的气象条件，包括室温、湿度、换气速度和空气纯净程度。

温度和湿度对感官检验人员的舒适和味觉有一定影响，当处于不适当的温度和湿度环境中时，或多或少会抑制感官感觉能力的发挥，如果条件进一步恶劣，还会产生一些生理上的反应。所以试验区内应有空气调节装置，使室温保持在 $20 \sim 22 \ ℃$，相对湿度保持在55%～65%。

有些食品本身带有挥发性气味，加上试验人员的活动，加重了室内空气的污染。试验区内应有足够的换气量，换气速度以半分钟左右置换一次室内空气为宜。

检验区应安装带有磁过滤器的空调，用以清除异味。允许在检验区增大一定大气压强，以减少外界气味的侵入。检验区的建筑材料和内部设施均应无味，不吸附和不散发气味。

（2）光线和照明。照明对感官检验特别是颜色检验非常重要。检验区的照明应是可调控的、无影的和均匀的，并且有足够的亮度以利于评价。桌面上的照度应有300～500 lx，推荐的灯的色温为6500 K。在做消费者检验时，灯光应与消费者家中的照明相似。

（3）颜色。检验区墙壁的颜色和内部设施的颜色应为中性色，以免影响检验样品，推荐使用乳白色或中性浅灰色。

（4）噪声。检验期间应控制噪声，推荐使用防噪声装置。

（二）食品感官评定实验室的设计

食品感官分析实验室各个区的布置有各种类型，其基本要求是检验区和制备区以不同的路径进入，而制备好的样品只能通过检验隔挡上带活动门的窗口送到检验工作台上。

建立隔挡的目的是便于评价员独立进行个人品评，每个评价员占用一个隔挡，隔挡的数目应根据检验区实际空间的大小和通常进行检验的类型而定，一般为5～10个，但不得少于3个。每一隔挡内应设有一个工作台，工作台应足够大，以便能放下评价样品、器皿、回答表格和笔或用于传递回答结果的计算机等设备。隔挡内应设有一个舒适的座椅，座椅下应安装橡皮滑轮，或将座位固定，以防移动时发出响声。隔挡内还应设有信号系统，使评价员做好准备和检验结束时可通知检验主持人。检验隔挡应备有水池或痰盂，并备有带盖的漱口杯和漱口剂。安装的水池，应控制水温、水的气味和水的响声。一般要求使用固定的专用隔挡，若检验隔挡是沿着检验区和制备区的隔挡设立的，则应在隔挡中的墙上开一窗口以传递样品，窗口应带有滑动门或其他装置以能快速地紧密关闭。

有些检验可能需要检验主持人现场观察和监督，此时可在检验区设立座席供检验主持人就座。集体工作区是评价员集体工作的场所，用于评价员之间的讨论，也可用于评价员的培训、授课等。

三、样品的制备与呈送工作

（一）样品的制备

样品在食品检验工作起着至关重要的作用，是非常精细的技术工作。要想制备出合格有效的样品，需要按照一定的操作规程进行合理控制。

1.均一性

均一性是指同组中每份样品除待评特性外的其他特性完全相同，包括每份样品的量、颜色、外观、形态、温度等。

在样品制备中，要达到均一性的目的，除精心选择适当的制备方法以减少出现特性差异的机会外，还可选择一定的方法来掩盖样品间的某些明显的差别。例如，当仅仅品评某样品的风味时，就可以用无味的色素物质掩盖样品间的色差，使检验人员在品评样品风味时不受样品颜色差异的干扰。

2.样品量

样品量包括样品的个数以及每个样品的分量，由于物理、心理等因素，提供给评定员的样品个数和分量，会对他们的判断产生很大影响，因此，实验中要根据样品品质、实验目的提供恰当的样品给评定员。

感官评定人员理论上可以一次评定多个样品，但实际能够检验的样品个数还取决于下列情况：①评定人员的主观因素，评定人员对被检样品特性和实验方法的熟悉程度，以及对实验的兴趣和认知，都会影响其能正常评定的样品个数；②样品特性，具有强烈气味或味道的样品，会造成评定人员的感官疲劳，通常样品特性强度越高，能够正常评定的样品个数就越少。

考虑到各种因素的影响，在大多数食品感官评定实验中，每组实验的个数在4~8个，每评定一组样品后，应间歇一段时间再评定。

通常对于差别实验，每个样品的分量控制在液体和半固体30 mL左右，固体以30~40 g为宜；嗜好性实验的样品分量可相应地比差别实验多一倍；描述性实验的样品分量可依实际情况而定，但应提供足够评定的分量。

3.样品的温度

恒定和适当的样品温度才可能获得稳定可靠的评定结果。样品温度的控制应以最容易感受所检测特性为原则，通常是将样品温度保持在该产品日常食用的温度范围内，过冷或过热的样品都会造成感官不适和感官迟钝，从而影响评定结果。温度的变化易造成气味物质的挥发、食品的质构以及其他物理特性（如松脆性、黏稠性等）的变化而影响检验结果。因此，在实验中，应事先制备好样品，保存在恒温箱内，然后统一呈送，以保证样品的温度恒定和一致。

4.器皿

呈送样品的器皿以素色、无气味、清洗方便的玻璃或陶瓷器皿比较适宜，同一实验批次的器皿，外形、颜色和大小应一致。实验器皿和用具应选择无味清洁剂洗涤，器皿和用具的储藏柜也应无味，以避免相互污染。

（二）样品的呈送

所有检测样品在呈送前均应编码，通常由工作人员以随机的三位数编号，检验样品的顺序也应随机化。例如，有A、B、C、D、E五个样号，对它们进行编号和决定检验顺序的方法如下：首先从随机数表中任意选择一个位置，如选从第5行第10列开始以多位数（如3位数）来编号是343，往下移（或往其他方向）依次是774、027、982、718。检验顺序也可查此表确定，先在表中任选一个位置，如从第10行第10列开始往右取5个数（由于只有5个样品，数字大于5的不选），得先后顺序为5、1、4、2、3。当由多个检验人员检验时，提供给每位检验人员的样品编号和检验顺序彼此都应有所不同。

样品呈送的顺序应基于"平衡原则"，即每一个样品出现在某个特定位置上的次数一样，如对三个样品A、B、C进行评定，三个样品的所有可能排列顺序有：ABC、ACB、BCA、BAC、CBA、CAB，所以这个实验需要的评定人员的数量就应该是6的倍数，这样才能使这六组组合被呈送给评定员的机会相同。

在"平衡原则"的基础上，样品的呈送还应遵照"随机原则"，即评定员品尝样品是随机的，评定员品尝样品的顺序也是随机的。样品的呈送与实验设计有关，常用的设计方法有完全随机设计、完全随机分块设计、均衡非完全分块设计等。

四、评价员的选拔与培训

食品感官分析是以人的感觉为基础，通过感官评定食品的各种属性后，再经过统计分析而获得客观评价结果的试验方法。所以其结果不仅要受到客观条件的影响，也要受到主观条件的影响，而主观条件则涉及参与感官分析的实验人员的基本条件和素质。因此，食品感官分析评价人员的选拔与培训是获得可靠和稳定的感官分析试验结果的首要条件。

（一）优选评价员

1.优选评价员招募

招募是建立优选评价员小组的主要基础工作，在招募候选人中选择最适合培训的人员作为优选评价员时，一般要考虑三个问题：①在哪里寻找组成该小组的成员？②需要挑选多少人？③如何挑选人员？

　　招募方式分为内部招募和外部招募两种：内部招募，即候选人从办公室、工厂或实验室职员中招募，建议避免那些与被检验样品密切接触的人员，特别是技术人员和销售人员，因为他们可能造成结果偏离；外部招募，即从单位外部招募。内部招募人员和外部招募人员应以不同比例共同组成混合评价小组。

　　一般情况下，招募后由于味觉灵敏度、身体状况等，选拔过程中大约要淘汰掉一半人。因此，评价小组工作时至少应该有10名优选评价员，需要招募人数至少是最后实际组成评价小组人数的2~3倍。例如，为了组成10人评价小组，需要招募40人，挑选20人。

　　候选评价员的背景资料可通过候选评价员自己填写清晰明了的调查表，以及经验丰富的感官分析人员对其进行面试综合得到。要调查的内容应包括以下几点：

　　（1）兴趣和动机。那些对感官分析工作以及被调查产品感兴趣的候选人，比缺乏兴趣和动机的候选人可能更有积极性，并能成为更好的感官评价员。

　　（2）对食品的态度。应确定候选评价员厌恶的某些食品或饮料，特别是其中是否有将来可能评价的对象。同时，应了解是否由于文化上、种族上或其他方面的原因而不使用某种食品或饮料。那些对某些食品有偏好的人往往会成为好的描述性分析评价员。

　　（3）知识和才能。候选人应能说明和表达出第一感觉，这需要具备一定的生理和才智方面的能力，同时具备思想集中和保持不受外界影响的能力。如果只要求候选评价员评价一种类型的产品，掌握该产品各方面的知识则有利于评价，那么就有可能从对这种产品表现出感官评定才能的候选人中选拔出专家评价员。

　　（4）健康状况。候选评价员应健康状况良好，没有影响他们感官功能的缺失、过敏或疾病，并且未服用损伤感官可靠性的药物。假牙可能影响对某些质地、味道等感官特性的评价；感冒或其他暂时状态（如怀孕）不应成为淘汰候选评价员的理由。

　　（5）表达能力。在考虑选拔描述性检验员时，候选人的表达和描述感觉的能力特别重要，这种能力可在面试以及随后的筛选检验中考察。

　　（6）可用性。候选评价员应能参加培训和持续的客观评价工作。那些经常出差或工作繁重的人不宜从事感官分析工作。

（7）个性特点。候选评价员应在感官分析工作中表现出兴趣和积极性，能长时间、集中精力工作，能准时出席评价会，并在工作中表现诚实可信。

（8）其他因素。招募是需要记录的，其他信息有姓名、年龄、性别、国籍、教育背景、现任职务和感官分析经验，抽烟习惯等资料也要记录，但不能以此作为淘汰候选评价员的理由。

2.优选评价员筛选

筛选检验应在评价产品所要求的环境下进行，检验号核后再进行面试。选择评价员应综合考虑其将要承担的任务类别、面试表现及潜力，而不是当前的表现。获得较高测试成功率的候选评价员理应比其他人更有优势，但那些在重复工作中不断进步的候选评价员在培训中可能表现很好。筛选过程主要包括以下几个方面:

（1）色彩分辨能力。色彩分辨能力可由有资质的验光师来检验，在缺少相关人员和设备时，可以借助于有效的检验方法。

（2）味觉和嗅觉的缺失。需通过测定候选评价员对产品中低浓度的敏感性来检测其味觉、嗅觉的缺失或敏感性不足。

（3）匹配检验。制备明显高于阈值水平的有味道和油漆味的物质样品，每个样品都编上不同的三位数随机编码。每种类型的样品都提供一个给候选评价员，让其熟悉这些样品。相同的样品标上不同的编码后，提供给候选评价员，要求他们再与原来的样品一一匹配，并描述他们的感觉。提供的新样品数量是原样品的两倍，样品的浓度不能高到产生很强的遗留作用，从而影响以后的检验，因此品尝不同样品时应用无味无臭的水来漱口。

（4）敏锐度和辨别能力。①刺激物识别测试。测试采用三点检验法进行，每测试一种被检材料，向每位候选评价员提供两份被检材料样品和一份水或其他中性介质的样品，或者一份被检材料样品和两份水或其他中性介质的样品。备件材料样品的浓度应在阈值水平之上。被检材料的浓度和中性介质，由组织者根据候选评价员参加的评定类型来选择，最佳候选评价员应能够100%正确识别。②刺激物强度水平之间的辨别测试（此项测试的良好结果仅能说明候选评价员在所试物质特定强度下的辨别能力）。测试基于排序检验，测试中刺激物用于形成味道、气味、质地和色彩。每次检验中，将4个具有不同特性强度的样品以随机的方式提供给候选评价员，要求他们以强度递增的顺序排列样品。应以相同的顺序向所有候选评价员提供样品，以保证候选评价员排序结果的可比性。对于规定的浓度，候选评价员如果将顺序排错一个以上，则认为其不适合作为该类分析的优选评价员。

（5）描述能力测试。描述能力测试旨在检验候选评价员描述感官感觉的能力，包括气味刺激测试和质地刺激测试，通过评价和面试综合实施。测试人员应根据所使用的不同材料规定出合格的操作水平，气味描述检验候选人的得分应该达到满分的65%，否则不宜做这类检验。

3.优选评价员培训

培训人员应向评价员提供感官分析程序的基本知识，提高他们觉察识别和描述感官刺激的能力，使评价员掌握感官评定的专门知识，并能熟练应用于特定产品的感官评定。培训的人数应是评定小组最后实际需要人数的1.5~2倍。为了保证候选评价员逐步形成感官分析的正确方法，培训应在推荐的适宜环境中进行，同时应对候选评价员进行所承担检测产品的相关基本知识培训，如传授他们产品生产过程知识或组织其去工厂参观。除偏爱检验外，应要求候选评价员在任何时候都要客观评价，不应掺杂个人喜好和厌恶情绪。

培训人员应对结果进行讨论，并给予候选评价员再次评价样品的机会。候选评价员在评价之前和评价过程中禁止使用有香气的化妆品，且至少在评价前60 min避免接触香烟及其他强烈味道或气体，同时手上不应留有洗涤剂的残留香气。

（1）评价步骤。培训计划开始时，培训人员应教会候选评价员评价样品的正确方法。开展某项评价任务之前，要充分学习规程，并在分析中始终遵守。样品的测试温度应明确说明，除非被告知关注特定属性，候选评价员通常应按下列次序检验特性：①色泽和外观；②气味；③质地；④风味（包括气味和味道）；⑤余味。评价气体时，评价员闻气味的时间不要太长，次数不宜过多，以免嗅觉混乱和疲劳。对于固体和液体样品，应预先告知评价员样品的大小（口腔检测）、样品在口内停留的大致时间、咀嚼的次数以及是否吞咽。另外，还应告知评价是如何适当地漱口以及两次评价间的时间间隔，最终达成一致意见的所有步骤应明确表述，以保证感官评价员评价产品的方法一致。样品间的评价间隔时间要充足，以保证感觉的恢复，但要避免间隔时间过长，以免失去辨别能力。

（2）味道和气味的测试与识别培训。匹配、识别、成对比较、三点和二—三点检验应被用来展示高、低浓度的味道，并且培训候选评价员去正确识别和描述它们。采用相同的方法，提高评价员对各种气体刺激物的敏感性，刺激物最初仅给出水溶液，在有一定经验后可以用实际的食品或饮料代替，也可用两种或多种成分按不同比例混合的样品。用于培训和测试的样品，应具有其固定的特性、类型和质量，并且具有市场代表性。提供的样品数量和所处温度，一般要与交易或使用时相符，为了说明特别好、不完整或有缺陷的可以有例外。

（3）标度使用培训。按样品某一特性的强度，用单一气味、单一味道和单一质地的刺激物的初始等级系列，给评价员介绍等级、分类、间隔和比例标度的概念。

（4）开发和使用描述词的培训。提供一系列简单样品给评价组并要求其开发描述其感官特性的术语，特别是那些能将样品区别的术语，向评价小组成员介绍剖面的概念。术语应由个人提出，然后通过研究讨论产生一个至少包括十个术语且一致同意的术语表。此表可用于生成产品的剖面图，首先将适宜的术语用于每个样品，然后用各种类型的标度对其强度打分。组织者将用这些结果生成产品的剖面。

（5）特定产品的培训。基本培训结束后，评价员要进行一个阶段的产品培训，培训的性质要看评价小组是否要用于差异或描述性检验（外观、气味、质地和味道评价）。差异评价是指提供给评价员与最终评价的产品相似的样品，由他们用一种差异评价方法评价。如果描述分析不是针对一种特定产品，就应该通过对较宽范围的不同产品描述性分析来获得经验。评价员评价一种特定的产品，每次评价会提供3个此种类型产品的样品，总共评价约15个样品。

组织者主导讨论，帮助评价小组将类似的描述词分组，选择一个描述词代替一组用语，使术语合理化，必要时可通过检验外观规范和有特别形状的样品来帮助完成这一步骤。将一致同意的描述词综合到一张评分表上，再检验几个样品进行验证，进一步改进描述词；还应对每个特性强度梯度进行研讨，并参考实际样品的测试使其合理化。

4.特定方法评价小组成员的选择

选择一些最适合做某一特定方法评价的成员作为候选人，再从这些人员中筛选部分评价员组成测定方法评价小组，每个特定方法需要的评价员数量至少要达到国标要求，如果候选人的数量比评价小组的人数略多，应从可用评价员中挑选最佳的评价员，而不仅限于符合预定标准的人。适合某种特定方法评价的候选人，未必适合其他方法的评价，而被某种特定方法评价排除的候选人，不一定不适合其他评价。

（1）差异评价。通过重复检验实际物品来选择组成评价小组的成员，如果评价小组需要测试某种特别的性状，也可逐渐降低样品的浓度，将其识别较低浓度样品的能力作为挑选评价人的依据。

（2）排序评价。通过重复检验实际物品来选择组成评价小组的成员，挑选出的评价人员应具备对样品进行正确排序的能力，并能持续完成任务，淘汰完成任务比较差的人选。

（3）评级和打分。安排评价员对随机提供的6种不同样品（每种3个）进行评价，必要时可以组织一次以上的讨论会，将结果记录于表中。评价员之间差异显著，表明存在偏好，如一个或多个评价员给的分数始终比其他人高或低；样品间差异显著，表明作为一个组的评价员区别样品是成功的；评价员/样品交互作用差异显著，表明两个或多个评价员在两个或多个样品之间有不一致的感觉。某些情况下，评价员/样品交互作用甚至可能反映出样品的排序不一致。方差分析适用于打分，但不适用于某些类型的评级，如果用于评级，就要格外慎重。

（4）定性描述分析。不提倡使用上述方法以外的专门挑选方法进行定性描述评价，评价员在不同测试中的表现是筛选的依据。

（5）定量描述分析。如果提供对照样品或参考样品，就应检验候选人识别和描述这些样品的能力，不能正确识别或充分描述70%对照样品的评价员应认为其不适合做此种类型检验。评价员按照规定的评分表和词汇评定约6个样品，样品应按一定次序一式三份提供，然后每个评价员每个描述应经过多元分析方法分析。

（6）特殊评价的评价员。尽管是选拔出的最优秀的候选人，感官评价员的表现也可能会有波动。对于描述分析而言，在系统的测试之后和复杂的数据统计检验之前，筛选表现较好的评价员或将评价员分成几个分组大有裨益，可采用"评级和打分"所用方法。

5.优选评价员监督检查

优选评价员的监督检查是指根据评价员的应用领域确定需要开展特殊的感官测试，由评价小组负责人选择测试项目，建议将记录结果作为以后的参考，并用于确定何时需要再培训。

该检查的目的在于检验每位评价员的能力，确定其是否能得到可靠的和再现性好的结果。在多数情况下，该检查可以随检验工作同时进行，根据检验结果决定是否需要重新培训。

（二）专家评价员

适合培训的候选人应具备感官分析的能力，最好事先筛选优选评价员作为候选人或直接从优选评价员中选拔候选人；对进一步提高感官技能感兴趣，其中包括学习感官方法学和了解一种或多种产品的感官特性；能保证参加培训和定期实践且本人自愿。评价小组组长应对优选评价员在一定期间内对所涉及产品的评价表现进行评估，若优选评价员的评价结果表现出良好的重复性，自身具有显著的敏锐力，或在原材料特定性质的分类上表现出特殊的敏感性，可考虑选用他们参与专家评价员组成的评价小组的工作。

专家评价员的候选人还应具备以下条件：①对感官特性的记忆力；②与其他专家的沟通能力；③对产品的描述能力。不同优选评价员具备上述条件的程度不同，所以应选用相应的筛选程序或有针对性地对其培训程序进行调整。

1.专家评价员培训

培训的主要目的是通过培训来优化专家评价员的专业知识结构，挖掘其感官评定的潜力，优选评价员应具备一定的嗅觉和味觉生理学知识。培训的目的还在于优化评价员的感官分析知识结构，尤其是增强他们的感官剖面描述词以及强度的记忆，使其具备对产品进行感官剖面评价的能力，包括评价结果的重复性和正确度辨别。

（1）感官记忆。专家评价员应具备中等水平以上的感官记忆能力，培训优选评价人的感官方面的实验大多数在于培养其短期的感官记忆。而培训专家评价员则应培养其长期的感官记忆，当前评价中记录的特征，可能需要参考前期的评价经验。

（2）感官描述词语意及尺度的学习。培训通常包括两个阶段：①描述词的产生、定义和识别。其目的是确认这些词能对产品或评价对象进行描述，将这些描述词语与对应的感官知觉联系起来，并基于感官知觉来定义每一个描述词，并学习识别其描述的感官特性是否在产品或评价对象中存在。②对强度进行评估并记忆强度标度。其目的是学会评价每个描述词的强度，并记忆每个特定描述词的强度水平。训练的最初阶段先评价描述词强度较明显的样品，并基于此描述词进行分类，然后评价员学习通过对特定不同强度的描述词所建立的对应参比或产品、原料来对描述词的强度进行表达。

（3）描述词词库的建立。受训者应了解感官描述词的作用，其不仅有助于增长长期感官记忆力，还可作为与客户和其他专家交流的工具，受训者还应掌握特定术语方面的知识，并能加以合理使用。

（4）评价条件的培训。受训者应学会能一次评价大量的样品以及评价同一种产品的不同样品。

2.专家评价员监督检查

监督检查评价员表现的目的是定期考查评价员对样品评价的重复性、辨别能力、结果一致性和再现性的能力。监督评价员表现的原则基于以下两个方面：

（1）重复性。重复性是指产品或原料的剖面评价结果在同一评价轮次内或不同评价轮次之间的重复性。

（2）再现性。再现性是指在相同的条件下，同时提供或分包相同的产品，由多个实验室同时进行的比对检验。

3.专家评价员评估

对评价结果进行评估，能够看出团队整体以及单个评价员的工作表现。

（1）对评价小组整体工作表现的评估。通过方差分析等方法进行评估：①单因素方差分析（产品）评价辨别能力；②三因素交互作用的方差分析（产品、评价员、产品间）和两种或三种特性的叠加评价再现性；③三因素交互作用的方差分析（产品、评价员、产品间）检验一致性。其他数据统计方法如主成分分析、判别因子分析、广义普鲁克分析、相关系数计算（能评价两个矩阵的相似度），可用于评估评价员之间结果的一致性以及评价员个人与小组评价结果的一致性。

（2）个人工作表现的评估。个人工作表现可通过作图来表示，也可通过数据分析来评估，如：①将每个评价员评价的结果与组内的平均值相比较；②直观表达标准差的量级；③与小组评价结果的一致性；④评价产品间的差异；⑤每个评价员结果的重复性和再现性。

4.小组的管理与维护

（1）激励。激励小组的工作十分重要，如提供一些与产品结果相关的信息和与个人结果相关的反馈信息，并适当给予酬劳。

（2）技能保持。为使团队工作更有效，以及不丧失培训的效果，应定期进行集训，最好每周组织一次，每月应至少保证一次。应有选择地评估小组的表现，一年大致开展二次。此外，在较长的工作停顿（大于6周）之后，应对评价员进行再次培训。理论上评价小组应与其他专家评价员小组相对比，对参照产品进行比较或参加比较研究来对其自身进行校准。可以通过参加不同实验室之间的评价比对，也可以针对同一产品，与其提供者或者分包者同时进行剖面分析比较。

（3）新评价员的补充。若小组成员不可避免地离开时，应补充新的人员，为使新评价员达到令人满意的工作水平，应策划专门培训。新评价员进入小组的过程应是逐步进行的，应根据评价员的能力来分配工作。

（4）再培训。当待评价的产品和材料改变时，应组织新的培训会议，来考虑增加新的描述词和对强度标度做适当修改。

第三节　食品感官评定的检验方法

感官评定法是以人的感官感知测定产品性质或调查嗜好程度的方法，选择合适的感官评定方法才能回答在检验产品中提出的问题。食品感官评定的检验方法，按其性质可以分为差异识别检验（用以检验产品间的感官差别）、差异标度和分类检验（用以估计差别的顺序和大小、样品的归属类别或等级等）、描述分析性检验（用于识别存在某样品中的特殊感官指标）。

一、差异识别检验

差异识别检验在实际应用中非常实用而被广泛采用。典型的差异识别检验一般有24～48个参与者，他们均经过筛选，对特定产品的差别有较好的敏感性，而且对检验程序较熟悉。一般提供的样品较充分，以便于清楚地判断感官差别。当试验可以较方便进行时，经常进行重复检验。

差异识别检验常用的方法有：成对比较试验法、二—三点试验法、三点试验法、"A"—"非A"试验法、五中取二试验法、选择试验法、配偶试验法，下面主要介绍成对比较试验法与二—三点试验法。

（一）成对比较试验法

以随机顺序同时出示两个样品给评价员，要求评价员对这两个样品进行比较，判定整个样品或某些特征强度顺序的一种评价方法被称为成对比较试验法或者二点试验法。成对比较试验法有两种检验形式：差别成对比较法（也称二点差别试验法、简单差别试验、异同试验，为双边检验）、定向成对比较法（也称二点偏爱试验法，为单边检验）。

研究的目的决定采取何种形式的试验法：如果不知道样品间何种感官属性不同，那么就应采用差别成对比较法（双边检验）。样品（A≠B）呈送顺序为AA、BB、AB、BA，这些顺序在评价员中交叉进行随机处理，且每种次序出现的次数相同。如果已知两种样品在某一特定感官属性上存在差别，那么就应采用定向成对比较法（单边检验）。样品（A＞B或A＜B）呈送顺序为AB、BA，且是随机的，每种次序出现的次数相同。

在进行成对比较试验法时，一开始就应分清是单边检验还是双边检验。在确定成对比较试验法是单边检验还是双边检验时，关键是看备择假设是单边的还是双边的。当试验的目的是关心两个样品是否不同时，则采用双边检验。当试验目的是为了知道哪个样品的特性更好或者更受欢迎，确定某项改进措施或处理方法的效果时，通常使用单边检验。

1.差别成对比较法

差别成对比较法是最为简单的一种感官评定方法，它可用于确定两种样品之间是否存在差异，差异方向如何。试验形式有AB、BA、AA、BB组合，每次试验中，每个样品的猜测性（有无差别）的概率为1/2。本方法比较简便，但效果较差（猜对率为1/2）。根据比较观察的频率和期望的频率，通过χ^2分布检验分析结果。

（1）实际操作。把A、B两个样品同时呈送给评价员，要求评价员根据要求进行评价。在试验中，应使样品A、B和B、A这两种次序出现的次数相等，样品编码可以随机选取3位数组成，而且每个评价员之间的样品编码尽量不重复。一般要求24～48名评价员一起进行，最多可以用100～200人。可以让经过培训的评价员进行评价，也可以让未接受过培训的评价员，但在同一试验中评价员应具有统一的经验（有经验或没有经验）。

（2）统计原理。①原假设：不可能根据样品间差异区别这两种样品。在这种情况下，正确识别出单个样品的概率为1/2；②备择假设：可以根据样品间差异区别这两种样品。在这种情况下，正确识别出单个样品的概率大于1/2。

该检验是双边检验。当评价员人数小于100时，正确数目大于或等于表2-2[①]某水平上的相应数值，则说明以该显著水平拒绝原假设而接受备择假设。当评价员人数大于100时，则应根据不同情况进行具体的分析计算。

表2-2　差别成对比较法检验表/二—三点试验法检验表

答案数目	显著水平		
	5%	1%	0.1%
7	7	7	—
8	7	8	—
9	8	9	—
10	9	10	10
11	9	10	11
12	10	11	12
13	10	12	13
14	11	12	13
15	12	13	14
16	12	14	15

①卫晓怡.食品感官评价[M].北京：中国轻工业出版社，2018.

17	13	14	16
18	13	15	16
19	14	15	17
20	15	16	18
21	15	17	18
22	16	17	19
23	16	18	20
24	17	19	20
25	18	19	21
26	18	20	22
27	19	20	22
28	19	21	23
29	20	22	24
30	20	22	24
31	21	23	25
32	22	24	26
33	22	24	26
34	23	25	27
35	23	25	27
36	24	26	28
37	24	27	29
38	25	27	29
39	26	28	30
40	27	28	31
41	27	29	31
42	27	29	32
43	28	30	32
44	28	31	33
45	29	31	34
46	30	32	34
47	30	32	35
48	31	33	35
49	31	34	36
50	32	34	37
60	37	40	43
70	43	46	49
80	48	51	55
90	54	57	61
100	59	63	66

2.定向成对比较法

定向成对比较法可用来对A、B两种样品进行比较，以判断哪一种样品较好，或两种样品在哪一特性上存在差异（如甜度、酸度、脆性等）。

（1）实际操作。试验形式有AB、BA组合，呈送顺序应该具有随机性，评价员先收到A样品或B样品的概率应相等。样品编码可以随机选取3位数组成，而且每个评价员之间的样品编码尽量不重复。评价员必须清楚理解感官专业人员所指定的特定属性的含义，一般应该经过识别指定的感官属性方面的训练。感官专业人员必须保证两个样品只在单一的所指定的感官方面有所不同，否则不适用此方法。例如，增加蛋糕的糖含量，会使蛋糕比较甜，但同时会改变蛋糕的质地和色泽。在这种情况下，定向成对比较法便不是一种很好的差异试验方法。

（2）统计原理。该检验是单边检验。正确数目大于或等于表2-3某水平上的相应数值，则说明以该显著水平拒绝原假设而接受备择假设。也就是说，如果感官评价员能够根据制定的感官属性区别样品，那么对于指定感官属性程度较高的样品，由于高于另一样品，被选择的概率较高。定向成对比较法结果可以给出样品间制定属性存在差异的方向。

假定要求评价最喜欢哪个样品，则为定向成对比较法。从有效的评价表中收集较喜欢A的回答数和较喜欢B的回答数，运用回答数较多的数与表2-3[1]所得各显著水平的数比较。若此数大于或等于表中某显著水平的相应数字，则说明两样品的嗜好程度有差异；若小于表中的任何显著水平的数，则说明两样品间无显著差异。

表2-3　定向成对比较法检验表

答案数目	显著水平		
	5%	1%	0.1%
7	7	—	—
8	8	8	—
9	8	9	—
10	9	10	—
11	10	11	11
12	10	11	12
13	11	12	13

①卫晓怡.食品感官评价[M].北京：中国轻工业出版社，2018：69.

续表

14	12	13	14
15	12	13	14
16	13	14	15
17	13	15	16
18	14	15	17
19	15	16	17
20	15	17	18
21	16	17	19
22	17	18	19
23	17	19	20
24	18	19	21
25	18	20	21
26	19	20	22
27	20	21	23
28	20	22	23
29	21	22	24
30	21	23	25
31	22	24	25
32	23	24	26
33	23	25	27
34	24	25	27
35	24	26	28
36	25	27	29
37	25	27	29
38	26	28	30
39	27	28	31
40	27	29	31
41	28	30	32
42	28	30	32
43	29	31	33
44	29	31	34
45	30	32	34
46	31	33	35
47	31	33	36
48	32	34	36
49	32	34	37
50	33	35	37
60	39	41	44
70	44	47	50
80	50	52	56

| 90 | 55 | 58 | 61 |
| 100 | 61 | 64 | 67 |

（二）二—三点试验法

先提供给评价员一个对照样品，接着提供两个样品，其中一个与对照样品相同，而另一个则来自不同的产品、批次或生产工艺。要求评价员在熟悉对照样品后，从后提供的两个样品中挑选出与对照样品相同样品的方法被称为二—三点试验法。

二—三点试验法常用于区别两个同类样品间是否存在感官差异，尤其适用于评价员熟悉对照样品的情况，如成品检验和异味检查。评价员要正确找出与对照样品一致的样品，这有1/2的概率。但由于精度较差（猜对率为1/2），故常用于评价员很熟悉对照样品的情况以及风味较强、刺激较烈和产生余味持久的产品检验，以降低评价次数，避免味觉和嗅觉疲劳。另外，外观有明显差别的样品不适宜此法。

二—三点试验法有两种形式：固定参照模式（以正常生产为参照样）和平衡参照模式（正常生产的样品和要进行检验的样品被随机用作参照样品）。在固定参照二—三点试验法中，样品有两种可能的呈送顺序，如RABA、RAAB，应在所有的评价员中实行交叉平衡原则。在平衡参照二—三点试验法中，样品有四种可能的呈送顺序，如RABA、RAAB、RBAB、RBBA，一半的评价员得到一种样品类型作为参照，而另一半的评价员得到另一种样品类型作为参照，样品在所有的评价员中实现交叉平衡。当评价员对两种样品都不熟悉，或者没有足够的数量时，可运用平衡参照二—三点试验法。

1.实际操作

向评价员提供一个已标明的对照样品和两个已编码的待测样品，其中一个编码样品与对照样品相同，要求评价员在熟悉对照样品后，选出这个与对照样品相同的编码样品。

通常评价时，在评价对照样品后，最好有10s左右休息时间；同时，要求两个样品作为对照品的概率应相同。应先对对照样品品尝，然后开始对待测样品的评价。

2.统计原理

（1）原假设：不可能根据特性强度区别这两种样品。在这种情况下，正确识别出单个样品的概率为1/2。

（2）备择假设：可以根据特性强度区别这两种样品。在这种情况下，正确识别出单个样品的概率大于1/2。

二、差异标度和分类检验

差异标度和分类检验是评价员将感官体验进行量化最常见的方法，评价员将这些感觉进行量化有多种方法：可以只是分分类，可以排序，也可以用数字反应感官体验的强度。差异标度和分类检验通常用以估计差别的顺序和大小，或样品的归属类别或等级。

差异标度和分类检验常用的方法有顺位试验法、分类试验法、评分法、评估试验法。下面主要介绍顺位试验法与分类试验法。

（一）标度与测量

1.标度

标度是指标准的尺度，用于衡量、比较和量值化人的感觉强度。根据试验测量对象的差别度大小而采用不同的合适的标度形式，从而达到准确有效的目的，就像测量长度时，不同的场合使用不同的单位一样，如m、mm、μm、nm等，采用不同的标度，应使用不同的数据统计方法。这种标度的使用是经过事先培训的，它是一门度量的科学，即使用数字来表达样品性质的强度（甜度、硬度、柔软度），又可以使用词汇来表达对该性质的感受（太软、正合适、太硬）。常用标度方法有以下几点：

（1）类项标度。类项标度是指评价员根据特定而有限的反应给数值赋予察觉到的感官刺激，是一种最古老、使用最为广泛的标度方法。

（2）量值估计。量值估计是指不受限制地应用数字来表示感觉的比率，它有两种基本变化形式——外部参比样和内部参比样。外部参比样，是指预先设定一个具有标准标度的参比样；内部参比样，是指插入系列检验样品中，并作为参比样提供给评价员的检验样品。

（3）线性标度。线性标度，又称为图表评估标度或视觉相似标度，让评价员在一条线段上做标记以表示感官特性的强度或数量。

标度一个最大的进步是在同一属性因子下有较细致的感官标度区分，而这种区分的感官分辨率又是根据试验心理学原理，即人的感官在十以下有较好较准的区分度，超出十以上区分度较差。这就是为什么常规标度表常取其标度数为三、五、七、九，只需感官评价员在一个小的区间内做出准确判断，减少误差，即三、五、七、九原则。而评分表则常常需要感官评价员对某个感官属性在20分值或30分值上做出判断，从某种意义上讲，这是感官评定误差的一个重要来源。

2.测量

测量是指度量感觉的强度。不同类型的感官评定表以一组感觉基元和复合感为背景，通过相应的量值进行评估，并根据不同的感觉属性因子在产品中的重要性程度，赋予一定的标度权重，构造成一类稳定的、行业内认可的产品感官评定表，即一个产品感官品质度量空间，以供不同场合实际评价使用。如果说感觉属性因子及量值估计是感官分析的四则运算，那么产品感官评定表则是感官分析的综合应用题，是根据该产品的特征感觉属性因子集及性质，对一个特定产品的整体性、综合性的感官分析，对每一个产品或样品建立产品感官品质度量空间，也是感官分析的最终目标。感官评定是一种基于样品间相对差别的比较检验和测量的心理学试验方法，而不是一种绝对物理量的测量方法，没有不同类型的样品或同类型内不同样品间的相对比较。

不同人的感觉是有差异的，但这种差异会呈现明显的正态性。在实际的感官评定中，不采用一个人去做多次的重复评价的方法，而会利用多个评价员的同时评价作为心理测量的重复次数或者叫作平行试验来提高测量的准确性及效度，即置信度，但是不能提高感官评定的分辨率。实践中许多连续型随机变量的频率密度直方图形状是中间高、两边低、左右对称的，这样的变量服从正态分布，人群感觉正态性决定样品间差别度的正态分布，而正态分布是感官评定结果统计分析方法的理论基础。

（二）顺位试验法

比较数个样品，按指定特性由强度或嗜好程度排出一系列样品的方法被称为顺位试验法。

1.主要特点

顺位试验法只排出样品的次序，不评价样品间差异的大小，它具有简单并且能够评判两个以上样品的特点。顺位试验法的缺点是顺位试验只是一个初步的分辨试验形式，它无法判断样品之间差别的大小和程度，只是在试验数据之间进行比较。

顺位试验法可用于进行消费者接受性调查及确定嗜好顺序，选择或筛选产品，确定由于不同原料、加工、处理、包装和储藏等环节造成的对产品感官特性的影响，通常多用Kramer检定表法。

2.实际操作

向评价员提供一定数量的随机呈递的样品，要求按某一特性，排出样品的次序，不评价样品间差异的大小。

当评价少数样品（6个以下，最好4～5个）的复杂特征（如质地、风味等）或多数样品（20个以上）的外观时，此法是迅速而有效的；否则，要注意用水、淡茶或无味面包等来恢复原感觉能力，防止疲劳产生的误差。检验前，应向评价员说明本次评价工作的具体规定（如对哪些特性进行排列、特性强度是从强到弱还是从弱到强进行排列等）和要求（如在评价气味前要先摇晃等）。检验时，评价员得到全部被检样品后，按规定要求将样品进行大概分类并记下样品号码，然后进行整理比较，找出最强者和最弱者，类推次强者和次弱者，最后确定整个系列的强弱顺序。对于不同的样品，一般不应排为同一位次，当实在无法区别两种样品时，应在评价表中注明为同位级。例如，相邻两个样品的顺序无法确定，鼓励评价员去猜测，如果实在猜不出，可以取中间值，如4个样品中，当对中间两个的顺序无法确定时，就将它们都排为（2+3）/2=2.5。

（三）分类试验法

评价员评价样品后，划出样品应属的预先定义类别，这种评价试验方法被称为分类试验法。在顺位试验中，两个样品之间必须存在先后顺序，而在分类试验中，两个样品可能属于同一类，也可能属于不同类，而且它们之间的级数差别可大可小。

1.主要特点

一般可用于产品质量的等级分类，利于了解不同加工工艺对产品质量的影响等。

2.实际操作

当样品打分有困难时，可用分类法评价出样品的好坏差异，得出样品的级别、好坏，也可以鉴定出样品的缺陷等。

把样品以随机的顺序出示给评价员，要求评价员按顺序评价样品后，根据评价表中所规定的分类方法对样品进行分类。

三、描述分析性检验

描述分析性检验是评价员对产品的所有品质特性进行定性、定量的分析及描述评价，是所有感官分析方法中最为复杂的一种。描述分析性检验是一种需要所有的感官（视觉、听觉、嗅觉、味觉等）都要参与的描述活动，它要求评价产品的所有感官特性，如外观（颜色、表面质地、大小和形状）、嗅闻的气味特征（嗅觉、鼻腔感觉）、口中的风味特性（味觉、嗅觉及口腔的冷、热、辣、涩等知觉和余味）、组织特性和几何特性。其中，组织特性即质地，包括机械特性——硬度、凝聚度、黏度、附着度和弹性五个基本特性及碎裂度、固体食物咀嚼度、半固体食物胶密度三个从属特性；几何特性——产品颗粒、形态及方向物性，有平滑感、层状感、丝状感、粗粒感等，以及油及水含量感，如油感、湿润感等。

定性方面的性质是该产品的所有特征性质，定量分析则从强度或程度上对该性质进行说明。两个样品可能含有性质相同的感官特性，但同一感官特性的强度有所不同。因此，它要求评价员除具备人体感知食品品质特性和排列次序的能力外，还要具备描述食品品质特性的专有名词定义及其在食品中的实质含义的能力，以及总体印象或总体风味强度和总体差异分析的能力。

一般情况下，可依据是否进行定量分析将描述分析法分为简单描述试验法和定量描述法。评价可用于一个或多个样品，可以是总体的，也可以集中在某一方面，还可以同时定性和定量地表示一个或多个感官指标。

描述分析性检验常用的方法有简单描述试验法与定量描述试验法。

（一）简单描述试验法

要求评价员对构成品特征的各项指标进行定性描述，以尽量完整地描述出样品品质的检验方法被称为简单描述试验法。简单描述试验法可用于识别或描述某一特殊样品或许多样品的特殊指标，或将感觉到的特性指标建立出一个序列。此法常用于质量控制，产品在储存期间的变化或描述已经确定的差异检测，也可用于培训评价员。

欲使感官评定人员能够用精确的语言对风味、质地等进行描述，就要让他们经过一定的训练。训练的目的就是要使所有的感官评定员都能使用相同的概念，并且能够与其他人进行准确的交流，并采用约定俗成的科学语言，把这种概念清楚地表达出来。

1.描述方式

简单描述法，一般有两种描述方式：

一种是自由式描述。由评价员用任意的词汇对每个样品的特性进行描述。这种形式往往会使评价员不知所措，所以应尽量由非常了解产品特性的或受过专门训练的评价员来进行描述。

另一种是界定式描述。首先提供指标检查表，使评价员能根据指标检查表进行评价。

2.描述术语

一般要求评价员从食品的外观、嗅闻的气味特征、口中的风味特征（味觉、嗅觉及口腔的冷、热、收敛等知觉和余味）、组织特性和几何特性等感官特性进行食品描述。常见食品感官特性和常用描述性词语的表述具体见表2-4、表2-5①。

表2-4　常见食品感官特性表述

感官特性		词语举例
外观	颜色	色彩、纯度、均匀、一致性
	表面质地	光泽度、平滑度
	大小和形状	尺寸和几何形状
	整体性	松散性、黏结性
气味	嗅觉	花香、果香、臭鼬味
	口腔感觉	凉的、刺激的
风味	嗅觉	花香、果香、臭鼬味、酸败味
	味觉	甜、酸、苦、咸、鲜
	口腔感觉	凉、热、焦煳、涩、金属味
口感、质地	机械参数	硬、黏、韧、脆
	几何参数	粒、片、条
	水油参数	油的、腻的、多汁、潮的、湿的

表2-5　常用描述性词语表述

描述的内容	常用词语
风味	一般、正好、焦味、苦味、酸味、咸味、油脂味、油腻味、金属味、蜡质感、酶臭味、腐败味、鱼腥味、陈腐味、滑腻感、涩味
外观	一股、深、苍白、暗状、油斑、白斑、褪色、斑纹、波动（色泽有变幻）、有杂色
质地	一般、黏性、油腻、厚重、薄弱、易碎、裂缝、不规则、粉状感有孔、油脂析出、有线散现象

描述性术语的选择，应有一定标准：首先，用于描述分析的标准术语应该有统一的标准或指向。如风味描述，所有的感官评定人员都能使用相同的概念（确切描述风味的词语），并且能以此与其他评价员进行准确交流。因此，描述分析要求使用精确的且具有特定概念的，并经过仔细筛选过的科学语言（见表2-6），清楚地把评价（感受）表达出来。其次，选择的术语应当能反映对象的特征。选择的术语（描述符）应能表示出样品之间可感知的差异，能区别出不同的样品来。但选择术语（描述符）来描述产品的感官特征时，必须在头脑中保留产品的一些适当特征。每一条描述性术语都应该经过必要性和正交性的检验，每个被选择的术语对于整个系统来说都应是必需的。术语之间应没有相关性，同时

①表2-4至表2-7均引自卫晓怡.食品感官评价[M].北京：中国轻工业出版社，2018：100-102.

使用的术语在含义上应很少或没有重叠。应尽可能使用单一的术语，避免使用组合的术语。术语应当被分成元素性的、可分析的和基本的部分，组合术语可用于产品广告，这种做法在商业上很受欢迎，但不适于感官研究。理想的术语应与产品本质的、对整体特征有决定性影响作用的因素相关，与影响消费者接受性的结论性概念相关。

表2-6　常用食品特性词语的特定概念

词语	含义
酸味	由某些酸性物质的水溶液产生的一种基本味道
苦味	由某些物质（如奎宁）的水溶液产生的一种基本味道
咸味	由某些物质（如氧化钠）的水溶液产生的一种基本味道
甜味	由某些物质（如蔗糖）的水溶液产生的一种基本味道
碱味	由某些物质（如碳酸氢钠）在嘴里产生的复合感觉
涩味	某些物质产生使皮肤或黏膜表面收敛的复合感觉
风味	品尝过程中感受到的嗅觉、味觉和三叉神经觉特性的复杂结合，它可能受触觉、温度觉、痛觉和（或）动觉效应的影响
异常风味	非产品本身所具有的风味（通常与产品的腐烂变质相联系）
沾染	与该产品无关的外来味道、气味等
厚味	味道浓的产品
平味	风味不浓且无任何特色
乏味	风味远不及预料的那样
无味	没有风味的产品
口感	在口腔内（包括舌头与牙齿）感受到的触觉
后味、余味	在产品消失后产生的嗅觉和（或）味觉
芳香	一种带有愉快内涵的气味
稠度	由机械的方法或触觉感受器，特别是口腔区域受到的刺激而觉察到的流动特性
硬	需要很大力量才能造成一定的变形或穿透的产品质地
结实	需要中等力量就能造成一定的变形或穿透的产品质地
柔软	只需要小的力量就可造成一定的变形或穿透的产品质地
嫩	很容易切碎或嚼烂的食品
老	不易切碎或嚼烂的食品
酥	破碎时带响声的松而易碎的食品
有硬壳	具有硬而脆的表皮的食品

此外，每一条术语还应经过评价员的实践检验。这样评价员才可以精确地、可靠地使用术语；对某一特定术语含义易于达成一致理解；对术语原型事例达成一致意见（如用"酥脆"来描述"薯片"产品质地特性的普遍认可）；对术语使用的界限具有清晰、明确的认识（评价员明白在何种程度范围之内使用这一词汇）等。

3.评价员要求

描述分析性检验对评价员的要求较高，要求评价员一般都是该领域的技术专家或是该领域的优选评价员，并且具有较高的文学造诣，对语言的含义有正确的理解和恰当使用的能力。训练后的感官评定人员能够用精确的、约定俗成的科学语言，把食品特性清楚地表达出来。

在培训阶段，评价小组的成员应对特定产品类项建立自己的"术语"。每一位评价员的个体差异或文化背景，或者喜好和经验，对其形成的概念具有重要影响，因此，为评价小组提供尽可能多的标准参照物（见表2-7），有助于形成具有普遍适用性意义的概念。

表2-7　食品几何特性的参照样品

与微粒尺寸和形状有关的特性	参照样品	与方向有关的特性	参照样品
粉末状的	特级白砂糖	薄层状的	烹调好的黑线鳕鱼
白垩质的	牙膏	纤维状的	芹菜茎、芦笋、鸡胸肉
粗粉状的	粗面粉	浆状的	桃肉
沙粒状的	梨肉、细沙	蜂窝状的	橘子
粒状的	烹调好的麦片	充气的	三明治面包
粗粒状的	干酪	膨化的	爆米花、奶油面包
颗粒状的	鱼子酱、木薯淀粉	晶状的	砂糖

4.结果分析

评价小组需要专家5名或以上，或者优选评价员5名或以上。在进行问答表设计时，首先应了解该产品的整体特征，或该产品对人的感官属性有重要作用或者重要贡献的某些特征，将这些特征列入评价表中，让评价员逐项进行评价，并用适当的词汇予以表达，或者用某一种标度进行评价。

每个评价员在品评样品时，要独立进行，记录中要写清每个样品的特征。在评价员完成评价后，由评价小组组织者主持，进行必要的讨论，根据每一描述性词汇的使用频数得出评价结果。得出的综合结论，一般要求言简意赅、字斟句酌，以力求符合实际。该方法的结果通常不需要进行统计分析。

为避免试验结果不一致或重复性不好，可以加强对评价人员的培训，并要求每个评价员都使用相同的评价方法和评价标准。这种方法的不足之处是，评价小组的意见可能被小组当中地位较高的人所左右，而其他人员的意见不被重视或得不到体现。

5.风味描述法与质地描述法

风味描述法，也被称为风味剖析法，这是一种定性描述分析方法，目前被广泛应用于感官评定工作中。该方法一般由4~6位受过训练的评价员对一个产品能够被感知到的所有气味和风味、强度、出现顺序及余味等进行描述讨论，达成一致意见后，由评价小组负责人进行总结，形成书面报告。该方法方便、快捷，对结果不需要进行统计分析。风味描述法一般不单独使用，而是和其他的仪器或方法相结合使用。

质地描述法，也被称为质地剖析法，这也是一种定性描述分析方法，目前被广泛应用于谷物面包、大米、饼干和肉类等食品的感官评定中。该方法从机械、几何、脂肪、水分等方面对食品质地和结构体系进行感官分析，分析从开始咬食品到完全咀嚼食品所感受到的以上这些方面存在的程度和出现的顺序。

（二）定量描述试验法

定量描述试验法，也被称为定量描述和感官剖面检验法，这是一种要求评价员尽量完整地对形成样品感官特征的各个指标强度进行评价的检验方法。这种评价是使用以前由简单描述试验所确定的术语词汇中选择的词汇，描述样品整个感官印象的定量分析。

定量描述试验法可单独或结合用于评价气味、风味、外观和质地，此方法对质量控制、质量分析、确定产品之间差异的性质、新产品研制、产品品质的改良等最为有效，并且可以提供与仪器检验数据对比的感官数据，提供产品特征的持久记录。

1.参比样

在正式小组成立之前，往往需要有一个熟悉情况的阶段，以了解类似产品，建立描述的最好方法和统一评价识别的目标，确定参比样品（纯化合物或具有独特性质的天然产品）和规定描述特性的词汇。参比样是用于定义或阐明一个特性或一个给定特性的某一特定水平物质，参比样可与被检测样不同，仅作为对照，其他样品与之比较。当参比样用于一个给定特性的强度对照时，通常为具有某一特性的系列样品，涵盖特性强度最小到最大的变化区间。一般来说，理想的参比样应包括对应于标度上每一点的特定样品。

（1）参比样的选择。参比样应在适合的条件下储存，以保证其稳定性，并根据感官货架期，定期处置或更换。具体而言，参比样应具备：①普遍性。参比样最好是成品，无须加工或仅简单加工即可，如市场上人们熟悉的产品，必要时可自行制备。②代表性。参比样应具有典型的期望参比的感官特性，该特性不被其具有的其他感官特性掩盖。③稳定性。在适宜存放的条件下，参比样质量稳定，不同批次重现性好。④可代替性。在参比样难以获得的时候，应能找到其他代替品，如其他品牌的类似产品。⑤溯源性。可以建立参比的感官特性与某种可精确测量的物理量之间的相关性，从而可以通过仪器（质构仪、电子舌、电子鼻等）测定值估算感官特性强度，以快速筛选参比样，并在一定程度上体现感官评定结果的溯源性，用仪器辅助校准和检定人的感觉量。

（2）参比样量值的确定。参比样的量值可包括感觉强度的标度值及与感官特性相关的特征物理量的参考值。感觉强度的标度值由一个或多个评价小组的感官评定结果的平均值表示；特征物理量通过感官特性与特征物理量的相关性分析及特征提取来确定，特征物理量的参考值通过多次平行测定，以平均值及其变化范围表示。

2.评价员要求

在定量描述试验中，对评价员需要有招募、筛选、培训以及维护的环节，尤其是培训环节，为了确保能够找到产品的差异及保证结果的可重复性，需要对评价员进行严格的训练，要求他们形成共同的感官语言，能够利用标准参比样准确判断样品的感官属性强度，且在大多数情况下，还要求评价员判断的正确率达到一个较为合理的水平。经过训练的评价员，可以熟练地对样品与标准样品进行比较，对食品的质量指标可以用合理、清楚的文字做出准确的描述，然后通过不同的分析方法对试验结果进行分析评价。

一般采用10～12名评价员，评价员在实际评价产品前，又经过较长时间的培训才能参与到感官评定中，评价前要通过标准气味、口感、颜色及记忆力、语言表达和创造性测试。评价员必须建立产品各方面属性词汇表，包括外观、风味、质构，对产品进行全面感官分析。

在进行培训的时候，为了使评价员对所使用的每一个词汇所代表的确切感官特征有正确的认识，通常采用标样对每一种感受词汇的使用进行界定。同时，也可以采用不同浓度的标样对其进行定量描述的训练。评价员在熟悉了标准样品后，就可以对所需描述的样品进行某种特性的定量描述了。

培训后，评价员进行实际的描述分析，从描述分析的结果可以对评价员的评价水平做出判断。例如，评价员A评价的结果与整个评价小组的评价结果在顺序上刚好相反，而评价员B等评价的结果与整个评价小组的平均值的趋势是一致的，这种情况下，就应该放弃评价员A的评价结果，采纳评价员B的评价结果，并对其他合格评价员的评价结果进行综合。

3.检验内容

根据目的的不同，定量描述试验法的检验内容通常有特性特征的鉴定、感觉顺序的确定、强度评价、余味和滞留度的测定、综合印象的评估、强度变化的评估、扣分法等。

（1）特性特征的鉴定。用叙词或相关的术语规定感觉到的特性特征。

（2）感觉顺序的确定。记录显示和察觉到各特性特征出现的顺序。

（3）强度评价。每种特性特征的强度（质量和持续时间），可由评价小组或独立工作的评价员测定。强度评价的有效性和可靠性取决于参照标尺使用的一致性，这样才能保证结果的一致性，且选用的尺度的范围要足够宽，可以包括该感官性质的所有范围的强度，同时精确度要足够高，可以表达两个样品之间的细小差别，评价员经全面培训后应能熟悉掌握标尺的使用。

（4）余味和滞留度的测定。样品被吞下后（或吐出后），出现的与原来不同的特性特征称为余味；样品已经被吞下后（或吐出后），继续感觉到的特性特征称为滞留度。在一些情况下，可要求评价员评价余味，并测定其强度，或者测定滞留度的强度和持续时间。

（5）综合印象的评估。综合印象是对产品的总体评估，考虑到特性特征的适应性、强度、相一致的背景特征的混合等，综合印象通常在一个三点标度上评估：1表示低，2表示中，3表示高。在一致方法中，评价小组赞同一个综合印象；在独立方法中，每个评价员分别评估综合印象，然后计算其平均值。

（6）强度变化的评估。可以要求以曲线（有坐标）形式表现从接触样品刺激到脱离样品刺激的感觉强度变化（如食品中的甜、苦等）。

（7）扣分法。除可以对样品的各感官品质进行直接定量描述外，另一种定量描述的方法是采用扣分的方式。可以从产品的外观缺陷、质构缺陷以及风味缺陷入手，减去相应的分数，得到各品质的评分。这种方法尤其适用于评价一些风味上有较大差异或者风味差异不能决定其优劣的产品，有些产品的诱人之处就在于变化性，因此，可以通过缺陷鉴别来进行评分。

4.结果分析

检验的结果可根据要求以表格或图的形式报告，也可利用各特性特征的评价结果做样品间适宜的差异分析。

第三章

食品理化检验技术

在食品检验中，食品理化检验是比较有效的方法，其能够实现对食品安全性的检验。现阶段，食品理化检验技术质量控制能够有效提高食品检验的准确性，对于保障食品的安全性具有重要的作用。本章重点探讨食品理化检验的基本原理、食品中一般成分的检验技术、食品添加剂的检验技术。

第一节　食品理化检验的基本原理

一、食品理化检验的任务和发展趋势

（一）食品理化检验的任务

食品理化检验是卫生检验与检疫技术专业中的一门重要专业课程，是以分析化学、预防医学为基础，采用现代分离分析技术，对食品的原料、辅料、半成品及成品的质量进行检验，从而研究和评定食品品质及其变化并保障食品安全的一门科学。

"食品作为人们生活中的必需品，其安全性直接关系到人们的身体健康与生活质量，因此，应深入研究样品前处理方法，以此保证食品理化检验的实效性"[①]。由于食品在生产、加工、包装、运输和储存过程中可能受到化学物质、霉菌毒素和其他有害成分的污染，农药和兽药的滥用、添加剂的不合理使用以及环境污染等都使得食品的安全难以得到保障。因此，从食品的生产源头到餐桌，必须对食品的原料、辅料、半成品及成品的质量进行全面的检验。此外，在开发食品新资源、试制新产品、改革食品生产加工工艺、改进产品包装等各个环节以及进出口食品贸易中，均需对食品进行相关的检验。

因此，食品理化检验的主要任务如下：

第一，运用各种技术手段，按照制定的各类食品的技术标准，对加工过程的原料、辅料、半成品及成品等进行质量检验，以保证生产出质量合格的产品。

第二，指导生产和研发部门改革生产工艺、提升产品质量以及研发新的食品，提供原料和添加剂等物料的准确含量，以确保新产品的质量和使用安全。

---

① 王佳.食品理化检验中样品前处理的方法分析[J].中国食品工业，2021（22）：118.

第三，在产品的贮藏、运输、销售过程中，对食品的品质、安全及其变化进行全程监控，以保证产品质量，避免产品食用危害的出现。

（二）食品理化检验的发展趋势

随着科学技术的迅猛发展，特别是在21世纪，食品理化检验采用的各种分离分析技术和方法得到了不断的完善和更新，许多高灵敏度、高分辨率的分析仪器已经越来越多地被应用于食品理化检验中。目前，在保证检测结果的精密度和准确度的前提下，食品理化检验正向着微量快速、自动化的方向发展。

在我国的食品卫生标准检验方法中，仪器分析方法所占的比例也越来越大，如气相色谱法、高效液相色谱法、原子吸收光谱法、毛细管电泳法、紫外—可见分光光度法、荧光分光光度法以及电化学方法等，已经在食品理化检验中得到了广泛应用。在样品的前处理方面也采用了许多新颖的分离技术，如固相萃取、固相微萃取、加压溶剂萃取、超临界萃取以及微波消化等。较常规的前处理方法省时省事，分离效率高。

随着计算机技术的发展和普及，分析仪器自动化也是食品理化检验的重要发展方向之一。自动化和智能化的分析仪器可以进行检验程序的设计、优化和控制，实验数据的采集和处理，使检验工作大大简化，并能处理大量的例行检验样品。例如，蛋白质自动分析仪等可以在线进行食品样品的消化和测定；测定食品营养成分时，可以采用近红外自动测定仪，样品不需进行预处理，直接进样，通过计算机系统即可迅速给出食品中蛋白质、氨基酸、脂肪、碳水化合物、水分等成分的含量；装载了自动进样装置的大型分析仪器，可以昼夜自动完成检验任务。

仪器联用技术在解决食品理化检验中复杂体系的分离分析中发挥了十分重要的作用。仪器联用技术是将两种或两种以上的分析仪器连接使用，以取长补短，充分发挥各自的优点。近年来，气相色谱-质谱、液相色谱-质谱、电感耦合等离子体发射光谱-质谱等多种仪器联用技术已经用于食品中微量甚至痕量有机污染物以及多种有害元素等的同时检测，如动物性食品中的多氯联苯、二恶英，酱油及调味品中的氯丙醇，油炸食品中的多环芳烃、丙烯酰胺等的检测。

近年来发展起来的多学科交叉技术——微全分析系统可以实现化学反应、分离检测的整体微型化、高通量和自动化。过去需在实验室中花费大量样品、试剂和长时间才能完成的分析检验，现在只需在几平方厘米的芯片上仅用微升或纳升级的样品和试剂，以很短的时间（数十秒或数分钟）即可完成大量的检测工作。目前，DNA芯片技术已经应用于转基因食品的检测，以激光诱导荧光检测-毛细管电泳分离为核心的微流控芯片技术也将在食品理化检验中逐步得到应用，这将会大大缩短分析时间并减少试剂用量，因此它已经成为一种低消耗、低污染、低成本的绿色检验方法。

随着分析科学、预防医学和卫生检验学的不断发展，食品理化检验将为食品营养和食品安全的检测提供更加灵敏、快速、可靠的现代分离-分析技术，将在确保食品安全和保护人民健康等领域发挥出更加重要的作用。

二、食品理化检验的方法

食品理化检验中经常性的工作主要是开展定性分析和定量分析，几乎所有的化学分析方法和现代仪器分析方法都可以用于食品理化检验，但是每种分析方法都有其各自的优缺点。食品理化检验选择分析方法的原则，首先应选用国家标准分析方法。标准方法中如有两个以上的检验方法时，可根据所具备的条件选择使用，以第一法为仲裁方法；未指明第一法的标准方法，与其他方法属并列关系。根据实验室的条件，尽量采用灵敏度高、选择性好、准确可靠、分析时间短、经济实用、适用范围广的分析方法。

食品理化检验中常用的方法可以分为四大类：感官检查法、物理检测法、化学分析法和仪器分析法。

（一）感官检查法

食品的感官检查法是依据人们对各类食品的固有观念，借助于人的感觉器官如视觉、嗅觉、味觉和触觉等对食品的色泽、气味、质地、口感、形状、组织结构和液态食品的澄清、透明度以及固态和半固态食品的软、硬、弹性、韧性、干燥程度等性质进行的检验。感官检验方法简单，但常带有一定的人为主观性，易受检验者个人好恶的影响。通常采用群检的方式，组织具有感官检查能力和具有相关知识的专业人员组成食品感官检查小组。检验人员必须保持良好的精神状态、情绪和食欲；检验场所的环境应该是安静、温度适宜、光线充足、通风良好、空气清新的。检验过程中，要防止感觉疲劳、情绪紧张，检验人员应适当漱口和休息。依照不同的试验目的，将样品进行编号，经过多人的感官评价进行统计分析后得出所检食品样品的感官检查结果。

（二）物理检测法

食品的物理检测法是根据食品的一些物理常数，如相对密度、折射率和旋光度等与食品的组成成分及其含量之间的关系进行检测的方法。本方法具有操作简单、方便快捷等特点，适于现场检验。

（三）化学分析法

化学分析法包括定性分析和定量分析两部分，是食品理化检验中最基本的、最重要的分析方法。由于大多数食品的来源及主要待测成分是已知的，一般不必做定性分析，只在需要的情况下才做定性分析。因此，最常做的工作是定量分析。化学分析法适于常量分析，主要包括质量分析法和滴定分析法，在食品理化检验中应用较广。例如，食品中水分、灰分、脂肪、纤维素等成分的测定采用质量分析法；滴定分析法包括酸碱滴定法、氧化还原滴定法、络合滴定法和沉淀滴定法，其中前两种方法最常用。食品中蛋白质、酸价、过氧化值等的测定采用滴定分析法。

（四）仪器分析法

仪器分析法是以物质的物理或物理化学性质为基础，主要是利用物质的光学、电学和化学等性质来测定物质的含量，包括物理分析法和物理化学分析法。食品中微量成分或低浓度的有毒有害物质的分析常采用仪器分析法进行检测。它具有分析速度快、一次可测定多种组分、能减少人为误差、自动化程度高等特点。目前已有多种专用的自动测定仪，如对蛋白质、脂肪、糖、纤维、水分等的测定有专用的红外自动测定仪，用于牛奶中脂肪、蛋白质、乳糖等多组分测定的全自动牛奶分析仪；用于金属元素测定的原子吸收分光光度计，用于农药残留量测定的气相色谱仪；用于多氯联苯测定的气相色谱-质谱联用仪（GC-MS），用于黄曲霉素测定的薄层色谱仪，用于多种维生素测定的高效液相色谱仪（HPLC）等。

上述各种分析方法都有各自的优点和局限性，并有一定的适用范围。在实际工作中，需要根据检验对象、检验要求及实验室的条件等选择合适的分析方法。随着科学技术的发展和计算机的广泛应用，食品理化检验所采用的分析方法将会不断完善和更新，以达到灵敏、准确和快速简便的要求。

三、食品理化检验技术的规定用语

（一）表述与试剂有关的用语

例一，"取盐酸2.5mL"：表述涉及的使用试剂纯度为分析纯，浓度为原装的浓盐酸。

例二，"乙醇"：除特别注明外，均指95%的乙醇。

例三，"水"：除特别注明外，均指蒸馏水或去离子水。

（二）表述溶液方面的用语

除特别注明外，"溶液"均指水溶液。

例一，"滴"：蒸馏水自标准滴管自然滴下1滴的量，20℃时20滴相当于1 mL。

例二，"V/V"：容量百分浓度（%），是指100 mL溶液中含液态溶质的毫升数。

例三，"W/V"：重量容量百分浓度（%），是指100 mL溶液中含溶质的克数。

例四，"7：1：2"或"7+1+2"：溶液中各组分的体积比。

（三）表述与仪器有关的用语

例一，"仪器"：是指主要仪器，所使用的仪器均需按国家的有关规定及规程进行校正。

例二，"水浴"：除回收有机溶剂和特别注明温度外，均指沸水浴。

例三，"烘箱"：除特别注明外，均指100～105℃的烘箱。

（四）表述与操作有关的用语

例一，称取：用天平进行的称量操作，其精度要求用数值的有效数位表示。例如，"称取15.0 g"，是指称量的精度为 ± 0.1 g；"称取15.00 g"，是指称量的精度为 ± 0.01 g。

例二，准确称取：准确度为 ± 0.001g。

例三，精密称取：准确度为 ± 0.0001 g。

例四，恒量：在规定的条件下，连续两次干燥或灼烧后称定的质量差异不超过规定的范围。

例五，量取：用量筒或量杯取液体物质的操作，其精度要求用数值的有效数位表示。

例六，吸取：用移液管、刻度吸量管取液体物质的操作。

例七，"空白试验"：不加样品，而采用完全相同的分析步骤、试剂及用量进行的操作，所得结果用于扣除样品中的本底值和计算检测限。

（五）其他用语

例一，计量单位：中华人民共和国法定计量单位。

例二，"计算"：按有效数字运算规则计算。

四、食品理化检验的原则

《中华人民共和国食品安全法》和国务院有关部委及省、区、市卫生防疫部门颁发的食品卫生法规是判定食品是否能食用的主要依据。

由国务院有关部委和省、区、市有关部门颁发的食品产品质量标准是判定食品质量优劣的主要依据。

当食品具有明显腐败变质或含有过量的有毒、有害物质时，不得供食用。

当食品由于某种原因不能直接食用，必须严格加工复制或在其他相关条件下处理时，可提出限定加工条件、加工环境和限定食用及销售等范围的具体要求。

食品的某些指标的综合判定结果略低于产品质量有关标准，而新鲜度、病原体、有毒有害物质指标符合卫生标准时，可提出要求在某种条件下、某种范围内可供食用。

在鉴别指标的分寸掌握上，婴幼儿、老年人、病人食用的保健、营养食品，要严于成年人、健康人食用的食品。

鉴别结论必须明确，不得含糊不清、模棱两可。对于符合条件可食用的食品，应将条件写准确；对于没有鉴别参考标准的食品，可参照有关同类食品进行全面恰当的鉴别。

在进行食品综合全面鉴别前，应向有关单位或个人收集食品的有关资料，如食品的来源、保管方法、贮存时间、原料组成、包装情况，以及加工、运输、保管、经营过程的卫生情况。

寻找可疑环节、可疑现象，为鉴别结论提供必要的正确鉴别的基础。

鉴别检验食品时，除遵循上述原则外，还应有如下要求：食品检验人员或其他有关进行感官检查的人员，必须敢于坦言，而且身体健康、精神素质健全，无不良嗜好、不偏食。同时，还应具有丰富的食品加工专业知识和检验、鉴别的专门技能。

五、食品理化检验的依据

国内外食品分析与检测标准是食品理化检验的依据。食品标准是经过一定的审批程序，在一定范围内必须共同遵守的规定，是企业进行生产技术活动和经营管理的依据。根据标准性质和使用范围，食品标准可分为国际标准、国家标准、行业标准、地方标准和企业标准等。

（一）国际标准

国际标准是由国际标准化组织制定的，在国际通用的标准。国际标准主要包括以下三种：

第一，ISO标准：国际标准化组织（International Organization for Standardization，ISO）制定的国际标准。

第二，CAC标准：联合国粮农组织/世界卫生组织共同设立的食品法典委员会（Codex Alimentarius Commission，CAC）制订的食品标准。

第三，AOAC标准：美国公职分析家协会（Association of Official Analytical Chemists，AOAC）制定的食品分析标准方法，在国际食品分析领域有较大的影响，被许多国家所采纳。

世界经济技术发达国家的国家标准主要有：美国国家标准ANSI；德国国家标准DIN；英国国家标准BS；法国国家标准NS；瑞典国家标准SIS；瑞士国家标准SNV；意大利国家标准UNI；俄罗斯国家标准TOCIP；日本工业标准JIS。

要使企业生产与国际接轨，我们必须逐步采用国际标准排除贸易技术堡垒。

（二）中国标准

中国标准分为国家标准（GB）、行业标准、地方标准和企业标准四级。

1.国家标准

国家标准是全国范围内的统一技术要求，由国务院标准化行政主管部门编制，主要有以下两种：

（1）国家强制执行标准：是要求所有进入市场的同类产品（包括国产的和进口的）都必须达到的标准。

国家标准的编号由国家标准的代号、国家标准发布的顺序号和年号构成，如GB×××（该标准顺序号）—××××（制定年份）。

（2）国家推荐执行标准：是建议企业参照执行的标准，用GB/T×××—××××来表示。

2.行业标准

对于没有国家标准而又需要在全国某个行业范围内统一的技术要求，可以制定行业标准，如中国轻工业联合会颁布的轻工行业标准为QB；中国商业联合会颁布的商业行业标准为SB；农业农村部颁布的农业行业标准为NY；国家市场监督管理总局颁布的商检标准为SN等。

行业标准也分为强制性和推荐性两种。推荐性行业标准的代号是在强制性行业标准代号后面加"/T"。

3.地方标准

对于没有国家标准和行业标准而又需要在省、自治区、直辖市范围内统一的工业产品的安全、卫生要求，可以制定地方标准。

地方标准是在省、自治区、直辖市范围内统一技术要求，由地方行政部门编制的标准，只能规范本区域内食品的生产与经营。同样地，地方标准分为强制性地方标准和推荐性地方标准，代号分别为"DB+*"和"DB+*/T"，*表示省级行政区划代码前两位。

4.企业标准

对于企业生产的产品，尚没有国际标准、国家标准、行业标准及地方标准的，如某些新开发的产品，企业必须自行组织制定相应的标准，报主管部门审批、备案，作为企业组织生产的依据。

企业标准首位字母为Q，其后再加本企业及所在地拼音缩写、备案序号等。对已有国家标准、行业标准或地方标准的，鼓励企业制定严于国家标准、行业标准或地方标准要求的企业标准。

第二节　食品中一般成分的检验技术

一、水分的检验

水分作为食品的重要组成部分，其在食品中的含量、分布和存在状态的差异对食品的品质和保藏性等有显著影响。因此，研究食品在保藏期间的水分分布，准确、快速地测量和控制食品的含水量具有重要的意义。不同种类的食品水分含量差别很大，控制食品的水分含量关系到食品组织形态的保持、食品中水分与其他组分的平衡关系的维持，以及食品在一定时期内的品质稳定性等各个方面。因此，了解食品水分的含量，能掌握食品的基础数据，同时，增加了其他测定项目数据的可比性。在食品中，水分存在三种形态：游离水、结合水和化合水。游离水，是指存在于动植物细胞外各种毛细管和腔体中的自由水，包括吸附于食品表面的吸附水；结合水，是指形成食品胶体状态的结合水，如蛋白质、淀粉的水合作用和膨润吸收的水分及糖类、盐类等形成结晶的结晶水；化合水，是指物质分子结构中与其他物质化合生成新的化合物的水，如碳水化合物中的水。前一种形态存在的水分易于分离，后两种形态存在的水分不易分离。如果不加限制地长时间加热、干燥，必然使食物变质，进而影响分析结果，所以要在一定的温度、一定的时间和规定的操作条件下进行测定，才能得到满意的结果。

水分的测定方法分为两大类：直接干燥法和减压干燥法。

（一）直接干燥法

1.直接干燥法的测定原理

利用食品中水分的物理性质，在101.3 kPa（1个大气压）、温度101～105 ℃下采用挥发方法测定样品中干燥减失的重量，包括吸湿水、部分结晶水和该条件下能挥发的物质，再通过干燥前后的称量数值计算出水分的含量。

2.直接干燥法的试剂和材料

除非另有说明，本方法所用试剂均为分析纯，水为GB/T6682规定的三级水。

（1）试剂。①氢氧化钠；②盐酸；③海砂。

（2）试剂配制。①盐酸溶液（6 mol/L）：量取50 mL盐酸，加水稀释至100 mL；②氢氧化钠溶液（6 mol/L）：称取24 g氢氧化钠，加水溶解并稀释至100 mL；③海砂：取用水洗去泥土的海砂、河砂、石英砂或类似物，先用盐酸溶液（6 mol/L）煮沸0.5 h，用水洗至中性，再用氢氧化钠溶液（6 mol/L）煮沸0.5 h，用水洗至中性，经105 ℃干燥备用。

3.直接干燥法的仪器和设备

（1）扁形铝制或玻璃制称量瓶。

（2）电热恒温干燥箱。

（3）干燥器：内附有效干燥剂。

（4）天平：感量为0.1 mg。

4.直接干燥法的分析步骤

（1）固体试样：取洁净铝制或玻璃制的扁形称量瓶，置于101～105 ℃干燥箱中，瓶盖斜支于瓶边，加热1.0 h，取出盖好，置干燥器内冷却0.5 h，称量，并重复干燥至前后两次质量差不超过2 mg，即为恒重。将混合均匀的试样迅速磨细至颗粒小于2 mm，不易研磨的样品应尽可能切碎，称取2～10 g试样（精确至0.0001 g），放入此称量瓶中，试样厚度不超过5 mm，如为疏松试样，厚度不超过10 mm，加盖，精密称量后，置于101～105 ℃干燥箱中，瓶盖斜支于瓶边，干燥2～4 h后，盖好取出，放入干燥器内冷却0.5 h后称量，然后再放入101～105 ℃干燥箱中干燥1 h左右，取出，放入干燥器内冷却0.5 h后再称量，并重复以上操作至前后两次质量差不超过2 mg，即为恒重。注：在最后计算中，取两次恒重值中质量较小的一次称量值。

（2）半固体或液体试样：取洁净的称量瓶，内加10 g海砂（实验过程中可根据需要适当增加海砂的质量）及1根小玻璃棒，置于101～105 ℃干燥箱中，干燥1.0 h后取出，放入干燥器内冷却0.5 h后称量，并重复干燥至恒重，然后称取5～10 g试样（精确至0.0001 g），置于称量瓶中，用小玻璃棒搅匀放在沸水浴上蒸干，并随时搅拌，擦去瓶底的水滴，置于101～105 ℃干炼箱中干燥4 h后盖好取出，放入干燥器内冷却0.5 h后称量，并重复以上操作至前后两次质量差不超过2 mg，即为恒重。

5.直接干燥法的结果表述

试样中的水分含量，按式（3-1）进行计算：

$$x = \frac{m_1 - m_2}{m_1 - m_3} \times 100 \qquad (3-1)$$

式中：

x——试样中水分的含量，单位为克每百克（g/100g）；

m_1——称量瓶（加海砂、玻璃棒）和试样的质量，单位为克（g）；

m_2——称量瓶（加海砂、玻璃棒）和试样干燥后的质量，单位为克（g）；

m_3——称量瓶（加海砂、玻璃棒）的质量，单位为克（g）；

100——单位换算系数。

水分含量≥1 g/100g时，计算结果保留3位有效数字。

水分含量≤1 g/100g时，计算结果保留2位有效数字。

6.直接干燥法的精密度

在重复性条件下，获得的两次独立测定结果的绝对差值不得超过算术平均值的 10%。

（二）减压干燥法

1.减压干燥法的测定原理

利用食品中水分的物理性质，在达到 40 ～ 53 kPa 压力后加热至 60 ± 5 ℃，采用减压烘干方法去除试样中的水分，再通过烘干前后的称量数值计算出水分的含量。

2.减压干燥法的仪器和设备

（1）扁形铝制或玻璃制称量瓶。
（2）真空干燥箱。
（3）干燥器：内附有效干燥剂。
（4）天平：感量为0.1mg。

3.减压干燥法的分析步骤

（1）试样制备：粉末和结晶试样直接称取；较大块硬糖经研钵粉碎，混匀备用。

（2）测定：取已恒重的称量瓶称取2 ～ 10 g（精确至0.0001g）试样，放入真空干燥箱内，将真空干燥箱连接真空泵，抽出真空干燥箱内的空气（所需压力一般为40 ～ 53 kPa），并同时加热至60 ± 5℃。关闭真空泵上的活塞，停止抽气，使真空干燥箱内保持一定的温度和压力，经4 h后，打开活塞，使空气经干燥装置缓缓通入真空干燥箱内，待压力恢复正常后再打开。取出称量瓶，放入干燥器中0.5 h后称量，并重复以上操作至前后两次质量差不超过2 mg，即为恒重。

4.减压干燥法的结果表述

减压干燥法的结果表述同直接干燥法。

5.减压干燥法的精密度

在重复性条件下，获得的两次独立测定结果的绝对差值不得超过算术平均值的10%。

二、灰分的检验

食品中除含有大量有机物质外，还含有较丰富的无机成分。食品经高温灼烧，有机成分挥发逸散，而无机成分（主要是无机盐和氧化物）则残留下来，这些残留物（主要是食品中的矿物盐或无机盐类）称为灰分。灰分是标示食品中无机成分总量的一项指标。存在于食品内的各种元素中，除去碳、氢、氧、氮4种元素主要以有机化合物的形式出现外，其余各种元素不论含量多少，都称为矿物质，食品中的矿物质含量通常以灰分的多少来衡量。从数量和组成上看，食品的灰分与食品中原来存在的无机成分并不完全相同。一方面，食品在灰化时，某些易挥发元素，如氯、碘、铅等，会挥发散失，磷、硫等也能以含氧酸的形式挥发散失，使这些无机成分减少；另一方面，某些金属氧化物会吸收有机物分解产生的二氧化碳而形成碳酸盐，又使无机成分增多。因此，灰分并不能准确地表示食品中原来的无机成分的总量。通常把食品经高温灼烧后的残留物称为粗灰分。

食品的灰分除总灰分（粗灰分）外，按其溶解性还可分为水溶性灰分、水不溶性灰分和酸不溶性灰分。其中水溶性灰分反映的是可溶性的钾、钠、钙、镁等的氧化物和盐类的含量；水不溶性灰分反映的是污染的泥沙和铁、铝等氧化物及碱土金属的碱式磷酸盐的含量；酸不溶性灰分反映的是污染的泥沙和食品中原来存在的微量氧化硅的含量。

测定灰分可以判断食品受污染的程度。此外，还可以评价食品的加工精度和食品的品质。总灰分含量可说明果胶、明胶等胶质品的胶冻性能，水溶性灰分含量可反映果酱、果冻等制品中果汁的含量。总之，灰分是某些食品重要的质量控制指标，是食品成分全分析的项目之一。

（一）总灰分的测定

1.总灰分的测定原理

食品经灼烧后所残留的无机物质称为灰分。灰分数值是用灼烧、称重后计算得出来的。

2.总灰分测定的试剂和材料

除非另有说明，本方法所用试剂均为分析纯，水为规定的三级水。

（1）试剂。①乙酸镁；②浓盐酸。

（2）试剂配制。①乙酸镁溶液（80 g/L）：称取8.0 g乙酸镁加水溶解并定容至100 mL，混匀；②乙酸镁溶液（240 g/L）：称取24.0 g乙酸镁加水溶解并定容至100 mL，混匀；③10%盐酸溶液：量取24 mL分析纯浓盐酸用蒸馏水稀释至100 mL。

3.总灰分测定的仪器和设备

（1）高温炉：最高使用温度≥950℃。

（2）分析天平：感量分别为0.1mg、1mg、0.1g。

（3）石英坩埚或瓷坩埚。

（4）干燥器（内有干燥剂）。

（5）电热板。

（6）恒温水浴锅：控温精度±2℃。

4.总灰分测定的分析步骤

（1）坩埚预处理

含磷量较高的食品和其他食品：取大小适宜的石英坩埚或瓷坩埚置于高温炉中，在550±25℃下灼烧30 min，冷却至200℃左右，取出，放入干燥器中冷却30 min，准确称量。重复灼烧至前后两次称量相差不超过0.5 mg为恒重。

淀粉类食品：先用沸腾的稀盐酸洗涤，再用大量自来水洗涤，最后用蒸馏水冲洗。将洗净的坩埚置于高温炉内，900 ± 25 ℃灼烧30 min，并在干燥器内冷却至室温，称重，精确至0.0001 g。

（2）称样

含磷量较高的食品和其他食品：灰分≥10 g/100g的试样称取2 ~ 3g（精确至0.0001 g），灰分≤10 g/100g的试样称3 ~ 10 g（精确至0.0001 g，对于灰分含量更低的样品可适当增加称样量）。淀粉类食品：迅速称取样品2 ~ 10 g（马铃薯淀粉、小麦淀粉以及大米淀粉至少称5 g，玉米淀粉和木薯淀粉称10 g，精确至0.0001 g）。将样品均匀分布在坩埚内，不要压紧。

（3）测定

含磷量较高的豆类及其制品、肉禽及其制品、蛋及其制品、水产及其制品、乳及乳制品：称取试样后，加入1.00 mL乙酸镁溶液（240 g/L）或3.00 mL乙酸镁溶液（80 g/L），使试样完全润湿。放置10 min后，在水浴上将水分蒸干，在电热板上以小火加热使试样充分炭化至无烟，然后置于高温炉中，在550 ± 25 ℃下灼烧4 h。冷却至200 ℃左右取出，放入干燥器中冷却30 min，称量前如发现灼烧残渣也有炭粒时，应向试样中滴入少许水湿润，使结块松散，蒸干水分再次灼烧至无炭粒即表示灰化完全，方可称量。重复灼烧至前后两次称量相差不超过0.5 mg为恒重。

吸取3份与上述试验相同浓度和体积的乙酸镁溶液，做3次试剂空白实验。当3次实验结果的标准偏差小于0.003 g时，取算术平均值作为空白值。若标准偏差大于等于0.003 g时，应重新做空白实验。

淀粉类食品：将坩埚置于高温炉口或电热板上，半盖坩埚盖，小心加热使样品在通气情况下完全炭化至无烟，即刻将坩埚放入高温炉内，将温度升高至900 ± 25 ℃，保持此温度直至剩余的炭全部消失为止，一般1h可灰化完毕，冷却至200 ℃左右，取出，放入干燥器中冷却30 min，称量前如发现灼烧残渣有炭粒时，应向试样中滴入少许水湿润，使结块松散，蒸干水分再次灼烧至无炭粒即表示灰化完全，方可称量。重复灼烧至前后两次称量相差不超过0.5 mg为恒重。

其他食品：液体和半固体试样应先在沸水浴上蒸干。固体或蒸干后的试样，先在电热板上以小火加热使试样充分炭化至无烟，然后置于高温炉中，在550 ± 25 ℃下灼烧4 h。重复灼烧至前后两次称量相差不超过0.5 mg为恒重。

5.总灰分测定的结果表述

（1）以试样质量计

第一，试样中灰分的含量，加了乙酸镁溶液的试样，按式（3-2）计算：

$$X = \frac{m_1 - m_2 - m_0}{m_3 - m_2} \times 100 \qquad （3-2）$$

式中：

X——加了乙酸镁溶液的试样中灰分的含量，单位为克每百克（g/100g）；

m_1——坩埚和灰分的质量，单位为克（g）；

m_2——坩埚的质量，单位为克（g）；

m_0——氧化镁（乙酸镁灼烧后的生成物）的质量，单位为克（g）；

m_3——坩埚和试样的质量，单位为克（g）；

100——单位换算系数。

第二，试样中灰分的含量，未加乙酸镁溶液的试样，按式（3-3）计算：

$$X_2 = \frac{m_1 - m_2}{m_3 - m_2} \times 100 \qquad （3-3）$$

式中：

X_2——未加乙酸镁溶液的试样中灰分的含量，单位为克每百克（g/100g）；

m_1——坩埚和灰分的质量，单位为克（g）；

m_2——坩埚的质量，单位为克（g）；

m_3——坩埚和试样的质量，单位为克（g）；

100——单位换算系数。

（2）以干物质计

第一，加了乙酸镁溶液的试样中灰分的含量，按式（3-4）计算：

$$X_1 = \frac{m_1 - m_2 - m_0}{(m_3 - m_2) \times \omega} \times 100 \qquad （3-4）$$

式中：

X_1——加了乙酸镁溶液的试样中灰分的含量，单位为克每百克（g/100g）；

m_1——坩埚和灰分的质量，单位为克（g）；

m_2——坩埚的质量，单位为克（g）；

m_0——氧化镁（乙酸镁灼烧后生成物）的质量，单位为克（g）；

m_3——坩埚和试样的质量，单位为克（g）；

ω——试样干物质含量（质量分数，%）；

100——单位换算系数。

第二，未加乙酸镁溶液的试样中灰分的含量，按式（3-5）计算：

$$X_2 = \frac{m_1 - m_2}{(m_3 - m_2) \times \omega} \times 100 \qquad (3-5)$$

式中：

X_2——未加乙酸镁溶液的试样中灰分的含量，单位为克每百克（g/100g）；

m_1——坩埚和灰分的质量，单位为克（g）；

m_2——坩埚的质量，单位为克（g）；

m_3——坩埚和试样的质量，单位为克（g）；

ω——试样干物质含量（质量分数，%）；

100——单位换算系数。

试样中灰分含量≥10g/100g时，保留3位有效数字；试样中灰分含量＜10g/100g时，保留2位效数字。

6.总灰分测定的精密度

在重复性条件下，获得的两次独立测定结果的绝对差值不得超过算数平均值的5%。

（二）水溶性灰分和水不溶性灰分的测定

1.水溶性灰分和水不溶性灰分的测定原理

用热水提取总灰分，经无灰滤纸过滤、灼烧、称量残留物，测得水不溶性灰分，由总灰分和水不溶性灰分的质量之差计算水溶性灰分。

2.水溶性灰分和水不溶性灰分测定的试剂和材料

除非另有说明，本方法所用水为规定的三级水。

3.水溶性灰分和水不溶性灰分测定的仪器和设备

（1）高温炉：最高温度≥950℃。

（2）分析天下：感量分别为0.1mg、1mg、0.1g。

（3）石英坩埚或瓷坩埚。

（4）干燥器（内有干燥剂）。

（5）无灰滤纸。

（6）漏斗。

（7）表面皿：直径6 cm。

（8）烧杯（高型）：容量100 mL。

（9）恒温水浴锅：控温精度±2℃。

4.水溶性灰分和水不溶性灰分测定的分析步骤

（1）坩埚预处理：方法同食品中总灰分的测定一致。

（2）称样：方法同食品中总灰分的测定一致。

测定用约25 mL热蒸馏水分次将总灰分从坩埚中洗入100 mL烧杯中，盖上表面皿，用小火加热至微沸，防止溶液溅出。趁热用无灰滤纸过滤，并用热蒸馏水分次洗涤杯中残渣，直至滤液和洗涤体积约达150 mL为止，将滤纸连同残渣移入原坩埚内，放在沸水浴锅上小心地蒸去水分，然后将坩埚烘干并移入高温炉内，以550±25℃灼烧至无炭粒（一般需1h）。待炉温降至200℃时，放入干燥器内，冷却至室温，称重（精确至0.0001g）。再放入高温炉内，以550±25℃灼烧30 min，如前冷却并称重。如此重复操作，直至连续两次称重之差不超过0.5 mg为止，记下最低质量。

5.水溶性灰分和水不溶性灰分测定的结果表述

（1）以试样质量计

第一，水不溶性灰分的含量，按式（3-6）计算：

$$X_1 = \frac{m_1 - m_2}{m_3 - m_2} \times 100 \qquad （3-6）$$

式中：

X_1——水不溶性灰分的含量，单位为克每百克（g/100g）；

m_1——坩埚和水不溶性灰分的质量，单位为克（g）；

m_2——坩埚的质量，单位为克（g）；

m_3——坩埚和试样的质量，单位为克（g）；

100——单位换算系数。

第二，水溶性灰分的含量，按式（3-7）计算：

$$X_2 = \frac{m_4 - m_5}{m_0} \times 100 \qquad (3-7)$$

式中：

X_2——水溶性灰分的质量，单位为克每百克（g/100g）；

m_0——试样的质量，单位为克（g）；

m_4——总灰分的质量，单位为克（g）；

m_5——水不溶性灰分的质量，单位为克（g）；

100——单位换算系数。

（2）以干物质计

第一，水不溶性灰分的含量，按式（3-8）计算：

$$X_1 = \frac{m_1 - m_2}{(m_3 - m_2) \times \omega} \times 100 \qquad (3-8)$$

式中：

X_1——水不溶性灰分的含量，单位为克每百克（g/100g）；

m_1——坩埚和水不溶性灰分的质量，单位为克（g）；

m_2——坩埚的质量，单位为克（g）；

m_3——坩埚和试样的质量，单位为克（g）；

ω——试样干物质含量（质量分数，%）；

100——单位换算系数。

第二，水溶性灰分的含量，按式（3-9）计算：

$$X_2 = \frac{m_4 - m_5}{m_0 \times \omega} \times 100 \qquad (3-9)$$

式中：

X_2——水溶性灰分的质量，单位为每百克（g/100g）；

m_0——试样的质量，单位为克（g）；

m_4——总灰分的质量，单位为克（g）；

m_5——水不溶性灰分的质量，单位为克（g）；

ω——试样干物质含量（质量分数，%）；

100——单位换算系数。

试样中灰分含量≥10g/100g时，保留3位有效数字；试样中灰分含量＜10g/100g时，保留2位有效数字。

6.水溶性灰分和水不溶性灰分测定的精密度

在重复性条件下，获得的两次独立测定结果的绝对差值不得超过算术平均值的5%。

三、脂肪的检验

脂肪是食品中重要的营养成分之一。脂肪可为人体提供必需的脂肪酸，也是一种富含热能的营养素，是人体热能的主要来源。

在食品加工过程中，原料、半成品、成品的脂类含量对产品的风味、组织结构、品质、外观、口感等都有直接的影响。测定食品的脂肪含量，可以用来评价食品的品质，衡量食品的营养价值，而且对实行工艺监督、生产过程的质量管理、研究食品的储藏方式是否恰当等方面都有重要的意义。

食品中的脂肪有以游离态形式存在的，如动物性脂肪及植物性油脂；也有结合态的脂肪，如天然存在的磷脂、糖脂、脂蛋白及某些加工品（如焙烤食品及麦乳精等）中的脂肪，与蛋白质或碳水化合物结合形成结合态。对于大多数食品来说，游离态脂肪是主要的，结合态脂肪含量较少。

脂类不溶于水，易溶于有机溶剂。测定脂类大多采用低沸点的有机溶剂萃取的方法。常用的溶剂有乙醚、石油醚、氯仿–甲醇混合溶剂等。乙醚溶解脂肪的能力强，应用最多。但它沸点（34.6℃）低，易燃，且可含约2%的水分，含水乙醚会同时抽出糖分等非脂成分，所以使用时，必须采用无水乙醚作提取剂，且要求样品无水分。氯仿–甲醇是另一种有效的溶剂，它对于脂蛋白、磷脂的提取效率较高，特别适用于水产品、家禽、蛋制品等食品的脂肪提取。

常用的测定脂类的方法：不同种类的食品，由于其中脂肪和含量及存在形式不同，因此，测定脂肪的方法也就不同。常用的测定脂肪的方法有：索氏抽提法、酸水解法、碱水解法、盖勃法、罗兹－哥特里法、巴布科克氏法、氯仿－甲醇提取法等。酸水解法能对包括结合态脂类在内的全部脂类进行定量，而罗兹－哥特里法则主要用于乳及乳制品中脂类的测定。

（一）索氏抽提法

1.索氏抽提法的测定原理

脂肪易溶于有机溶剂。试样直接用无水乙醚或石油醚等溶剂抽提后，蒸发除去溶剂，干燥，得到游离态脂肪的含量。

2.索氏抽提法的试剂和材料

除非另存说明，本方法所用试剂均为分析纯，水为规定的三级水。
（1）试剂。①无水乙醚；②石油醚：石油醚沸程为30～60℃。
（2）材料。①石英砂；②脱脂棉。

3.索氏抽提法的仪器和设备

（1）索氏抽提器。
（2）恒温水浴锅。
（3）分析天平：感量0.001g和0.0001g。
（4）电热鼓风干燥箱。
（5）干燥器：内装有效干燥剂，如硅胶。
（6）滤纸筒。
（7）蒸发皿。

4.索氏抽提法的分析步骤

（1）试样处理
固体试样：称取充分混匀后的试样2～5g，精确至0.001g，全部移入滤纸筒内。

液体或半固体试样：称取混匀后的试样5～10 g，精确至0.001 g，置于蒸发皿中，加入约20 g石英砂，于沸水浴上蒸干后，在电热鼓风干燥箱中于100±5℃下干燥30 min后，取出，研细，全部移入滤纸筒内。蒸发皿及粘有试样的玻璃棒，均用沾有乙醚的脱脂棉擦净，并将棉花放入滤纸筒内。

（2）抽提：将滤纸筒放入索氏抽提器的抽提筒内，连接已干燥至恒重的接收瓶，由抽提器冷凝管上端加入无水乙醚或石油醚至瓶内容积的2/3处，于水浴上加热，使无水乙醚或石油醚不断回流抽提（6～8次/h），一般抽提6～10 h。提取结束时，用磨砂玻璃棒接取1滴提取液，磨砂玻璃棒上无油斑表明提取完毕。

（3）称量：取下接收瓶，回收无水乙醚或石油醚，待接收瓶内溶剂剩余1～2 mL时在水浴上蒸干，再于100±5℃下干燥1 h，放入干燥器内冷却0.5 h后称量。重复以上操作直至恒重（直至两次称量的差不超过2 mg）。

5.索氏抽提法的结果表述

试样中脂肪的含量，按式（3-10）计算：

$$X = \frac{m_1 - m_0}{m_2} \times 100 \qquad\qquad （3-10）$$

式中：

X——试样中脂肪的含量，单位为克每百克（g/100g）；

m_1——恒重后接收瓶和脂肪的含量，单位为克（g）；

m_0——接收瓶的质量，单位为克（g）；

m_2——试样的质量，单位为克（g）；

100——换算系数。

计算结果精确到小数点后1位。

6.索氏抽提法的精密度

在重复性条件下，获得的两次独立测定结果的绝对差值不得超过算术平均值的10%。

（二）酸水解法

1.酸水解法的测定原理

食品中的结合态脂肪必须用强酸使其游离出来，游离出的脂肪易溶于有机溶剂。试样经盐酸水解后用无水乙醚或石油醚提取，除去溶剂，即得游离态和结合态脂肪的总含量。

2.酸水解法的试剂和材料

除非另有说明，本方法所用试剂均为分析纯，水为规定的三级水。

（1）试剂。①盐酸；②乙醇；③无水乙醚；④石油醚：沸程为30～60℃；⑤碘；⑥碘化钾。

（2）试剂的配制。①盐酸溶液（2 mol/L）：量取50 mL盐酸，加入250 mL水中，混匀；②碘液（0.05 mol/L）：称取6.5 g碘和25 g碘化钾于少量水中溶解，稀释至1L。

（3）材料。①蓝色石蕊试纸；②脱脂棉；③滤纸（中速）。

3.酸水解法的仪器和设备

（1）恒温水浴锅。

（2）电热板：满足200℃高温。

（3）锥形瓶。

（4）分析天平：感量为0.1g和0.001g。

（5）电热鼓风干燥箱。

4.酸水解法的分析步骤

（1）试样酸水解

肉制品：称取混匀后的试样3～5 g，精确至0.001 g，置于锥形瓶（250 mL）中，加入50 mL盐酸溶液（2 mol/L）和数粒玻璃细珠，盖上表面皿，于电热板上加热至微沸，保持1h，每10min旋转摇动1次。取下锥形瓶，加入150 mL热水，混匀，过滤。锥形瓶和表面皿用热水洗净，热水一并过滤。沉淀用热水洗至中性（用蓝色石蕊试纸检验，中性时试纸不变色）。将沉淀和滤纸置于大表面皿上，于100±5℃干燥箱内干燥1h，冷却。

淀粉：根据总脂肪含量的估计值，称取混匀后的试样25~50g，精确至0.1g，倒入烧杯并加入100 mL水。将100 mL盐酸缓慢加到200 mL水中，并将该溶液在电热板上煮沸后加入样品液中，加热此混合液至沸腾并维持5 min，停止加热后，取几滴混合液于试管中，待冷却后加入1滴碘液，若无蓝色出现，可进行下一步操作。若出现蓝色，应继续煮沸混合液，并用上述方法不断地进行检查，直至确定混合液中不含淀粉为止，再进行下一步操作。将盛有混合液的烧杯置于水浴锅（70~80℃）中30 min，不停地搅拌，以确保温度均匀，使脂肪析出。用滤纸过滤冷却后的混合液，并用干滤纸片取出黏附于烧杯内壁的脂肪。为确保定量的准确性，应将冲洗烧杯的水进行过滤。在室温下用水冲洗沉淀和干滤纸片，直至滤液用蓝色石蕊试纸检验不变色。将含有沉淀的滤纸和干滤纸片折叠后，放置于大表面皿上，在100±5℃的电热恒温干燥箱内干燥1h。

其他食品：①固体试样。称取2~5 g，精确至0.001 g，置于50 mL试管内，加入8 mL水，混匀后再加10 mL盐酸。将试管放入70~80℃水浴中，每隔5~10 min以玻璃棒搅拌1次，至试样消化完全为止，全程40~50min。②液体试样。称取约10 g，准确至0.001 g，置于50 mL试管内，加入10 mL盐酸。其余操作同上。

（2）抽提

肉制品、淀粉：将滤纸筒放入索氏抽提器的抽提筒内，连接已干燥至恒重的接收瓶，由抽提器冷凝管上端加入无水乙醚或石油醚至瓶内容积的2/3处，于水浴上加热，使无水乙醚或石油醚不断回流抽提（6~8次/h），一般抽提6~10h。提取结束时，用磨砂玻璃棒接取1滴提取液，磨砂玻璃棒上无油斑表明提取完毕。

其他食品：取出试管，加入10 mL乙醇，混合。冷却后将混合物移入100 mL具塞量筒中，以25 mL无水乙醚分数次洗试管，一并倒入量筒中。待无水乙醚全部倒入量筒后，加塞振摇1min，小心开塞，放出气体再塞好。静置12 min，小心开塞，并用乙醚冲洗塞及量筒门附着的脂肪。静置10~20 min，待上部液体清晰，吸出上清液置于已恒重的锥形瓶内，再加5 mL无水乙醚于具塞量筒内，振摇、静置后，仍将上层乙醚吸出，放入原锥形瓶内。

（3）称量：取下接收瓶，回收无水乙醚或石油醚，待接收瓶内溶剂剩余

1~2 mL时在水浴上蒸干，再以100±5℃干燥1 h，放干燥器内冷却0.5 h后称量。重复以上操作直至恒重（直至两次称量的质量差不超过2 mg）。

5.酸水解法的结果表述

试样中脂肪的含量，按式（3-11）计算：

$$X = \frac{m_1 - m_0}{m_2} \times 100 \qquad （3-11）$$

式中：

X ——试样中脂肪的含量，单位为克每百克（g/100g）；

m_1 ——恒重后接收瓶和脂肪的含量，单位为克（g）；

m_0 ——接收瓶的质量，单位为克（g）；

m_2 ——试样的质量，单位为克（g）；

100——换算系数。

计算结果精确到小数点后1位。

6.酸水解法的精密度

在重复性条件下，获得的两次独立测定结果的绝对差值不得超过算术平均值的10%。

（三）碱水解法

1.碱水解法的测定原理

用无水乙醚和石油醚抽提样品的碱（氨水）水解液，通过蒸馏或蒸发去除溶剂，测定溶于溶剂中的抽提物的质量。

2.碱水解法的试剂和材料

除非另有说明，本方法所用试剂均为分析纯，水为规定的三级水。

（1）试剂。①淀粉酶：酶活力≥1.5U/mg；②氨水：质量分数约25%（可使用比此浓度更高的氨水）；③乙醇：体积分数至少为95%；④无水乙醚；⑤石油醚：沸程为30～60℃；⑥刚果红；⑦盐酸；⑧碘。

（2）试剂配制。①混合溶剂：等体积混合乙醚和石油醚，现用现配；②碘溶液（0.1mol/L）：称取碘12.7 g和碘化钾25 g，于水中溶解并定容至1L；③刚果红溶液：将1 g刚果红溶于水中，稀释至100 mL（注：可选择性地使用。刚果红溶液可使溶剂和水相界面清晰，也可使用其他能使水相染色而不影响测定结果的溶液）；④盐酸溶液（6 mol/L）：量取50 mL盐酸溶液缓慢倒入40 mL水中，定容至100 mL，混匀。

3.碱水解法的仪器和设备

（1）分析天平：感量为0.0001g。

（2）离心机：可用于放置抽脂瓶或管，转速为500～600 r/min，可在抽脂瓶外端产生80～90 g的重力场。

（3）电热鼓风干燥箱。

（4）恒温水浴锅。

（5）干燥器：内装有效干燥剂，如硅胶。

（6）抽脂瓶：抽脂瓶应带有软木塞或其他不影响溶剂使用的瓶塞（如硅胶或聚四氟乙烯）。软木塞应先浸泡于乙醚中，后放入60℃或60℃以上的水中保持至少15 min，冷却后使用。不用时需浸泡在水中，浸泡用水每天更换1次（注：也可使用带虹吸管或洗瓶的抽脂管或烧瓶，按使用带虹吸管或洗瓶的抽脂管的操作步骤，接头的内部长支管下端可呈勺状）。

4.碱水解法的分析步骤

（1）试样碱水解

巴氏杀菌乳、灭菌乳、生乳、发酵乳、调制乳：称取充分混匀试样10 g（精确至0.0001g）于抽脂瓶中，加入2.0 mL氨水，充分混合后立即将抽脂瓶放入65±5℃的水浴中，加热15～20min，不时取出振荡。取出后，冷却至室温，静置30 s。

乳粉和婴幼儿食品：称取混匀后的试样，高脂乳粉、全脂乳粉、全脂加糖乳粉和婴幼儿食品约1g（精确至0.0001g），脱脂乳粉、乳清粉、酪乳粉约1.5 g（精确至0.0001g），其余操作同巴氏杀菌乳、灭菌乳、生乳、发酵乳、调制乳的分析步骤。

不含淀粉样品：加入10 mL65±5℃的水，将试样吸入抽脂瓶的小球中，充分混合，直到试样完全分散，放入流动水中冷却。

含淀粉样品：将试样放入抽脂瓶中，加入约0.1g的淀粉酶，混合均匀后，加入8~10mL45℃的水，注意液面不要太高。盖上瓶塞于搅拌状态下，置65±5℃水浴中2 h，每隔10 min摇混1次。为检验淀粉是否水解完全可加入2滴约0.1mol/L的碘溶液，如无蓝色出现，说明水解完全，否则要将抽脂瓶重新置于水浴中，直至无蓝色产生。抽脂瓶冷却至室温。其余操作同巴氏杀菌乳、灭菌乳、生乳、发酵乳、调制乳的分析步骤。

炼乳：脱脂炼乳、全脂炼乳和部分脱脂炼乳称取3~5 g，高脂炼乳称取约1.5g（精确至0.0001g），用10 mL水，分次吸入抽脂瓶小球中，充分混合均匀。其余操作同巴氏杀菌乳、灭菌乳、生乳、发酵乳、调制乳的分析步骤。

奶油、稀奶油：先将奶油试样放入温水浴中溶解并混合均匀后，称取试样约0.5 g（精确至0.0001g），稀奶油称取约1g于抽脂瓶中，加入8~10 mL约45℃的水，再加2 mL氨水充分混匀。其余操作同巴氏杀菌乳、灭菌乳、生乳、发酵乳、调制乳的分析步骤。

干酪：称取约2 g研碎的试样（精确至0.0001g）于抽脂瓶中，加入10 mL盐酸溶液（6 mol/L），混匀，盖上瓶塞，于沸水中加热20~30 min，取出冷却至室温，静置30 s。

（2）抽提

①加入10 mL乙醇，缓和但彻底地进行混合，避免液体太接近瓶颈。如果需要，可加入2滴刚果红溶液。②加入25 mL乙醚，塞上瓶塞，将抽脂瓶保持在水平位置，小球的延伸部分朝上夹到摇混器上，按约100 次/min振荡1min，也可采用手动振摇方式，但均应注意避免形成持久乳化液。抽脂瓶冷却后小心地打开塞子，用少量的混合溶剂冲洗塞子和瓶颈，使冲洗液流入抽脂瓶。③加入25 mL石油醚，塞上重新润湿的塞子，按上一步骤所述，轻轻振荡30 s。④将加塞的抽脂瓶放入离心机中，在500~600 r/min的速度下离心5min，否则将抽脂瓶静置至少30 min，直到上层液澄清，并明显与水相分离。⑤小心地打开瓶塞，用少量的混合溶剂冲洗塞子和瓶颈内壁，使冲洗液流入抽脂瓶。如果两相界面低于小球与瓶身相接处，则沿瓶壁边缘慢慢地加入水，使液面高于小球和瓶身相接处，以便于倾倒。⑥将上层液尽可能地倒入已准备好的加入沸石的脂肪收集

瓶中，避免倒出水层。⑦用少量混合溶剂冲洗瓶颈外部，冲洗液收集在脂肪收集瓶中，应防止溶剂溅到抽脂瓶的外面。⑧向抽脂瓶中加入5 mL乙醇，用乙醇冲洗瓶颈内壁，按①所述步骤进行混合。重复②～⑦操作，用15 mL无水乙醚和15 mL石油醚进行第2次抽提。重复操作，用15 mL无水乙醚和石油醚，进行第3次抽提。

空白实验与样品检验同时进行，采用10 mL水代替试样，使用相同步骤和相同试剂。

（3）称量

合并所有提取液，既可采用蒸馏的方法除去脂肪收集瓶中的溶剂，也可于沸水浴上蒸发至干燥来除掉溶剂。蒸馏前，用少量混合溶剂冲洗瓶颈内部。将脂肪收集瓶放入100±5℃的烘箱中干燥1h，取出后置于干燥器内冷却0.5 h后称量。重复以上操作直至恒重（直至两次称量的质量差不超过2 mg）。

5.碱水解法的结果表述

试样中脂肪的含量，按式（3-12）计算：

$$X = \frac{(m_1 - m_2) - (m_3 - m_4)}{m} \times 100 \qquad （3-12）$$

式中：

X——试样中脂肪的含量，单位为克每百克（g/100g）；

m_1——恒重后脂肪收集瓶和脂肪的质量，单位为克（g）；

m_2——脂肪收集瓶的质量，单位为克（g）；

m_3——空白实验中，恒重后脂肪收集瓶和抽提物的质量，单位为克（g）；

m_4——空白实验中脂肪收集瓶的质量，单位为克（g）；

m——样品的质量，单位为克（g）；

100——换算系数。

结果保留3位有效数字。

6.碱水解法的精密度

当样品中脂肪含量≥15%时，两次独立测定结果之差≤0.3 g/100g；

当样品中脂肪含量在5%～15%时，两次独立测定结果之差≤0.2 g/100g；

当样品中脂肪含量≤5%时，两次独立测定结果之差≤0.1 g/100g。

（四）盖勃法

1.盖勃法的测定原理

在乳中加入硫酸，破坏乳胶质性和覆盖在脂肪球上的蛋白质外膜，离心分离脂肪后测量其体积。

2.盖勃法的试剂和材料

除非另有说明，本方法所用试剂均为分析纯，水为规定的三级水。
（1）硫酸。
（2）异戊醇。

3.盖勃法的仪器和设备

（1）乳脂离心机。
（2）盖勃氏乳脂计：最小刻度值为0.1%。
（3）10.75 mL单标乳吸管。

4.盖勃法的分析步骤

于盖勃氏乳脂计中先加入10 mL硫酸，再沿着管壁小心准确地加入10.75 mL试样，使试样与硫酸不要混合，然后加1 mL异戊醇，塞上橡皮塞，使瓶口向下，同时用布包裹以防冲出，用力振摇使其呈均匀棕色液体，静置数分钟（瓶口向下），置于65~70℃水浴中5min，取出后置于乳脂离心机中以1100 r/min的转速离心5 min，再置于65~70℃水浴水中保温5 min（注意，水浴水面应高于乳脂计脂肪层）。取出，立即读数，读数即为脂肪的百分数。

5.盖勃法的精密度

在重复性条件下，获得的两次独立测定结果的绝对差值不得超过算术平均值的5%。

四、碳水化合物的检验

碳水化合物由碳、氢和氧3种元素组成，由于它所含的氢、氧的比例为2∶1，和水一样，故称为碳水化合物。它是为人体提供热能的3种主要的营养素之一。食物中的碳水化合物分成两类：人可以吸收利用的有效碳水化合物，如单糖、双糖、多糖；人不能消化的无效碳水化合物，如纤维素，是人体必需的物质。

糖类化合物是一切生物体维持生命活动所需能量的主要来源。它不仅是营养物质，而且有些还具有特殊的生理活性，是自然界存在最多、具有广谱化学结构和生物功能的有机化合物，可用通式 $C_x(H_2O)_y$ 来表示，有单糖、寡糖、淀粉、半纤维素、纤维素、复合多糖以及糖的衍生物。它主要由绿色植物经光合作用而形成，是光合作用的初期产物。从化学结构特征来说，它是含有多羟基的醛类或酮类的化合物，或经水解转化为多羟基醛类或酮类的化合物。

（一）碳水化合物检验的分类

1.还原糖的测定

还原糖是指具有还原性的糖类。葡萄糖分子中含有游离醛基，果糖分子中含有游离酮基，乳糖和麦芽糖分子中含有游离的半缩醛羟基，因而它们都具有还原性，都是还原糖。其他非还原性糖类，如二糖、三糖、多糖等（常见的蔗糖、糊精、淀粉等都属此类），它们本身不具有还原性，但可以通过水解变成具有还原性的单糖，再进行测定，然后换算成样品中相应糖类的含量，所以糖类的测定是以还原糖的测定为基础的。还原糖的测定方法有很多，其中最常用的有直接测定法，即一定量的碱性酒石酸铜甲液、乙液等体积混合后，生成天蓝色的氢氧化铜沉淀的配合物。在加热条件下，以亚甲基蓝为指示剂，用样液直接滴定已标定的碱性酒石酸铜溶液，还原糖将二价铜还原为氧化亚铜。待二价铜全部被还原后，稍过量的还原糖将次甲基蓝还原，溶液由蓝色变为无色，即为终点。根据最终所消耗的样液的体积，即可计算出还原糖的含量。

2.蔗糖的测定

在食品生产中，为判断原料的成熟度，鉴别白糖、蜂蜜等食品原料的品质，以及控制糖果、果脯、加热乳制品等产品的质量指标，常常需要测定蔗糖的含量。蔗糖是非还原性双糖，不能用测定还原糖的方法直接进行测定，但蔗糖水解可生成具有还原性的葡萄糖和果糖，再按测定还原糖的方法进行测定。即样品除去蛋白质等杂质后，用稀盐酸水解，使蔗糖转化为还原糖，然后按照还原糖测定的方法分别测定水解前、后样液中还原糖的含量，两者的差值即为蔗糖水解产生的还原糖的量，再乘以换算系数0.95即为蔗糖的含量。对于纯度较高的蔗糖溶液，可用相对密度、折射率、旋光率等物理检验法进行测定。

3.总糖的测定

许多食品中含有多种糖类，包括具有还原性的葡萄糖、果糖、麦芽糖、乳糖以及非还原性的蔗糖、棉籽糖等。这些糖中，有的来自原料本身，有的是因生产需要而加入的，有的是在生产过程中形成的。许多食品中通常只需测定其总量，即所谓的总糖。食品中的总糖，通常是指食品中存在的具有还原性的或在测定条件下能水解为还原性单糖的碳水化合物总量。总糖的测定，通常是以还原糖的测定方法为基础，即样品经处理除去蛋白质等杂质后，加入稀盐酸，在加热条件下使蔗糖水解转化为还原糖，再以直接滴定法测定水解后样品中还原糖的总量。

4.淀粉的测定

淀粉是一种多糖，是供给人体热量的主要来源。在食品工业中的用途也是非常广泛的，常作为食品的原辅料。淀粉含量测定的方法有很多，常用的方法有酸水解法和酶水解法，它是将淀粉在酸或酶的作用下水解为葡萄糖后，再按照测定还原糖的方法进行定量测定。

（二）食品中还原糖的测定

1.直接滴定法

（1）直接滴定法的测定原理

试样经除去蛋白质后，以亚甲蓝作为指示剂，在加热条件下滴定标定过的碱性酒石酸铜溶液（已用还原糖标准溶液标定），根据样品液消耗体积计算还原糖的含量。

（2）直接滴定法的试剂和材料

第一，试剂。①盐酸；②硫酸铜；③亚甲蓝；④酒石酸钾钠；⑤氢氧化钠；⑥乙酸锌；⑦冰乙酸；⑧亚铁氰化钾。

第二，试剂配制。①盐酸溶液（1∶1，体积比）：量取盐酸50 mL，加水50 mL混匀；②碱性酒石酸铜甲液：称取硫酸铜15 g和亚甲蓝0.05 g，溶于水中，并稀释至1000 mL；③碱性酒石酸铜乙液：称取酒石酸钾钠50 g和氢氧化钠75 g，溶解于水中，再加入亚铁氰化钾4g，完全溶解后，用水定容至1000mL，贮存于橡胶塞玻璃瓶中；④乙酸锌溶液：称取乙酸锌21.9g，加冰乙酸3mL，加水溶解并定容至100mL；⑤亚铁氰化钾溶液（106g/L）：称取亚铁氰化钾10.6g，加水溶解并定容至100mL；⑥氢氧化钠溶液（40g/L）：称取氢氧化钠4g，加水溶解后，放冷，并定容至100mL。

第三，标准品。①葡萄糖，CAS：50-99-7，纯度≥99%；②果糖，CAS：57-48-7，纯度≥99%；③乳糖（含水），CAS：5989-81-1，纯度≥99%；④蔗糖，CAS：57-50-1，纯度≥99%。

第四，标准溶液配制。①葡萄糖标准溶液（1.0 mg/mL）：准确称取经过98～100℃烘箱中干燥2 h后的葡萄糖1 g，加水溶解后加入盐酸溶液5 mL，并用水定容至1000 mL。此溶液每毫升相当于1.0 mg葡萄糖。

②果糖标准溶液（1.0mg/mL）：准确称取经过98～100℃干燥2 h的果糖1 g，加水溶解后加入盐酸溶液5 mL，并用水定容至1000 mL。此溶液每毫升相当于1.0 mg果糖。

③乳糖标准溶液（1.0mg/mL）：准确称取经过94～98℃干燥2 h的乳糖（含水）1 g，加水溶解后加入盐酸溶液5 mL，并用水定容至1000 mL。此溶液每毫升相当于1.0 mg乳糖（含水）。

④转化糖标准溶液（1.0mg/mL）：准确称取1.0526 g蔗糖，用100 mL水溶解，置于具塞的锥形瓶中，加盐酸溶液5 mL，在68～70℃水浴中加热15 min，放置至室温，转移至1000 mL容量瓶中并加水定容至1000 mL，每毫升标准溶液相当于1.0 mg转化糖。

（3）直接滴定法的仪器和设备

①天平：感量为0.1mg；②水浴锅；③可调温电炉；④酸式滴定管：25mL。

（4）直接滴定法的分析步骤

第一，试样制备。含淀粉的食品：称取粉碎或混匀后的试样10～20 g（精确至0.001 g），置于250 mL容量瓶中，加水200 mL，在45℃水浴中加热1h，并时时振摇，冷却后加水至刻度，混匀、静置、沉淀。吸取200 mL上清液置于另一个250 mL容量瓶中，缓慢加入乙酸锌溶液5mL和亚铁氰化钾溶液5 mL，加水至刻度，混匀，静置30 min，用干燥滤纸过滤，弃去初滤液，取后续滤液备用。

酒精饮料：称取混匀后的试样100 g（精确至0.01 g），置于蒸发皿中，用氢氧化钠溶液中和至中性，在水浴上蒸发至原体积的1/4后，移入250 mL容量瓶中，缓慢加入乙酸锌溶液5 mL和亚铁氰化钾溶液5 mL，加水至刻度，混匀，静置30 min，用干燥滤纸过滤，弃去初滤液，取后续滤液备用。

碳酸饮料：称取混匀后的试样100 g（精确至0.01g），置于蒸发皿中，在水浴上微热搅拌除去二氧化碳后，移入250 mL容量瓶中，用水洗涤蒸发皿，洗液并入容量瓶，加水至刻度，混匀后备用。

其他食品：称取粉碎后的固体试样2.5～5 g（精确至0.001 g）或混匀后的液体试样5～25 g（精确至0.001 g），置于250 mL容量瓶中，加50 mL水，缓慢加入乙酸锌溶液5 mL和亚铁氰化钾溶液5mL，加水至刻度，混匀，静置30 min，用干燥滤纸过滤，弃去初滤液，取后续滤液备用。

第二，碱性酒石酸铜溶液的标定。吸取碱性酒石酸铜甲液5.0 mL和碱性酒石酸铜乙液5.0 mL，置于150 mL锥形瓶中，加水10 mL，加入玻璃珠2～4粒，从滴定管中加葡萄糖（或其他还原糖标准溶液）约9 mL，控制在2 min中内加热至沸腾，趁热以1滴/2s的速度继续滴加葡萄糖（或其他还原糖标准溶液），直至溶液蓝色刚好褪去为终点，记录消耗葡萄糖（或其他还原糖标准溶液）的总体积，同时平行操作3份，取其平均值，计算每10 mL（碱性酒石酸甲、乙液各5 mL）碱性酒石酸铜溶液相当于葡萄糖（或其他还原糖）的质量（mg）。

注：也可以按上述方法标定4～20 mL碱性酒石酸铜溶液（中、乙液各1/2）来适应试样中还原糖的浓度变化。

第三，试样溶液预测。吸取碱性酒石酸铜甲液5.0 mL和碱性酒石酸铜乙液5.0 mL，置于150 mL锥形瓶中，加水10 mL，加入玻璃珠2～4粒，以控制在2 min内加热至沸腾，保持沸腾，以先快后慢的速度从滴定管中滴加试样溶液，并保持沸腾状态，待溶液颜色变浅时，以1滴/2 s的速度滴定，直至溶液蓝色刚好褪去为终点，记录样品溶液消耗体积。

注：当样液中还原糖浓度过高时，应适当稀释后再进行正式测定，使每次滴定消耗样液的体积控制在与标定碱性酒石酸铜溶液时所消耗的还原糖标准溶液的体积相近，约10 mL，结果按式（3-13）计算；当浓度过低时，则采取直接加入10 mL样品液，免去加水10 mL，再用还原糖标准溶液滴定至终点，记录消耗的体积与标定时消耗的还原糖标准溶液体积之差相当于10 mL样液中所含还原糖的量，结果按式（3-14）计算。

第四，试样溶液测定。吸取碱性酒石酸铜甲液5.0 mL和碱性酒石酸铜乙液5.0 mL，置于150 mL锥形瓶中，加水10 mL，加入玻璃珠2～4粒，从滴定管滴加比预测体积少1mL的试样溶液至锥形瓶中，控制在2min内加热至沸腾，保持沸腾，继续以1滴/2s的速度滴定，直至蓝色刚好褪去为终点，记录样液消耗体积，同法平行操作3份，得出平均消耗体积（V）。

（5）直接滴定法的结果表述

试样中还原糖的含量（以某种还原糖计），按式（3-13）计算：

$$X = \frac{m_1}{m \times F \times V / 250 \times 1000} \times 100 \qquad (3\text{-}13)$$

式中：

X ——试样中还原糖的含量（以某种还原糖计），单位为克每百克（g/100g）；

m_1 ——碱性酒石酸铜溶液（甲、乙液各1/2）相当于某种还原糖的质量，单位为毫克（mg）；

m ——试样质量，单位为克（g）；

F ——系数；

V ——测定时平均消耗试样溶液体积，单位为毫升（mL）；

250——定容体积，单位为毫升（mL）；

1000——换算系数。

当浓度过低时，试样中还原糖的含量（以某种还原糖计），按式（3-14）计算：

$$X = \frac{m_2}{m \times F \times V / 250 \times 1000} \times 100 \qquad (3\text{-}14)$$

式中：

X ——试样中还原糖的含量（以某种还原糖计），单位为克每百克（g/100g）；

m_2 ——标定时的体积与加入样品后消耗的还原糖标准溶液体积之差相当于某种还原糖的质量，单位为毫克（mg）；

m ——试样质量，单位为克（g）；

F ——系数；

V ——样液体积，单位为毫升（mL）；

250——定容体积，单位为毫升（mL）；

1000——换算系数。

当还原糖含量≥10 g/100g时，计算结果保留3位有效数字；当还原糖含量＜10 g/100g时，计算结果保留2位有效数字。

（6）直接滴定法的精密度

在重复性条件下获得的两次独立测定结果的绝对差值不得超过算术平均值的5%。

（7）直接滴定法的其他注意事项

当称样量为5 g时，定量限为0.25 g/100g。

2.高锰酸钾滴定法

（1）高锰酸钾滴定法的测定原理

试样经除去蛋白质后，其中还原糖把铜盐还原为氧化亚铜，加硫酸铁后，氧化亚铜被氧化为铜盐，经高锰酸钾溶液滴定氧化作用后生成的亚铁盐，根据高锰酸钾的消耗量计算氧化亚铜的含量，再查表得还原糖量。

（2）高锰酸钾滴定法的试剂和材料

第一，试剂。①盐酸；②氢氧化钠；③硫酸铜；④硫酸；⑤硫酸铁；⑥酒石酸钾钠。

第二，试剂配制。①盐酸溶液（3mol/L）：量取盐酸30 mL，加水稀释至120 mL；②碱性酒石酸铜甲液：称取硫酸铜34.639 g，加适量水溶解，加硫酸0.5 mL，再加水稀释至500 mL，用精制石棉过滤；③碱性酒石酸铜乙液：称取酒石酸钾钠173 g与氢氧化钠50 g，加适量水溶解，并稀释至500 mL，用精制石棉过滤，贮存于橡胶塞玻璃瓶内；④氢氧化钠溶液（40 g/L）：称取氢氧化钠4 g，加水溶解并稀释至100 mL；⑤硫酸铁溶液（50 g/L）：称取硫酸铁50g，加水200 mL溶解后，慢慢加入硫酸100 mL，冷却后加水稀释至1000 mL；⑥精制石棉：取石棉先用盐酸溶液浸泡2～3 d，用水洗净，再加氢氧化钠溶液浸泡2～3 d，倾去溶液，再用热碱性酒石酸铜乙液浸泡数小时，用水洗净。再以盐酸溶液浸泡数小时，以水洗至不呈酸性，然后加水振摇，使其成细微的浆状软纤维，用水浸泡并贮存于玻璃瓶中，即可做填充古氏坩埚用。

第三，标准品。高锰酸钾，CAS：7722-64-7，优级纯或以上等级。

（3）高锰酸钾滴定法的仪器和设备

①天平：感量为0.1 mg；②水浴锅；③可调温电炉；④酸式滴定管：25 mL；⑤25 mL古氏坩埚或G4垂融坩埚；⑥真空泵。

（4）高锰酸钾滴定法的分析步骤

第一，试样处理。

含淀粉的食品：称取粉碎或混匀后的试样10～20 g（精确至0.001 g），置于250 mL容量瓶中，加水200 mL，在45℃水浴中加热1 h，并时时振摇。冷却后加水至刻度，混匀，静置。吸取200 mL上清液置于另一250 mL容量瓶中，加碱性酒石酸铜甲液10 mL及氢氧化钠溶液4 mL，加水至刻度，混匀。静置30 min，用干燥滤纸过滤，弃去初滤液，取后续滤液备用。

酒精饮料：称取100 g（精确至0.01 g）混匀后的试样，置于蒸发皿中，用氢氧化钠溶液中和至中性，在水浴上蒸发至原体积的1/4后，移入250 mL容量瓶中。加水50 mL，混匀。加碱性酒石酸铜甲液10 mL及氢氧化钠溶液4 mL，加水至刻度，混匀。静置30 min，用干燥滤纸过滤，弃去初滤液，取后续滤液备用。

碳酸饮料：称取100 g（精确至0.001 g）混匀后的试样，将试样置于蒸发皿中，在水浴上除去二氧化碳后，移入250 mL容量瓶中，并用水洗涤蒸发皿，洗液并入容量瓶中，再加水至刻度，混匀后，备用。

其他食品：称取粉碎后的固体试样2.5～5.0 g（精确至0.001 g）或混匀后的液体试样25～50 g（精确至0.001 g），置于250 mL容量瓶中，加水50 mL，摇匀后加碱性酒石酸铜甲液10 mL及氢氧化钠溶液4 mL，加水至刻度，混匀。静置30 min，用干燥滤纸过滤，弃去初滤液，取后续滤液备用。

第二，试样溶液的测定。吸取处理后的试样溶液50 mL于500 mL烧杯内，加入碱性酒石酸铜甲液25 mL及碱性酒石酸铜乙液25 mL，于烧杯上盖一表面皿，加热，控制在4 min内沸腾，再精确煮沸2 min，趁热用铺好精制石棉的古氏坩埚（或g4垂融坩埚）抽滤，并用60℃热水洗涤烧杯及沉淀，至洗液不呈碱性为止。将古氏坩埚（或g4垂融坩埚）放回原500 mL烧杯中，加硫酸铁溶液25 mL、水25 mL，用玻璃棒搅拌使氧化亚铜完全溶解，以高锰酸钾标准溶液滴定至微红色为终点。同时吸取水50 mL，加入与测定试样时相同量的碱性酒石酸铜甲液、乙液和硫酸铁溶液及水，按同一方法做空白实验。

（5）高锰酸钾滴定法的结果表述

试样中还原糖质量相当于氧化亚铜的质量，按式（3-15）计算：

$$X_0 = (V - V_0) \times c \times 71.54 \qquad (3-15)$$

式中：

X_0——试样中还原糖质量相当于氧化亚铜的质量，单位为毫克（mg）；

V——测定用试样液消耗高锰酸钾标准溶液的体积，单位为毫升（mL）；

V_0——试剂空白消耗高锰酸钾标准溶液的体积，单位为毫升（mL）；

c——高锰酸钾标准溶液的实际浓度，单位为摩尔每升（mol/L）；

71.54——1mL高锰酸钾标准溶液$[c(1/5)KMnO_4 = 1.000mol/L]$相当于氧化亚铜的质量，单位为毫克（mg）。

根据式中计算所得氧化亚铜质量，再计算试样中还原糖含量，按式（3-16）计算：

$$X = \frac{m_3}{m_4 \times V / 250 \times 1000} \times 100 \qquad (3-16)$$

式中：

X——试样中还原糖的含量，单位为克每百克（g/100g）；

m_3——还原糖质量，单位为毫克（mg）；

m_4——试样质量或体积，单位为克或毫升（g或mL）；

V——测定用试样溶液的体积，单位为毫升（mL）；

250——试样处理后的总体积，单位为毫升（mL）。

还原糖含量≥10g/100g时，计算结果保留3位有效数字；还原糖含量<10 g/100g时，计算结果保留2位有效数字。

（6）高锰酸钾滴定法的精密度

在重复性条件下，获得的两次独立测定结果的绝对差值不得超过算术平均值的10%。

（7）高锰酸钾滴定法的其他注意事项

当称样量为5 g时，定量限为0.5 g/100g。

3.铁氰化钾法

（1）铁氰化钾法的测定原理

还原糖在碱性溶液中将铁氰化钾还原为亚铁氰化钾，还原糖本身被氧化为相应的糖酸。过量的铁氰化钾在乙酸的存在下，与碘化钾作用下析出碘，析出的碘以硫代硫酸钠标准溶液滴定。

（2）铁氰化钾法的试剂和材料

第一，试剂。①95%乙醇；②冰乙酸；③无水乙酸钠；④硫酸；⑤钨酸钠；⑥铁氰化钾；⑦碳酸钠；⑧氯化钾；⑨硫酸锌；⑩碘化钾；⑪氢氧化钠；⑫可溶性淀粉。

第二，试剂配制。①乙酸缓冲液：将冰乙酸3.0 mL、无水乙酸钠6.8 g和浓硫酸4.5 mL混合溶解，然后稀释至1000 mL；②钨酸钠溶液（12.0%）：将钨酸钠12.0 g溶于100 mL水中；③碱性铁氰化钾溶液（0.1mo1/L）：将铁氰化钾32.9 g与碳酸钠44.0 g溶于1000 mL水中；④乙酸盐溶液：将氯化钾70.0 g和硫酸锌40.0 g溶于750 mL水中，然后缓慢加入200 mL冰乙酸，再用水稀释至1000 mL，混匀；⑤碘化钾溶液（10%）：称取碘化钾10.0 g溶于100 mL水中，再加1滴饱和氢氧化钠溶液；⑥淀粉溶液（1%）：称取可溶性淀粉1.0 g，用少量水润湿、调和后，缓慢倒入100 mL沸水中，继续煮沸，直至溶液透明。

（3）铁氰化钾法的仪器和设备

①分析天平：分度值0.0001 g；②振荡器；③试管：直径1.8～2.0 cm，高约18 cm；④水浴锅；⑤电炉：2000 W；⑥微量滴定管：5 mL或10 mL。

（4）铁氰化钾法的分析步骤

第一，试样制备。称取试样5 g（精确至0.001 g），置于100 mL磨口锥形瓶中。倾斜锥形瓶以便所有试样粉末集中于一侧，用5 mL95%乙醇浸湿全部试样，再加入50 mL乙酸缓冲液，振荡摇匀后立即加入2 mL12.0%钨酸钠溶液，在振荡器中混合振摇5 min。将混合液过滤，弃去最初几滴滤液，收集滤液于干净锥形瓶中，此滤液即为样品测定液。同时，做空白实验。

第二，试样溶液的测定。

氧化：精确吸取样品液5 mL，置于试管中，再精确加入5 mL碱性铁氰化钾溶液，混合后立即将试管浸入剧烈沸腾的水浴中，并确保试管内液面低于沸水液面下3～4 cm，加热20 min后取出，立即用冷水迅速冷却。

滴定：将试管内容物倾入100 mL锥形瓶中，用25 mL乙酸盐溶液荡洗试管并倾入锥形瓶中，加5 mL10%碘化钾溶液，混匀后，立即用0.1mol/L硫代硫酸钠溶液滴定至淡黄色，再加1 mL淀粉溶液，继续滴定直至溶液蓝色消失，记下消耗的硫代硫酸钠溶液体积（V_1）。

空白实验：吸取空白液5 mL，代替样品液操作同上，记下消耗的硫代硫酸钠溶液体积（V_0）。

（5）铁氰化钾法的结果表述。

根据氧化样品液中还原糖所需0.1mol/L铁氰化钾溶液的体积，即可查得试样中还原糖（以麦芽糖计算）的质量分数。铁氰化钾溶液体积（V_3），按式（3-17）计算：

$$V_3 = \frac{(V_0 - V_1) \times c}{0.1} \tag{3-17}$$

式中：

V_3——氧化样品液中还原糖所需0.1mol/L铁氰化钾溶液的体积，单位为毫升（mL）；

V_0——滴定空白液消耗0.1mol/L硫代硫酸钠溶液的体积，单位为毫升（mL）；

V_1——滴定样品液消耗0.1mol/L硫代硫酸钠溶液的体积，单位为毫升（mL）；

c——硫代硫酸钠溶液实际浓度，单位为摩尔每升（mol/L）。

计算结果保留小数点后2位。

（6）铁氰化钾法的精密度

在重复性条件下，获得的两次独立测定结果的绝对差值不得超过算术平均值的10%。

4.奥氏试剂滴定法

（1）奥氏试剂滴定法的测定原理

在沸腾条件下，还原糖与过量奥氏试剂反应生成相当量的Cu_2O沉淀，冷却后加入盐酸使溶液呈酸性，并使Cu_2O沉淀溶解。然后加入过量碘溶液进行氧化，用硫代硫酸钠溶液滴定过量的碘，其反应式是：

$C_6H_{12}O_6 + 2C_4H_2O_6KNaCu + 2H_2O = C_6H_{12}O_7 + 2C_4H_4O_6KNa + Cu_2O \downarrow$。

葡萄糖或果糖络合物葡萄糖酸酒石酸钾钠氧化亚铜：

$Cu_2O + 2HCl = 2CuCl + H_2O$，$2CuCl + 2KI + I_2 = 2CuI_2 + 2KCl$。

I_2（过剩）$+ 2Na_2S_2O_3 = Na_2S_4O_6 + 2NaI$硫代硫酸钠标准溶液空白实验滴定量减去其样品实验滴定量得到一个差值，由此差值便可计算出还原糖的量。

（2）奥氏试剂滴定法的试剂和材料

除非另有说明，本方法所用试剂均为分析纯，水为规定的三级水。

第一，试剂。①盐酸；②硫酸铜；③酒石酸钾钠；④无水碳酸钠；⑤冰乙酸；⑥磷酸氢二钠；⑦碘化钾；⑧乙酸锌；⑨亚铁氰化钾；⑩可溶性淀粉；⑪粉状碳酸钙。

第二，试剂配制。①盐酸溶液（6 mol/L）：吸取盐酸 50 mL，加入已装入 30 mL 水的烧杯中，慢慢加水稀释至 l00 mL；②盐酸溶液（1 mol/L）：吸取盐酸 84 mL，加入已装入 200 mL 的烧杯中，慢慢加水稀释至 1000 mL；③奥氏试剂：分别称取硫酸铜 5 g、酒石酸钾钠 300 g、无水碳酸钠 10 g、磷酸氢二钠 50 g，稀释至 1000 mL，用细孔砂芯玻璃漏斗、硅藻土或活性炭过滤，贮于棕色试剂瓶中；④碘化钾溶液（250 g/L）：称取碘化钾 25 g，溶于水，移入 100 mL 容量瓶中，用水稀释至刻度，摇匀；⑤乙酸锌溶液：称取乙酸锌 21.9 g，加冰乙酸 3 mL，加水溶解并定容于 100 mL；⑥亚铁氰化钾溶液（106 g/L）：称取亚铁氰化钾 10.6 g，加水溶解并定容至 100 mL；⑦淀粉指示剂（5 g/L）：称取可溶性淀粉 0.5 g，加冷水 10 mL 调匀，搅拌下注入 90 mL 沸水中，再微沸 2 min，冷却。溶液于使用前制备。

第三，标准品。①硫代硫酸钠，CAS：7772-98-7，优级纯或以上等级；②碘，CAS：7553-56-2，12190-71-5，优级纯或以上等级；③碘化钾，CAS：7681-11-0，优级纯或以上等级。

第四，标准溶液配制。硫代硫酸钠标准滴定储备液：按标准配制与标定，也可使用商品化的产品。

硫代硫酸钠标准滴定溶液：精确吸取硫代硫酸钠标准滴定储备液32.3 mL，移入100 mL容量瓶中，用水稀释至刻度。

校正系数按式（3-18）计算：

$$K = \frac{c}{0.0323} \qquad （3-18）$$

式中：

c ——硫代硫酸钠标准溶液的浓度，单位为摩尔每升（mol/L）。

碘溶液标准滴定储备液：按标准配置与标定，也可使用商品化的产品。

碘标准滴定溶液：精确吸取碘溶液标准滴定储备液16.15 mL，移入100 mL容量瓶中，用水稀释至刻度。

（3）奥氏试剂滴定法的仪器和设备

①天平：感量为0.1 mg；②水浴锅；③可调温电炉或性能相当的加热器具；④酸式滴定管：25 mL。

（4）奥氏试剂滴定法的分析步骤

第一，试样溶液的制备。①将备检样品清洗干净。取100 g（精确至0.01 g）样品，放入高速捣碎机中，用移液管移入100 mL的水，以不低于12000r/ min的转速将其捣成1∶1的匀浆；②称取匀浆样品25 g（精确至0.001 g），置于500 mL具塞锥形瓶中（含有机酸较多的试样加粉状碳酸钙0.5 ~ 2.0 g调至中性），加水调整体积约为200 mL。置80 ± 2℃水浴保温30 min，其间摇动数次，取出加入乙酸锌溶液5 mL和亚铁氰化钾溶液5 mL，冷却至室温后，转入250 mL容量瓶中，用水定容至刻度。摇匀，过滤，澄清试样溶液备用。

第二，Cu_2O沉淀生成。吸取试样溶液20 mL（若样品还原糖含量较高时，可适当减少取样体积，并补加水至20 mL，使试样溶液中还原糖的量不超过20mg），加入250 mL锥形瓶中。然后加入奥氏试剂50 mL，充分混合，用小漏斗盖上，在电炉上加热，控制在3 min中内加热至沸腾，并继续准确煮沸5.0 min，将锥形瓶静置于冷水中冷却至室温。

第三，碘氧化反应。取出锥形瓶，加入冰乙酸1 mL，在不断摇动下，准确加入碘标准滴定溶液5 ~ 30 mL，其数值以确保碘溶液过量为准，用量筒沿锥形瓶壁快速加入盐酸15 mL，立即盖上小烧杯，放置约2 min，不时摇动溶液。

第四，滴定过量碘。用硫代硫酸钠标准滴定溶液滴定过量的碘，滴定至溶液呈黄绿色出现时，加入淀粉指示剂2 mL，继续滴定溶液至蓝色褪尽为止，记录消耗的硫代硫酸钠标准滴定溶液体积（V_4）。

第五，空白实验。按上述步骤进行空白实验，记录消耗的硫代硫酸钠标准滴定溶液体积（V_3），除不加试样溶液外，操作步骤和应用的试剂均与测定时相同。

（5）奥氏试剂滴定法的结果表述

试样品的还原糖的含量，按式（3-19）计算：

$$X = K \times (V_3 - V_4)\frac{0.001}{m \times V_5 / 250} \times 100 \qquad （3-19）$$

式中：

X ——试样中还原糖的含量，单位为克每百克（g/100 g）；

K ——硫代硫酸钠标准滴定溶液校正系数；

V_3 ——空白实验滴定消耗的硫代硫酸钠标准滴定溶液体积，单位为毫升（mL）；

V_4 ——试样溶液消耗的硫代硫酸钠标准滴定溶液体积，单位为毫升（mL）；

V_5 ——所取试样溶液的体积，单位为毫升（mL）；

m ——试样的质量，单位为克（g）；

250——试样浸提稀释后的总体积，单位为毫升（mL）。

计算结果保留2位有效数字。

（6）奥氏试剂滴定法的精密度

在重复性条件下，获得的两次独立测定结果的绝对差值不得超过算术平均值的5%。

（7）奥氏试剂滴定法的其他注意事项

当称样量为5 g时，定量限为0.25 g/100 g。

（三）食品中果糖、葡萄糖、蔗糖、麦芽糖、乳糖的测定

1.高效液相色谱法

（1）高效液相色谱法的测定原理

试样中的果糖、葡萄糖、蔗糖、麦芽糖和乳糖经提取后，利用高效液相色谱柱分离，用示差折光检测器或蒸发光散射检测器检测，用外标法进行定量。

（2）高效液相色谱法的试剂和材料

除非另有说明，本方法所用试剂均为分析纯，水为规定的一级水。

第一，试剂。①乙腈：色谱纯；②乙酸锌；③亚铁氰化钾；④石油醚：沸程30～60℃。

第二，试剂配制。①乙酸锌溶液：称取乙酸锌21.9 g，加冰乙酸3 mL，加水溶解并稀释至100 mL；②亚铁氰化钾溶液：称取亚铁氰化钾10.6 g，加水溶解并稀释至100 mL。

第三，标准品。①果糖，CAS：57-48-7，纯度为99%，或经国家认证并授予标准物质证书的标准物质；②葡萄糖，CAS：50-99-7，纯度为99%，或经国家认证并授予标准物质证书的标准物质；③蔗糖，$C_{12}H_{22}O_n$，CAS：57-50-1，纯度为99%，或经国家认证并授予标准物质证书的标准物质；④麦芽糖，CAS：69-79-4，纯度为99%，或经国家认证并授予标准物质证书的标准物质；⑤乳糖，CAS：63-42-3，纯度为99%，或经国家认证并授予标准物质证书的标准物质。

第四，标准溶液配制。糖标准贮备液（20 mg/ mL）：分别称取上述经过96±2℃干燥2h的果糖、葡萄糖、蔗糖、麦芽糖和乳糖各1 g，加水定容至50 mL，置于4℃密封可贮藏1个月。

糖标准使用液：分别吸取糖标准贮备液1.00 mL、2.00 mL、3.00 mL、5.00 mL，置于10 mL容量瓶中，加水定容，分别相当于2.0 mg/mL、4.0 mg/mL、6.0 mg/mL、10.0 mg/ mL浓度标准溶液。

（3）高效液相色谱法的仪器和设备

①天平：感量为0.1 mg；②超声波振荡器；③磁力搅拌器；④离心机：转速≥4000 r/min；⑤高效液相色谱仪，带示差折光检测器或蒸发光散射检测器；

⑥液相色谱柱：氨基色谱柱，柱长250 mm，内径4.6 mm，膜厚5 μm，或具有同等性能的色谱柱。

（4）高效液相色谱法试样的制备和保存

第一，试样的制备。固体样品：取有代表性样品至少200 g，用粉碎机粉碎，并通过2.0 mm圆孔筛，混匀，装入洁净容器，密封，并标明标记。

半固体和液体样品（除蜂蜜样品外）：取有代表性样品至少200 g（或mL），充分混匀，装入洁净容器，密封，并标明标记。

蜂蜜样品：未结晶的样品将其用力搅拌均匀；有结晶析出的样品，可将样品瓶盖塞紧后置于不超过60℃的水浴中温热，待样品全部溶化后，搅匀，迅速冷却至室温以备检验用。在溶化时，应注意防止水分侵入。

第二，保存。蜂蜜等易变质试样置于0～4℃保存。

（5）高效液相色谱法的分析步骤

第一，样品处理。脂肪小于10%的食品：称取粉碎或混匀后的试样0.5～10 g（含糖量≤5%时称取10 g，含糖量5%～10%时称取5 g，含糖量10%～40%时称取2 g，含糖量≥40%时称取0.5 g）（精确到0.001 g），置于100 mL容量瓶中，加水约50 mL溶解，缓慢加入乙酸锌溶液和亚铁氰化钾溶液各5 mL，加水定容至刻度，磁力搅拌或超声30 min，用干燥滤纸过滤后，滤液用0.45 μm微孔滤膜过滤或离心获取上清液过0.45 μm微孔滤膜至样品瓶，供液相色谱分析。

糖浆、蜂蜜类：称取混匀后的试样1～2 g（精确到0.001 g），置于50 mL容量瓶中，加水定容至50 mL，充分摇匀，用干燥滤纸过滤，弃去初滤液，后续滤液用0.45 μm微孔滤膜过滤或离心获取上清液过0.45 μm微孔滤膜至样品瓶，供液相色谱分析。

含二氧化碳的饮料：吸取混匀后的试样，置于蒸发皿中，在水浴上微热搅拌去除二氧化碳，吸取50.0 mL移入100 mL容量瓶中，缓慢加入乙酸锌溶液和亚铁氰化钾溶液各5 mL，用水定容至刻度，摇匀，静置30 min，用干燥滤纸过滤，弃去初滤液，后续滤液用0.45 μm微孔滤膜过滤或离心获取上清液过0.45 μm微孔滤膜至样品瓶，供液相色谱分析。

脂肪大于10%的食品：称取粉碎或混匀后的试样5～10 g（精确到0.001 g），置于100 mL具塞离心管中，加入50 mL石油醚，混匀，放气，振摇2 min，1800 r/min离心15min，去除石油醚后重复以上步骤至去除大部分脂肪。蒸发残留的石油醚，用玻璃棒将样品捣碎并转移至100 mL容量瓶中，用50 mL水分两次冲洗离心管，洗液并入100 mL容量瓶中，缓慢加入乙酸锌溶液和亚铁氰化钾溶液各5 mL，加水定容至刻度，磁力搅拌或超声30 min，用干燥滤纸过滤，弃去初滤液，后续滤液用0.45 μm微孔滤膜过滤或离心获取上清液过0.45 μm微孔滤膜至样品瓶，供液相色谱分析。

第二，色谱参考条件。色谱条件应当满足果糖、葡萄糖、蔗糖、麦芽糖和乳糖之间的分离度大于1.5。

流动相：乙腈+水=70+30（体积比）。

流动相流速：1.0 mL/ min。

柱温：40℃。

进样量：20 μL。

示差折光检测器条件：温度40℃。

蒸发光散射检测器条件：飘移管温度为80～90℃；氮气压力为350 kPa；撞击器为关。

（6）高效液相色谱法的标准曲线的制作

将糖标准使用液标准依次按推荐色谱条件上机测定，记录色谱图峰面积或峰高，以峰面积或峰高为纵坐标，以标准工作液的浓度为横坐标，示差折光检测器采用线性方程，蒸发光散射检测器采用幂函数方程绘制标准曲线。

第一，试样溶液的测定。将试样溶液注入高效液相色谱仪中，记录峰面积或峰高，从标准曲线中查得试样溶液中糖的浓度。可根据具体试样进行稀释（n）。

第二，空白实验。除不加试样外，均按上述步骤进行。

（7）高效液相色谱法的结果表述

试样中目标物的含量按式（3-20）计算，计算结果需扣除空白值：

$$X = \frac{(\rho - \rho_0) \times V \times n}{m \times 1000} \times 100 \qquad (3-20)$$

式中：

X——试样中糖（果糖、葡萄糖、蔗糖、麦芽糖和乳糖）的含量，单位为克每百克（g/100g）；

ρ——样液中糖的浓度，单位为毫克每毫升（mg/mL）；

ρ_0——空白中糖的浓度，单位为毫克每毫升（mg/mL）；

V——样液定容体积，单位为毫升（mL）；

n——稀释倍数；

m——试样的质量，单位为克（g）或毫升（mL）；

1000——换算系数；

100——换算系数。

当糖的含量≥10 g/100g时，结果保留3位有效数字；当糖的含量<10 g/100g时，结果保留2位有效数字。

（8）高效液相色谱法的精密度

在重复条件下，获得的两次独立测定结果的绝对差值不得超过算术平均值的10%。

（9）高效液相色谱法的其他注意事项

当称样量为10g时，果糖、葡萄糖、蔗糖、麦芽糖和乳糖检出限为0.2g/100g。

2.酸水解–莱因–埃农氏法

（1）酸水解–莱因–埃农氏法的测定原理

本法适用于各类食品中蔗糖的测定。试样经除去蛋白质后，其中蔗糖经盐酸水解转化为还原糖，按还原糖测定。水解前后的差值乘以相应的系数即为蔗糖含量。

（2）酸水解–莱因–埃农氏法的试剂和溶液

除非另有说明，本方法所用试剂均为分析纯，水为规定的三级水。

第一，试剂。①乙酸锌；②亚铁氰化钾；③盐酸；④氢氧化钠；⑤甲基红，指示剂；⑥亚甲蓝，指示剂；⑦硫酸铜；⑧酒石酸钾钠。

第二，试剂配制。①乙酸锌溶液：称取乙酸锌21.9 g，加冰乙酸3 mL，加水溶解并定容至100 mL；②亚铁氰化钾溶液：称取亚铁氰化钾10.6 g，加水溶解并定容至100 mL；③盐酸溶液（1+1）：量取盐酸50 mL，缓慢加入50 mL水中，冷却后混匀；④氢氧化钠（40 g/L）：称取氢氧化钠4 g，加水溶解后，放冷，加水定容至100 mL；⑤甲基红指示液（1 g/L）：称取甲基红盐酸盐0.1 g，用95%乙醇溶解并定容至100 mL；⑥氢氧化钠溶液（200 g/L）：称取氢氧化钠20 g，加水溶解后，放冷，加水并定容至100 mL；⑦碱性酒石酸铜甲液：称取硫酸铜15 g和亚甲蓝0.05 g，溶于水中，加水定容至1000 mL；⑧碱性酒石酸铜乙液：称取酒石酸钾钠50 g和氢氧化钠75 g，溶解于水中，再加入亚铁氰化钾4 g，完全溶解后，用水定容至1000 mL，贮存于橡胶塞玻璃瓶中。

第三，标准品。葡萄糖，CAS：50-99-7，纯度≥99%，或经国家认证并授予标准物质证书的标准物质。

第四，标准溶液配制。葡萄糖标准溶液（1.0 mg/ mL）：称取经过98～100℃烘箱中干燥2 h后的葡萄糖1 g（精确到0.001 g），加水溶解后加入盐酸5 mL，并用水定容至1000 mL。此溶液每毫升相当于1.0 mg葡萄糖。

（3）酸水解–莱因–埃农氏法的仪器和设备

①天平：感量为0.1mg；②水浴锅；③可调温电炉；④酸式滴定管：25 mL。

（4）酸水解–莱因–埃农氏法试样的制备和保存：

第一，试样的制备。固体样品：取有代表性样品至少200 g，用粉碎机粉碎，混匀，装入洁净容器，密封，标明标记。

半固体和液体样品：取有代表性样品至少200 g（ mL），充分混匀，装入洁净容器，密封，标明标记。

第二，保存。蜂蜜等易变质试样于0～4℃保存。

（5）酸水解–莱因–埃农氏法的分析步骤：

第一，试样处理。含蛋白质食品：称取粉碎或混匀后的固体试样2.5～5.0 g（精确到0.001 g）或液体试样5～25 g（精确到0.001 g），置于250 mL容量瓶中，加水50 mL，缓慢加入乙酸锌溶液5 mL和亚铁氰化钾溶液5 mL，加水至刻度，混匀，静置30 min，用干燥滤纸过滤，弃去初滤液，取后续滤液备用。

含大量淀粉的食品：称取粉碎或混匀后的试样10～20 g（精确到0.001 g），置于250 mL容量瓶中，加水200 mL，在45℃水浴中加热1h，并时时振摇，冷却后加水至刻度，混匀，静置，沉淀。吸取200 mL上清液于另一个250 mL容量瓶中，缓慢加入乙酸锌溶液5 mL和亚铁氰化钾溶液5 mL，加水至刻度，混匀，静置30 min，用干燥滤纸过滤，弃去初滤液，取后续滤液备用。

酒精饮料：称取混匀后的试样100 g（精确到0.01 g），置于蒸发皿中，用（40 g/L）氢氧化钠溶液中和至中性，在水浴上蒸发至原体积的1/4后，移入250 mL容量瓶中，缓慢加入乙酸锌溶液5 mL和亚铁氰化钾溶液5 mL，加水至刻度，混匀，静置30 min，用干燥滤纸过滤，弃去初滤液，取后续滤液备用。

碳酸饮料：称取混匀后的试样100 g（精确到0.01 g），置于蒸发皿中，在水浴上微热搅拌除去二氧化碳后，移入250 mL容量瓶中，用水洗蒸发皿，洗液并入容量瓶，加水至刻度，混匀后备用。

第二，酸水解。吸取2份试样各50 mL，分别置于100 mL容量瓶中。

转化前：一份用水稀释至100 mL。

转化后：另一份加盐酸（1+1）5 mL，在68～70℃水浴中加热15 min，冷却后加甲基红指示液2滴，用200 g/L氢氧化钠溶液中和至中性，加水至刻度。

第三，标定碱性酒石酸铜溶液。吸取碱性酒石酸铜甲液5.0 mL和碱性酒石酸铜乙液5.0 mL，置于150 mL锥形瓶中，加水10 mL，加入2～4粒玻璃珠，从滴定管中加葡萄糖标准溶液约9 mL，控制在2 min中内加热至沸腾，趁热以1滴/2s的速度滴加葡萄糖，滴至溶液颜色刚好褪去，记录消耗葡萄糖总体积，同时平行操作3份，取其平均值，计算每10 mL（碱性酒石酸甲、乙液各5 mL）碱性酒石酸铜溶液相当于葡萄糖的质量（mg）。

注：也可以按上述方法标定4～20 mL碱性酒石酸铜溶液（甲、乙液各1/2）来适应试样中还原糖的浓度变化。

第四，试样溶液的测定。预测滴定：吸取碱性酒石酸铜甲液5.0 mL和碱性酒石酸铜乙液5.0 mL，置于同一150 mL锥形瓶中，加入蒸馏水10 mL，放入2～4粒玻璃珠，置于电炉上加热，使其在2 min内沸腾，保持沸腾状态15s，滴入样液至溶液蓝色完全褪尽为止，读取所用样液的体积。

（6）酸水解-莱因-埃农氏法的结果表述

第一，转化糖的含量。

试样中转化糖的含量（以葡萄糖计），按式（13-21）进行计算：

$$R = \frac{A}{m \times \dfrac{50}{250} \times \dfrac{V}{100} \times 1000} \times 100 \qquad (3-21)$$

式中：

R——试样中转化糖的质量分数，单位为克每百克（g/100 g）；

A——碱性酒石酸铜溶液（甲、乙液各1/2）相当于葡萄糖的质量，单位为毫克（mg）；

m——样品的质量，单位为克（g）；

50——酸水解中吸取样液体积，单位为毫升（mL）；

250——试样处理中样品定容体积，单位为毫升（mL）；

V——滴定时平均消耗试样溶液体积，单位为毫升（mL）；

分母中的100——酸水解中定容体积，单位为毫升（mL）；

1000——换算系数；

100——换算系数。

第二，蔗糖的含量。

试样中蔗糖的含量，按式（13-22）计算：

$$X = (R_2 - R_1) \times 0.95 \tag{3-22}$$

式中：

X——试样中蔗糖的质量分数，单位为克每百克（g/100g）；

R_2——转化后转化糖的质量分数，单位为克每百克（g/100g）；

R_1——转化前转化糖的质量分数，单位为克每百克（g/100g）；

0.95——转化糖（以葡萄糖计）换算为蔗糖的系数。

当蔗糖含量≥10g/100g时，结果保留3位有效数字；当蔗糖含量＜10g/100g时，结果保留2位有效数字。

（7）酸水解-莱因-埃农氏法的精密度

在重复性条件下，获得的两次独立测定结果的绝对差值不得超过算术平均值的10%。

（8）酸水解-莱因-埃农氏法的其他注意事项

当称样量为5 g时，定量限为0.24 g/100g。

（四）淀粉的测定

淀粉广泛存在于植物的根、茎、叶、种子等组织中，是人类食物的重要组成部分，也是供给人体热能的主要来源。淀粉是由葡萄糖以不同形式聚合而成的，分为直链淀粉和支链淀粉两种类型。直链淀粉分子为线性，不溶于冷水，可溶于热水，主要由α-1，4糖苷键连接，一般长600~3000个葡萄糖单位，平均分子量约105D；支链淀粉分子是高度分支的葡萄糖多聚物，常压下不溶于水，只有在加热并加压时才能溶解于水，长度为6000~60000个葡萄糖单位，平均分子量约106D，每20~26个α-1，4糖苷键连接的葡萄糖基就有1个α-1，6分支点。支链淀粉分子中分支的分布模式可反映淀粉的结构，支链淀粉结构的"簇状模式"，是指支链淀粉的分支分布不是随机的，而是以"簇"为结构单位，每7～10 nm之间形成1簇，支链淀粉分子长度为200～400 nm（20～40个簇），大约15 nm宽。"簇"状结构中的分支有3种类型，分别称为A链、B链和C链，淀粉的性质主要取决于簇状结构中各类分支的分布模式。

食品中的淀粉，或来自原料，或是生产过程中为改变食品的物理性状作为添加剂而加入的。例如，在糖果制造中作为填充剂；在雪糕、棒冰等冷饮食品中作为稳定剂；在午餐肉等肉类罐头中作为增稠剂，以提高制品的结着性和持水性；在面包、饼干、糕点生产中用来调节面筋浓度和胀润度，使面团具有适合于工艺操作的物理性质等。另外，运用物理、化学或酶的方法，对原淀粉进行处理获得的变性淀粉，在食品工业中更广泛地用于淀粉软糖、饮料、冷食、面制食品、肉制品以及调味品的生产中。它们可以方便加工工艺、为食品提供优良的质构，提高淀粉的增稠、悬浮、保水和稳定能力，使食品具有令人满意的感官品质和食用品质，同时还能延长食品的货架稳定性和保质期。淀粉含量作为某些食品主要的质量指标，是食品生产管理中常做的分析检测项目。

淀粉的测定主要使用酶水解法。

1.酶水解法的测定原理

试样经去除脂肪及可溶性糖后，淀粉用淀粉酶水解成小分子糖，再用盐酸水解成单糖，最后按还原糖测定，并折算成淀粉含量。

2.酶水解法的试剂和材料

除非另有说明，本方法所用试剂均为分析纯，水为规定的三级水。

（1）试剂。①碘；②碘化钾；③高峰氏淀粉酶：酶活力≥1.6U/mg；④无水乙醇或95%乙醇；⑤石油醚：沸程为60～90℃；⑥乙醚；⑦甲苯；⑧三氯甲烷；⑨盐酸；⑩氢氧化钠；⑪硫酸铜；⑫酒石酸钾钠；⑬亚铁氰化钾；⑭亚甲蓝：指示剂；⑮甲基红：指示剂；⑯葡萄糖。

（2）试剂配制。①甲基红指示液（2 g/L）：称取甲基红0.20 g，加少量乙醇溶解后，加水定容至100 mL；②盐酸溶液（1+1）：量取50 mL盐酸与50 mL水混合；③氢氧化钠溶液（200 g/L）：称取20 g氢氧化钠，加水溶解并定容至100 mL；④碱性酒石酸铜甲液：称取15 g硫酸铜及0.050 g亚甲蓝，溶于水中并定容至1000 mL；⑤碱性酒石酸铜乙液：称取50 g酒石酸钾钠、75 g氢氧化钠，溶于水中，再加入4 g亚铁氰化钾，完全溶解后，用水定容至1000 mL，贮存于橡胶塞玻璃瓶内；⑥淀粉酶溶液（5 g/L）：称取高峰氏淀粉酶0.5 g，加100 mL水溶解，临用时配制，也可加入数滴甲苯或三氯甲烷防止长霉，置于4℃冰箱中；⑦碘溶液：称取3.6碘化钾溶于20 mL水中，加入1.3 g碘，溶解后加水定容至100 mL；⑧乙醇溶液（85%，体积比）：取85 mL无水乙醇，加水定容至100 mL混匀。也可用95%乙醇配制。

（3）标准品。D-无水葡萄糖，纯度≥98%。

（4）标准溶液配制。配制葡萄糖标准溶液，准确称取1 g（精确到0.0001 g）经过98～100℃干燥2 h的D-无水葡萄糖，加水溶解后加入5 mL盐酸，并以水定容至1000 mL。此溶液每毫升相当于1.0 mg葡萄糖。

3.酶水解法的仪器和设备

（1）天平：感量为1 mg和0.1 mg。

（2）恒温水浴锅：可加热至100℃。

（3）组织捣碎机。

（4）电炉。

4.酶水解法的分析步骤

（1）试样制备

第一，易于粉碎的试样。将样品磨碎过0.425 mm筛（相当于40目），称取2～5 g（精确到0.001 g），置于放有折叠慢速滤纸的漏斗内，先用50 mL石油醚或乙醚分5次洗除脂肪，再用约100 mL乙醇（85%，体积比）分次充分洗去可溶性糖类。根据样品的实际情况，可适当增加洗涤液的用量和洗涤次数，以保证干扰检测的可溶性糖类物质洗涤完全。滤干乙醇，将残留物移入250 mL烧杯内，并用50 mL水洗净滤纸，洗液并入烧杯内，将烧杯置于沸水浴上加热15 min，使淀粉糊化，放冷至60℃以下，加20 mL淀粉酶溶液，在55～60℃保温1 h，并时时搅拌。然后取1滴此液加1滴碘溶液，应不显现蓝色。若显蓝色，再加热糊化并加20 mL淀粉酶溶液，继续保温，直至加碘溶液不显蓝色为止。加热至沸腾，冷后移入250 mL容量瓶中，并加水至刻度，混匀，过滤，并弃去初滤液。取50.00 mL滤液，置于250 mL锥形瓶中，加5 mL盐酸（1+1），装上回流冷凝器，在沸水浴中回流1h，冷后加2滴甲基红指示液，用氢氧化钠溶液（200 g/L）中和至中性，溶液转入100 mL容量瓶中，洗涤锥形瓶，洗液并入100 mL容量瓶中，加水至刻度，混匀备用。

第二，其他样品。称取一定量样品，准确加入适量水，在组织捣碎机中捣成匀浆（蔬菜、水果需先洗净晾干，取可食部分），称取相当于原样质量2.5～5 g（精确到0.001 g）的匀浆，以下步骤按易于粉碎的试样中的"置于放有折叠慢速滤纸的漏斗内"起依法操作。

（2）测定

第一，标定碱性酒石酸铜溶液。吸取5.00 mL碱性酒石酸铜甲液及5.00 mL碱性酒石酸铜乙液，置于150 mL锥形瓶中，加水10 mL，加入玻璃珠2粒，从滴定管中滴加约9 mL葡萄糖标准溶液，控制在2 min内加热至沸腾，保持溶液呈沸腾状态，以1滴/2s的速度继续滴加葡萄糖，直至溶液蓝色刚好褪去为终点，记录消耗葡萄糖标准溶液的总体积，同时做3份平行，取其平均值，计算每10 mL（甲、乙液各5 mL）碱性酒石酸铜溶液相当于葡萄糖的质量m_1（mg）。

注：也可以按上述方法标定4～20 mL碱性酒石酸铜溶液（甲、乙液各1/2）来适应试样中还原糖的浓度变化。

第二，试样溶液预测。吸取5.00 mL碱性酒石酸铜甲液及5.00 mL碱性酒石酸铜乙液，置于150 mL锥形瓶中，加水10 mL，加入玻璃珠2粒，控制在2 min内加热至沸腾，保持沸腾，以先快后慢的速度从滴定管中滴加试样溶液，并保持溶液沸腾状态，待溶液颜色变浅时，以1滴/2s的速度滴定，直至溶液蓝色刚好褪去为终点。记录试样溶液的消耗体积。当样液中葡萄糖浓度过高时，应适当稀释后再进行正式测定，使每次滴定消耗试样溶液的体积控制在与标定碱性酒石酸铜溶液时所消耗的葡萄糖标准溶液的体积相近，在10 mL左右。

第三，试样溶液测定。吸取5.00 mL碱性酒石酸铜甲液及5.00 mL碱性酒石酸铜乙液，置于150 mL锥形瓶中，加水10 mL，加入玻璃珠2粒，从滴定管滴加比预测体积少1 mL的试样溶液至锥形瓶中，使在2 min内加热至沸，保持沸腾状态继续以1滴/2s的速度滴定，直至蓝色刚好褪去为终点，记录样液消耗体积。同法平行操作3份，得出平均消耗体积。结果按式（3-23）计算。当浓度过低时，则直接加入10.00 mL样品液，免去加水10 mL，再用葡萄糖标准溶液滴定至终点，记录消耗的体积与标定时消耗的葡萄糖标准溶液体积之差相当于10 mL样液中所含葡萄糖的量（mg）。结果按式（3-24）、式（3-25）计算。

第四，试剂空白测定。同时量取20.00 mL水及与试样溶液处理时相同量的淀粉酶溶液，按反滴法做试剂空白实验。即用葡萄糖标准溶液滴定试剂空白溶液至终点，记录的消耗体积与标定时消耗的葡萄糖标准溶液体积之差相当于10 mL样液中所含葡萄糖的量（mg）。按式（3-26）、式（3-27）计算试剂空白中葡萄糖的含量。

5.酶水解法的结果表述

（1）试样中葡萄糖的含量，按式（3-23）计算：

$$X_1 = \frac{m_1}{\frac{50}{250} \times \frac{V_1}{100}} \tag{3-23}$$

式中：

X_1——所称试样中葡萄糖的量，单位为毫克（mg）；

m_1——10 mL碱性酒石酸铜溶液（甲、乙液各1/2）相当于葡萄糖的质量，单位为毫克（mg）；

50——测定W样品溶液体积（mL）；

250——样品定容体积（mL）；

V_1——测定时平均消耗试样溶液体积，单位为毫升（mL）；

100——测定用样品的定容体积（mL）。

（2）当试样中淀粉浓度过低时，葡萄糖的含量，按式（3-24）、式（3-25）进行计算：

$$X_2 = \frac{m_2}{\frac{50}{250} \times \frac{10}{100}} \tag{3-24}$$

$$m_2 = m_1(1 - \frac{V_2}{V_s}) \qquad (3-25)$$

式中：

X_2——所称试样中葡萄糖的质量，单位为毫克（mg）；

m_2——标定10 mL碱性酒石酸铜溶液（甲、乙液各1/2）时消耗的葡萄糖标准溶液的体积，与加入试样后消耗的葡萄糖标准溶液体积之差相当于葡萄糖的质量，单位为毫克（mg）；

50——测定用样品溶液体积（mL）；

250——样品定容体积（mL）；

10——直接加入的试样体积（mL）；

100——测定用样品的定容体积（mL）；

m_1——10 mL碱性酒石酸铜溶液（甲、乙液各1/2）相当于葡萄糖的质量，单位为毫克（mg）；

V_2——加入试样后消耗的葡萄糖标准溶液体积，单位为毫升（mL）；

V_s——标定10 mL碱性酒石酸铜溶液（甲、乙液各1/2）时消耗的葡萄糖标准溶液的体积，单位为毫升（mL）。

（3）试剂空白值，按式（3-26）、式（3-27）计算：

$$X_0 = \frac{m_0}{\frac{50}{250} \times \frac{10}{100}} \qquad (3-26)$$

$$m_0 = m_1(1 - \frac{V_0}{V_s}) \qquad (3-27)$$

式中：

X_0——试剂空白值，单位为毫克（mg）；

m_0——标定10 mL碱性酒石酸铜溶液（甲、乙液各1/2）时消耗的葡萄糖标准溶液的体积，与加入空白后消耗的葡萄糖标准溶液体积之差相当于葡萄糖的质量，单位为毫克（mg）；

50——测定用样品溶液体积（mL）；

250——样品定容体积（mL）；

10——直接加入的试样体积（mL）；

100——测定用样品的定容体积（mL）；

V_0——加入空白试样后消耗的葡萄糖标准溶液体积，单位为毫升（mL）；

V_s——标定10 mL碱性酒石酸铜溶液（甲、乙液各1/2）时消耗的葡萄糖标准溶液的体积，单位为毫升（mL）。

（4）试样中淀粉的含量，按式（3-28）计算：

$$X = \frac{(X_1 - X_0) \times 0.9}{m \times 1000} \times 100 \quad 或 \quad X = \frac{(X_2 - X_0) \times 0.9}{m \times 1000} \times 100 \quad （3-28）$$

式中：

X——试样中淀粉的含量，单位为克每百克（g/100g）；

X_1、X_2、X_0——前边式中的计算数值；

0.9——还原糖（以葡萄糖计）换算成淀粉的换算系数；

m——试样质量，单位为克（g）。

当结果<1 g/100g时，保留2位有效数字；当结果≥1 g/100g时，保留3位有效数字。

6.酶水解法的精密度

在重复性条件下，获得的两次独立测定结果的绝对差值不得超过算术平均值的10%。

五、维生素的检验

（一）维生素C的测定

维生素C，又称抗坏血酸，它是一种己糖醛基酸，有抗坏血病的作用。维生素C广泛存在于植物组织中，新鲜水果、蔬菜等食品中含量丰富。

维生素C具有较强的还原性，对光敏感，氧化后的产物称为脱氢抗坏血酸，仍然具有生理活性，进一步水解生成2，3-二酮古乐糖酸，失去生理作用。在食品中上述三种形式均存在，但主要是前两者。

维生素C的测定方法有靛酚滴定法、2，4-二硝基苯肼比色法、荧光法及高效液相色谱法。2，4-二硝基苯肼比色法和荧光法测得的是抗坏血酸和脱氢抗坏血酸的含量。高效液相色谱法可以同时测得抗坏血酸和脱氢抗坏血酸的含量，具有干扰少，准确度高，重现性好，灵敏、简便、快速等优点，但价格昂贵。靛酚滴定法适用于果品、蔬菜及其加工制品中还原型抗坏血酸的测定，方法简便，灵敏度高，但特异性较差，样品中的二价铁、二价锡、一价铜、二氧化硫、亚硫酸盐或硫代硫酸盐等物质会干扰测定，使测定值偏高，因深色样液滴定终点不易辨别，该法不适用于深色样品维生素C的测定。染料2，6-二氯靛酚的颜色反应表现两种特性：一是取决于其氧化还原状态，氧化态为深蓝色，还原态变为无色；二是受其介质的酸度影响，在碱性溶液中呈深蓝色，在酸性介质中呈浅红色。用蓝色的碱性染料标准溶液，对含维生素C的酸性浸出液进行氧化还原滴定，染料被还原为无色，当到达滴定终点时，多余的染料在酸性介质中则表现为浅红色，由染料用量计算样品中还原型抗坏血酸的含量。

下面以2，6-二氯靛酚滴定法测定水果中维生素C含量为例，研究维生素的测定。

1.2，6-二氯靛酚滴定法的试剂和材料

（1）浸提剂。①偏磷酸：2%溶液（W/V），偏磷酸不稳定，切勿加热；②草酸溶液（W/V）。

（2）抗坏血酸标准溶液。称取100 mg（精确至0.1 mg）抗坏血酸（一般抗坏血酸纯度为99.5%以上，可不标定。如试剂发黄，则弃去不用），溶于草酸溶液中并稀释至100 mL。现配现用。

（3）2，6-二氯靛酚（2，6-二氯靛酚吲哚酚钠盐）溶液。称取碳酸氢钠52 mg溶解在200 mL热蒸馏水中，然后称取2，6-二氯靛酚50 mg溶解在上述碳酸氢钠溶液中。冷却定容至250 mL，过滤至棕色瓶内，保存在冰箱中。每次使用前，用标准抗坏血酸标定其滴定度。即吸取1 mL抗坏血酸标准溶液于50 mL锥形瓶中，加入10 mL浸提剂，摇匀，用2，6-二氯靛酚溶液滴定至溶液呈粉红色15 s不褪色为止。同时，另取10 mL浸提剂做空白试验。

每毫升2，6-二氯靛酚溶液相当于抗坏血酸的质量（mg），按式（3-29）计算：

$$T = \frac{cV}{V_1 - V_2} \tag{3-29}$$

式中：

T——每毫升2，6-二氯靛酚溶液相当于抗坏血酸的质量（mg/ mL）；

c——抗坏血酸的浓度（mg/ mL）；

V——吸取抗坏血酸的体积（mL）；

V_1——滴定抗坏血酸溶液所用2，6-二氯靛酚溶液的体积（mL）；

V_2——滴定空白溶液所用2，6-二氯靛酚溶液的体积（mL）。

（4）白陶土（或称高岭土）。白陶土对维生素C无吸附性。

2.2，6-二氯靛酚滴定法的仪器和设备

（1）高速组织捣碎机：8000～12000 r/ min。

（2）分析天平。

（3）滴定管：25 mL、10 mL。

（4）容量瓶：100 mL。

（5）锥形瓶：100 mL、50 mL。

（6）吸管：10 mL、5 mL、2 mL、1 mL。

（7）烧杯：250 mL、50 mL。

（8）漏斗。

3.2，6-二氯靛酚滴定法的分析步骤

（1）2，6-二氯靛酚滴定法的样液制备。称取具有代表性样品的可食部分100 g，放入组织捣碎机中，加100 mL浸提剂，迅速捣成匀浆。称取10～40 g浆状样品，用浸提剂将样品移入100 mL容量瓶，并稀释至刻度，摇匀过滤。若滤液有色，可按每克样品加0.4 g白陶土脱色后再过滤。

（2）2，6-二氯靛酚滴定法的滴定。吸取10 mL滤液放入50 mL锥形瓶中，用已标定过的2，6-二氯靛酚溶液滴定，直至溶液呈粉红色15 s不褪色为止。同时，做空白试验。

4.2，6-二氯靛酚滴定法的结果表述

维生素C的含量，按式（3-30）计算：

$$维生素C的含量 = \frac{(V - V_0)TA}{W} \times 100 \tag{3-30}$$

式中：

V——滴定样液时消耗染料溶液的体积（mL）；

V_0——滴定空白溶液时消耗染料溶液的体积（mL）；

T——2，6-二氯靛酚染料的滴定度（mg/mL）；

A——稀释倍数；

W——样品质量（g）。

平行测定的结果，用算术平均值表示，取3位有效数字，含量低的保留小数点后两位数字。平行测定结果的相对误差，在维生素C含量≥20 mg/100g时，不得超过2%；维生素C含量＜20 mg/100g时，不得超过5%。

（二）维生素A、D、E的测定

1.维生素A、D、E的测定原理

试样皂化后，经石油醚萃取，维生素A、E用反相色谱法分离，外标法定量；维生素D用正相色谱法净化后，用反相色谱法分离，然后再用外标法定量。本方法适用于婴幼儿食品和乳品中维生素A、D、E的测定。

2.维生素A、D、E测定的试剂和材料

除非另有规定，本方法所用试剂均为分析纯或以上规格，水为规定的一级水。

（1）α-淀粉酶：酶活力≥1.5 U/mg。

（2）无水硫酸钠。

（3）异丙醇：色谱纯。

（4）乙醇：色谱纯。

（5）氢氧化钾水溶液：称取固体氢氧化钾250 g，加入200 mL水溶解。

（6）石油醚：沸程30～60℃。

（7）甲醇：色谱纯。

（8）正己烷：色谱纯。

（9）环己烷：色谱纯。

（10）维生素C的乙醇溶液（15 g/L）。

（11）维生素A、D、E标准溶液。

维生素A标准储备液（视黄醇）（100 μg/ mL）：精确称取10 mg的维生素A标准品，用乙醇（色谱纯）溶解并定容于100 mL棕色容量瓶中。

维生素E标准储备液（α–生育酚）（500 μg/ mL）：精确称取50 mg的维生素E标准品，用乙醇（色谱纯）溶解并定容于100 mL棕色容量瓶中。

维生素D_2标准储备液（100 μg/ mL）：精确称取10 mg的维生素标准品，用乙醇（4）溶解并定容于100 mL棕色容量瓶中。

维生素D_3标准储备液（100 μg/ mL）：精确称取10 mg的维生素D_3标准品，用乙醇（4）溶解并定容于100 mL棕色容量瓶中。

注：维生素A、D、E标准储备液均须在–10℃以下避光储存。标准工作液临用前配制。标准储备溶液用前需校正。

3.维生素A、D、E测定的仪器和设备

（1）高效液相色谱仪，带紫外检验器。

（2）旋转蒸发器。

（3）恒温磁力搅拌器：20～80℃。

（4）氮吹仪。

（5）离心机：转速≥5000r/min。

（6）培养箱：（60±2）℃。

（7）天平：感量为0.1 mg。

4.维生素A、D、E测定的分析步骤

（1）试样处理

含淀粉的试样：称取混合均匀的固体试样约5 g或液体试样约50 g（精确到0.1 mg）于250 mL三角瓶中，加入1 g α-淀粉酶，固体试样需用约50 mL 45～50℃的水使其溶解，混合均匀后充氮，盖上瓶塞，置于（60±2）℃培养箱内培养30

min。

不含淀粉的试样：称取混合均匀的固体试样约10g或液体试样约50 g（精确到0.1 mg）于250 mL三角瓶中，固体试样需用约50 mL45～50℃水使其溶解，混合均匀。

（2）回收率试验。测定维生素D的试样需要同时做回收率试验。

（3）待测液的制备

第一，皂化。于上述处理的试样溶液中加入约100 mL维生素C的乙醇溶液，充分混匀后加25 mL氢氧化钾水溶液混匀，放入磁力搅拌棒，充氮排出空气，盖上胶塞。于1000 mL的烧杯中加入约300 mL的水，将烧杯放在恒温磁力搅拌器上，当水温控制在（53±2）℃时，将三角瓶放入烧杯中，磁力搅拌皂化约45 min后，取出立刻冷却到室温。

第二，提取。用少量的水将皂化液全部转入500 mL分液漏斗中，加入100 mL石油醚，轻轻摇动，排气后盖好瓶塞，室温下振荡约10min后静置分层，将水相转入另一500 mL分液漏斗中，按上述方法进行第二次萃取。合并醚液，用水洗至近中性。醚液通过无水硫酸钠过滤脱水，滤液收入500 mL圆底烧瓶中，于旋转蒸发器上在（40±2）℃充氮条件下蒸至近干（绝不允许蒸干）。残渣用石油醚转移至10 mL容量瓶中，定容。

第三，从上述容量瓶中准确移取2.0 mL石油醚溶液放入试管A中，再准确移取7.0 mL石油醚溶液放入另一试管B中，将试管置于（40±2）℃的氮吹仪中，将试管A和B中的石油醚吹干。向试管A中加5.0 mL甲醇，振荡溶解残渣。向试管B中加2.0 mL正己烷，振荡溶解残渣。再将试管A和试管B以不低于5000 r/min的速度离心10 min，取出，静置至室温后待测。A管用来测定维生素A、E，B管用来测定维生素D。

（4）测定

第一，维生素A、E的测定。

色谱参考条件：①色谱柱，C18柱，250 mm×4.6 mm，5 μm，或具同等性能的色谱柱；②流动相，甲醇；③流速，1.0 mL/min；④检验波长，维生素A：325 nm；维生素E：294 nm；⑤柱温，（35±1）℃；⑥进样量，20 μL。

维生素A、E标准曲线的绘制：分别准确吸取维生素A标准储备液0.50 mL、1.00 mL、1.50 mL、2.00 mL、2.50 mL于50 mL棕色容量瓶中，用乙醇定容至刻度，混匀。此标准系列工作液浓度分别为1.00 μg/mL、2.00 μg/mL、3.00 μg/ mL、4.00 μg/mL、5.00 μg/mL。

分别准确吸取维生素E标准储备液1.00 mL、2.00 mL、3.00 mL、4.00 mL、5.00 mL于50 mL棕色容量瓶中，用乙醇定容至刻度，混匀。此标准系列工作液浓度分别为10.0 μg/mL、20.0 μg/mL、30.0 μg/mL、40.0 μg/mL、50.0 μg/mL。

分别将维生素A、E标准工作液注入液相色谱仪中，得到峰高（或峰面积）。以峰高（或峰面积）为纵坐标，以维生素A、E标准工作液浓度为横坐标分别绘制维生素A、E标准曲线。

维生素A、E试样的测定：将试液（A管）注入液相色谱仪中，得到峰高（或峰面积），根据各自标准曲线得到待测溶液中维生素A、E的浓度。

第二，维生素D的测定。

首先，维生素D待测液的净化。

色谱参考条件：①色谱柱，硅胶柱，150 mm×4.6 mm，或具同等性能的色谱柱；②流动相，环己烷与正己烷按体积比1∶1混合，并按体积分数0.8%加入异丙醇；③流速，1 mL/min；④波长，264 nm；⑤柱温，（35±1）℃；⑥进样体积，500 μL。

取约0.5 mL维生素D标准储备液于10 mL具塞试管中，在（40±2）℃的氮吹仪上吹干。残渣用5 mL正己烷振荡溶解。取该溶液50 μL注入液相色谱仪中测定，确定维生素D保留时间。然后将500 μL待测液（B管）注入液相色谱仪中，根据维生素D标准溶液保留时间收集维生素D馏分于试管C中。将试管C置于（40±2）℃条件下的氮吹仪中吹干，取出，准确加入1.0 mL甲醇，残渣振荡溶解，即为维生素D测定液。

其次，维生素D待测液的测定。

色谱参考条件：①色谱柱，C18柱，250 mm×4.6 mm，5 μm，或具同等性能的色谱柱；②流动相，甲醇；③流速，1 mL/min；④检验波长，264 nm；⑤柱温，（35±1）℃；⑥进样量，100 μL。

标准曲线的绘制：分别准确吸取维生素D_2（或D_3）标准储备液0.20 mL、0.40 mL、0.60 mL、0.80 mL、1.00 mL于100 mL棕色容量瓶中，用乙醇定容至刻度，混匀。此标准系列工作液浓度分别为0.200 μg/mL、0.400 μg/mL、0.600 μg/mL、0.800 μg/mL、1.000 μg/mL。

分别将维生素D_2（或D_3）标准工作液注入液相色谱仪中，得到峰高（或峰面积）。以峰高（或峰面积）为纵坐标，以维生素D_2（或D_3）标准工作液浓度为横坐标分别绘制标准曲线。

维生素D试样的测定：吸取维生素D测定液（C管）100μL注入液相色谱仪中，得到峰高（或峰面积），根据标准曲线得到维生素D测定液中维生素D_2（或D_3）的浓度。

维生素D回收率测定结果记为回收率校正因子f，代入测定结果计算公式（3-32），对维生素D含量测定结果进行校正。

5.维生素A、D、E测定的结果表述

（1）维生素A含量的计算

维生素A的含量按式（3-31）计算：

$$X = \frac{c_s \times \frac{10}{2} \times 5 \times 100}{m} \qquad (3-31)$$

式中：

X——试样中维生素A的含量（μg/100g）；

c_s——从标准曲线得到的维生素A待测液的浓度（μg/mL）；

m——试样的质量（g）。

注：1μg视黄醇=3.33IU维生素A。

以重复性条件下获得的两次独立测定结果的算术平均值表示，结果保留3位有效数字。

（2）维生素D含量的计算

维生素D含量按式（3-32）计算：

$$X = \frac{c_s \times \frac{10}{7} \times 2 \times 2 \times 100}{mf} \qquad (3-32)$$

式中：

X——试样中维生素D_2（或D_3）的含量（μg/100g）；

c_s——从标准曲线得到的维生素D_2（或D_3）待测液的浓度（μg/100mL）；

m——试样的质量（g）；

f——回收率校正因子。

注：试样中维生素D的含量以维生素D_2和D_3的含量总和计。

以重复性条件下获得的两次独立测定结果的算术平均值表示，结果保留3位有效数字。

（3）维生素E含量的计算

维生素E的含量按（3-33）计算：

$$X = \frac{c_s \times \frac{10}{2} \times 5 \times 100}{m \times 1000} \tag{3-33}$$

式中：

X ——试样中维生素E（α-生育酚）的含量（μg/100g）；

c_s ——从标准曲线得到的维生素E待测液的浓度（μg/100mL）；

m ——试样的质量（g）。

以重复性条件下获得的两次独立测定结果的算术平均值表示，结果保留3位有效数字。

6.维生素A、D、E测定的精密度

在重复性条件下，获得的两次独立测定结果的绝对差值，维生素A、E不得超过算术平均值的5%，维生素D不得超过算术平均值的10%。

7.维生素A、D、E测定的其他注意事项

检出限：维生素A为1μg/100g、维生素E为10.00μg/100g、维生素D为0.20μg/100g。

8.维生素A、D、E测定的标准溶液浓度校正方法

维生素A、D、E标准储备液配制后需要进行校正，具体操作如下：分别取维生素A、D、E标准储备液若干微升，分别注入至含有3.00mL乙醇的比色皿中，根据给定波长测定各维生素的吸光值，按给定的条件进行测定，通过式（3-34）计算出该维生素的浓度。

浓度按式（3-34）计算：

$$c = \frac{A}{E} \times \frac{1}{100} \times \frac{3.00}{V \times 10^{-3}}$$ （3-34）

式中：

c——维生素A（或D、E）的浓度（μg/mL）；

A——维生素A（或D、E）的平均紫外吸光值；

V——加入标准储备液的量（μL）；

E——维生素A（或D、E）1%比吸光系数；

$\dfrac{3.00}{V \times 10^{-3}}$——标准储备液稀释倍数。

第三节　食品添加剂的检验技术

一、甜味剂的检验

工作过程：以高效液相色谱法测定食品中的糖精钠为例。

（一）检验甜味剂的准备工作

1.检验甜味剂的知识准备

（1）食品添加剂概述。食品添加剂的概念与分类食品添加剂是指为改善食品色、香、味、品质以及因防腐和加工工艺需要加入食品中的化学合成或者天然物质。它们是在食品生产、储存、包装、使用等过程中为达到某一目的有意添加的物质，添加只占0.01%～0.1%，具有增强食品感官性状、延长食品的保存期限或提高食品质量的作用，但必须不影响食品营养价值。

食品添加剂的种类很多，按其来源不同可分为天然食品添加剂和化学合成食品添加剂两大类。天然食品添加剂是指以微生物或动植物的代谢产物为原料加工提纯而获得的食品添加剂；化学合成的食品添加剂是指采用化学手段，通过化学反应合成的食品添加剂。我国《食品添加剂使用卫生标准》将食品添加剂分为23类，即甜味剂、漂白剂、防腐剂、护色剂、抗氧化剂、着色剂、酸度调节剂、抗结剂、消泡剂、膨松剂、胶姆糖基础剂、乳化剂、酶制剂、增味剂、面粉处理剂、被膜剂、水分保持剂、营养强化剂、稳定剂和凝同剂、增稠剂、食品香料、食品工业用加工助剂以及其他。食品添加剂的使用应符合该标准的相关要求。

随着食品工业在世界范围内的飞速发展，食品添加剂的品种不断增加。全世界食品添加剂的品种多达25000种，其中80%为香料，常见的有600～1000种，直接使用的有3000～4000种。

测定食品添加剂的意义。当前食品添加剂已经进入粮油、肉蛋奶、果蔬等食品加工的各个领域，并已进入家庭的一日三餐。如方便面中含有丁基羟基茴香醚等抗氧化剂，谷氨酸钠、肌苷酸等增味剂，磷酸盐等品质改良剂；酱油中有防腐剂苯甲酸钠、食用色素；饮料中含有酸味剂如柠檬酸、甜味剂如甜菊糖苷等。尽管食品添加剂的作用不可忽视，但其副作用甚至毒性也确实存在，它密切关系到人们的饮食卫生和健康安全。天然食品添加剂一般毒性相对较低，但目前使用的绝大多数是化学合成的食品添加剂，它们是通过化学合成反应所得，因此，有的本身具有一定的毒性，有的则在食品中转化成其他有毒物质。通过动物实验证实，有些食品添加剂有致畸、致癌、致突变等作用，如不限制使用，对人体健康将产生危害。即使认为是安全的化学合成添加剂，但因其在生产过程中可能混杂有害物质，如果添加到食品中也将影响食品品质。

为保证食品的质量，避免因添加剂的使用不当造成不合格食品进入家庭，在食品的生产、检验、管理中对食品添加剂的测定都是十分必要的。因此，测定食品添加剂的含量以控制其用量，对保证食品质量、保障人民健康具有十分重要的意义。

（2）甜味剂概述。甜味剂的概念及分类甜味剂是加入食品中呈现甜味的天然或合成物质。我国允许使用的甜味剂有甜菊糖苷、糖精钠、环己基氨基磺酸钠（甜蜜素）、天冬酰苯丙氨酸甲酯（甜味素）、乙酰磺胺酸钾（安赛蜜）、甘草、木糖醇和麦芽糖醇等。

糖精钠的性质及检验糖精钠。糖精钠是糖精的钠盐，是应用较为广泛的人工合成甜味剂。糖精的学名为邻磺酰苯甲酰亚胺。因糖精难溶于水，故食品生产中常用其钠盐，即糖精钠。糖精钠的分子式为$C_7H_4NaO_3NS\cdot 2H_2O$，为无色结晶，无臭或微有香气，浓度低时呈甜味，浓度高时有苦味。它易溶于水，不溶于乙醚、三氯甲烷等有机溶剂。

糖精钠被摄入人体后，不分解，亦不被吸收，随尿排出，不供给热能，无营养价值。其致癌作用尚未有确切结论，但考虑到人体的安全性，FAO/WHO食品添加剂委员会把其ADI值（每日允许摄入量）定为0～2.5mg/kg。我国规定糖精钠可用于调味酱汁、酱菜类、浓缩果汁、配制酒、冷饮类、蜜饯类、糕点、饼干和面包。其最大使用量为0.15g/kg，盐汽水中只允许用0.08g/kg。由于糖精钠不是食品的天然成分，对人体也无营养价值，故应尽量少用或不用。我国国标规定婴幼儿食品、病人食品和大量食用的主食都不得使用糖精钠。

糖精钠的测定方法有多种，国家标准法有高效液相色谱法、薄层色谱柱、离子选择电极分析方法。其中，高效液相色谱法为国家标准分析方法的第一法。其原理是样品加温除去二氧化碳和乙醇，调pH近中性，过滤后进高效液相色谱仪。经反相色谱分离后，根据保留时间和峰面积进行定性和定量。

2.检验甜味剂的器材准备

（1）高效液相色谱仪，带紫外检验器。

（2）试剂的配制。①甲醇：经滤膜（0.5μm）过滤；②氨水（1+1）：氨水加等体积水混合；③乙酸铵溶液（0.02 mol/L）：称取1.54 g乙酸铵，加水至1000 mL溶解，经滤膜（0.45μm）过滤；④糖精钠标准储备溶液：准确称取0.0851 g经120℃烘干4h后的糖精钠（$C_6H_4CONNaSO_2 \cdot 2H_2O$），加水溶解定容至100.0 mL糖精钠含量1.0 mg/mL，作为储备溶液；⑤糖精钠标准使用溶液：吸取糖精钠标准储备液10.0 mL放入100 mL容量瓶中，加水至刻度，经滤膜（0.45μm）过滤。该溶液每毫升相当于0.10 mg的糖精钠。

（二）检验甜味剂的样品采集

第一，汽水。称取5.00～10.00 g样品，放入小烧杯中，微温搅拌除去二氧化碳，用氨水（1+1）调pH约为7。加水定容至适当的体积，经滤膜（0.45μm）过滤。

第二，果汁类。称取5.00～10.00 g样品，用氨水（1+1）调pH约为7，加水定容至适当的体积，离心取上清液，并经滤膜（0.45μm）过滤。

第三，配制酒类。称取10.0 g样品放入小烧杯中，水浴加热除去乙醇，用氨水（1+1）调pH约为7，加水定容至20 mL，经滤膜（0.45μm）过滤。

（三）检验甜味剂的样品测定

1.高效液相色谱条件

（1）色谱柱：YWG–C（184.6 mm×250 mm，10μm）不锈钢柱。

（2）流动相：甲醇+乙酸铵溶液（0.02 mol/L）（5+95）。

（3）流速：1 mL/min。

（4）检验器：紫外检验器，波长230 nm，灵敏度0.2AUFS。

2.高效液相色谱测定

取样品处理液和标准使用液各10μL注入高效液相色谱仪进行分离，以其标准溶液峰的保留时间为依据进行定性，以其峰面积求出样液中被测物质的含量，以供计算。

（四）检验甜味剂的结果分析

$$X = \frac{m_1 \times 1000}{m \times \frac{V_2}{V_1} \times 100} \tag{3-35}$$

式中：

X——样品中糖精钠的含量（g/kg）；

m——进样体积中糖精钠的质量（mg）；

V_2——进样体积（mL）；

V_1——样品稀释液总体积（mL）；

m_1——样品质量（g）。

结果的表述：报告算术平均值的3位小数。

精密度：在重复性条件下，获得的两次独立测定结果的绝对差值不得超过算术平均值的10%。

（五）高效液相色谱仪的应用

高效液相色谱作为一种分离技术和方法，目前已经发展到一个全新的阶段。高精度的输液泵，种类繁多且应用广泛的色谱分离柱，低噪音、高灵敏度的各种检验器和功能强大的数据处理软件系统的出现，都推动了液相色谱技术的迅猛发展。液相色谱仪正以其分辨率高、分析速度快等优点备受仪器分析工作者的青睐，广泛地应用于医药卫生、环境监测、食品检验等领域。

1.高效液相色谱仪的工作原理

高效液相色谱仪由溶液贮存器、高压泵、进样系统、色谱分离柱、检验器和数据处理系统等组成。高压泵从溶液贮存器中抽走流动相，使其流经整个仪器系统，形成密闭的液体流路。样品通过进样系统注入色谱分离柱，并在柱内进行分离后流出，进入检验器，使已被分离的组分逐一被检验器收集，并将响应值转变为电信号，经放大被数据处理系统记录色谱峰，通过数据处理系统对记录的峰值进行存储和计算。

液相色谱仪是依靠色谱柱进行分离的。物质的色谱分离过程是指物质分子在相对运动的两相（液相和固相）中分配平衡的过程。液相色谱是以各种洗脱液为流动相，以具有吸附性质的硅胶颗粒为固定相。当液体样品在流动相载体的推动下，在液、固两相间做相对运动，由于各组分在两相中的分配系数不同，则使各自的移动速度不同，即产生差速迁移，从而使混合物中各组分在两相间经过多次分配并达到分离。

2.高效液相色谱仪使用和维护

高效液相色谱仪是分析实验室常用的测试仪器之一，其应用越来越广泛。此种仪器在使用过程中难免会出现各种各样的问题，直接影响到所测数据的准确性和仪器的正常工作。操作者如果能了解故障的成因，即可清楚预防和排除这些故障的方法，就可正确地使用仪器并最大限度地发挥仪器的性能。这里从以下方面说明在使用高效液相色谱仪中需注意的问题。

（1）试管。注意以下方面：

第一，尽量使用洁净的试管，以免影响实验结果的准确性。例如，由于甲醇浸泡橡胶塞而溶下的组分混杂在样品溶液中，在每次进样时，就会有一个保留时间固定的干扰峰存在，而换用玻璃试管后，干扰峰消除。

第二，尽管一次性塑料试管使用很方便，但要注意有机溶剂对其的溶解现象，这些被溶解下来的物质有时也能在检验器上产生信号，从而干扰样品的测定。可用相同的实验条件先行试验一下，看看不含被抽提物时提取液在检验器上能否产生干扰信号，如确有干扰信号存在，就只能换用耐有机溶剂的玻璃试管了。

（2）进样阀的操作。注意以下方面：

第一，避免因进样阀残留上次进样的样品而引起污染，从而使干扰峰消除并提高分析结果的准确性。因此，进样前应先用流动相反复清洗进样阀。

第二，在每次进样完成之后，用蒸馏水反复冲洗至溢流管中的盐分全部冲出，则可避免进样阀溢流管堵塞。如发生堵塞，可用小烧杯盛少量蒸馏水对溢流管口稍加浸泡，端口处盐的结晶就能被溶解掉，故障排除。

（3）输液泵及流动相。输液泵的故障主要表现为单向阀中球与阀座密封不严，液体倒流，造成压力不稳，甚至球与阀座粘在一起而阻塞；泵垫圈的渗漏和垫圈受损而污染系统。其中有些故障的发生与流动相的配制有关，为避免上述故障的发生，在分析工作中应注意以下方面：

第一，使用超纯水、纯度级别较高的试剂和色谱级溶剂配制流动相。

第二，配好的流动相一定要抽滤脱气，真空抽滤既过滤颗粒也脱了气泡，非常有效；即便仪器有在线脱气装置，也最好在上机前进行抽滤。

第三，泵在启动前一定要通过泄液阀抽净泵里的空气。

第四，用缓冲盐洗脱时，分析结束后一定要用水冲洗泵和整个流路系统，不要让腐蚀性溶液滞留泵中，最后用有机溶剂充满系统。

第五，液相色谱系统一般情况下不要使用强酸强碱溶液，因为这会损坏密封垫和柱塞杆。

（4）色谱柱的使用和保养。色谱柱是高效液相色谱仪最主要的部件，被测物质能否被很好地分离和测定，色谱柱的性能起着决定性的作用。因此，在日常工作中，应特别注意色谱柱的正确使用和维修保养，以延长色谱柱的使用寿命。

第一，使用预柱和保护柱。预柱安装于泵和进样器之间，它能使流动相达到完全的平衡，并防止对柱填料有破坏作用的组分或污染物进入色谱柱。保护柱的填料与色谱柱相同，其可以阻挡能够牢固地吸附于色谱柱上的组分进入色谱柱。预柱和保护柱可以经常更换，而不需要经常更换色谱柱，这就延长了色谱柱的使用寿命。

第二，为防止气体进入色谱柱，一定要使用经过脱气的流动相。

第三，为了不使被测物质和杂质滞留在色谱柱中，在每次的样品分析工作完成之后，都应及时地用水或有机溶剂清洗色谱柱。

第四，色谱柱的存放。如果色谱柱暂时不用，存放时要注意：①几天之内的短期放置，应先用溶剂冲洗好色谱柱（如凝胶柱则用蒸馏水来冲洗），再把色谱柱的两头用密封螺丝密封好即可；②如果色谱柱长期不用，应使用色谱柱使用说明书中所指明的溶剂来充满色谱柱，反相柱一般使用甲醇，正相柱则可用正己烷或庚烷，而凝胶柱用0.05%的NaN_3水溶液（防腐剂）来冲洗色谱柱，再将色谱柱封严，以防止由于溶剂挥发而造成的柱填料干缩现象，因为这可导致柱效严重降低；③色谱柱应贮存在室温下，如果放置于0℃以下的环境里，柱内就会结冰，这也将导致柱效的降低。

第五，一定要根据分析的对象、流动相的条件合理选择分离柱。

（5）检验器的使用。液相色谱仪常用的检验器主要有紫外、荧光和电化学检验器。这些检验器的作用就是收集流经色谱分离柱的各组分在检验器中的信号，根据组分光吸收值、荧光强度、电极表面电流的变化计算出组分的浓度。各检验器的常见故障主要是基线噪声较大及检验器污染，因此，使用检验器时应注意以下方面：

第一，对于紫外检验器，氘灯光源打开后要预热30 min以上，基线才能稳定。

第二，氘灯接近寿命期时，应及时更换。

第三，应避免流路中有气泡。尤其是电化学检验器中的工作电极（安培型），其对气泡十分敏感，有气泡则仪器的平衡时间较长。

第四，对使用电化学检验器的高效液相色谱系统中的不锈钢材料的输液泵、进样器和管道，在分析前用6mol/L硝酸溶液钝化（注意断开分离柱），可缩短基线平衡时间。另外也要注意维护工作电极表面的清洁度。

第五，检验器进口发生阻塞时，可将检验器进、出口管道对调，用6 mol/L硝酸溶液反冲检验器，能很快将阻塞冲开，但要注意用低流速冲洗，观察压力变化。

（6）色谱峰的双峰。长期使用后的色谱柱，如果有杂质进入，就会使色谱柱入口处的固定相"板结"并在流动相所产生的高压作用下形成柱头的塌陷，被分析的样品组分的正常色谱峰就变成了双峰。此时可以先将柱头的紧固螺母旋下（这时就会发现柱头内的固定相已被压缩进去了，严重时可缩进10 mm以上），用针尖将流动相表层板结变黄的部分抠掉，并以相同的固定相将此塌陷区填平、压实，再将色谱柱的紧固螺丝上紧。

二、防腐剂的检验

工作过程：以分光光度法测定苯甲酸含量为例。

（一）检验防腐剂的准备工作

1.检验防腐剂的知识准备

防腐剂的主要作用是抑制微生物的生长和繁殖，从而抑制食品的腐败变质，以延长食品的保存时间。防腐剂具有使用方便、高效、投资少等特点，因而被广泛使用。我国规定允许使用的防腐剂有25种，其中苯甲酸、苯甲酸钠、山梨酸、山梨酸钾最常用。

苯甲酸，又名安息香酸，为白色有丝光的针状或鳞片结晶，熔点122℃，沸点249.2℃，100℃开始升华，在酸性条件下可随水蒸气蒸馏。它微溶于水，易溶于三氯甲烷、乙醇、乙醚、丙酮等有机溶剂，化学性质较稳定。苯甲酸钠易溶于水和乙醇，难溶于有机溶剂，与酸作用生成苯甲酸。苯甲酸及其钠盐主要用于酸性食品的抑菌防腐，在pH为2.5～4时其抑菌作用较强，当pH>5.5时，抑菌效果明显减弱。苯甲酸不在人体中积累，进入体内后大部分苯甲酸与甘氨酸结合形成无害的马尿酸，其余部分与葡萄糖醛酸结合生成苯甲酸葡萄糖醛酸苷从尿中排出。

紫外分光光度法测苯甲酸的原理为：样品中苯甲酸在酸性溶液中可以随水蒸气蒸馏出来，与样品中的非挥发性成分分离，然后用重铬酸钾溶液和硫酸溶液进行激烈氧化，使除苯甲酸以外的其他有机物氧化分解，将此氧化后的溶液再次蒸馏，用碱液吸收苯甲酸，第二次所得的蒸馏液中基本不含除苯甲酸外的其他杂质。苯甲酸钠在225nm有最大吸收，故测定吸光度可计算出苯甲酸含量。

2.检验防腐剂的器材准备

（1）紫外分光光度计、蒸馏装置。

（2）试剂的配制。①无水硫酸钠；②85%正磷酸；③0.1 mol/L氢氧化钠溶液；④0.01 mol/L氢氧化钠溶液；⑤0.04 mol/L铬酸钾溶液；⑥2 mol/L硫酸溶液；⑦0.1 mg/mL苯甲酸标准溶液：称取100 mg苯甲酸（预先经105℃烘干），加入1 mol/L氢氧化钠溶液100 mL，溶解后用水稀释至1000 mL。

（二）检验防腐剂的样品采集

第一，准确称取均匀的样品10.0 g置于250 mL蒸馏瓶中，加正磷酸1 mL、无水硫酸钠20 g、水70 mL、玻璃珠数粒，进行蒸馏。用预先加有5 mL 0.1 mol/L NaOH溶液的50 mL容量瓶接收馏出液，当收集到45 mL时，停止蒸馏，用少量水洗涤冷凝器，最后用水稀释到刻度。

第二，吸取上述蒸馏液25 mL置于另一个250 mL蒸馏瓶中，加入0.04 mol/L $K_2Cr_2O_7$溶液25 mL、2 mol/L H_2SO_4溶液6.5 mL，连接冷凝装置，水浴上加热10 min，冷却，取下蒸馏瓶，加入正磷酸1 mL、无水硫酸钠20 g、水40 mL、玻璃珠数粒，进行蒸馏，用预先加有5 mL 0.1 mol/L NaOH溶液的50 mL容量瓶接收蒸馏液，当收集到约45 mL时，停止蒸馏，用少量水洗涤冷凝器，最后用水稀释至刻度。

（三）检验防腐剂的样品测定

第一，样品测定。根据样品中苯甲酸的含量，取第二次蒸馏液5～20 mL，置于50 mL容量瓶中，用0.01 mol/L NaOH溶液定容，以0.01 mol/L NaOH溶液作为对照液，于紫外分光光度计225 mn处测定吸光度。

第二，空白试验。同以上样品，处理过程，但在步骤一中用5 mL 1 mol/L NaOH代替1 mL磷酸。测定空白溶液的吸光度。

第三，标准曲线绘制。取苯甲酸标准溶液50 mL置于250 mL蒸馏瓶中，然后同以上样品的处理过程，只是在空白实验中吸取第一次的全部蒸馏液50 mL。取第二次蒸馏液2.0 mL、4.0 mL、6.0 mL、8.0 mL、10.0 mL，分别置于50 mL容量瓶中，用0.01 mol/L NaOH溶液稀释至刻度。以0.01 mol/L NaOH溶液为对照液，在225

nm处测定吸光度，绘制标准曲线。

（四）检验防腐剂的结果分析

$$X = \frac{(m_2 - m_0) \times 1000}{m_1 \times \frac{25}{50} \times \frac{V}{50} \times 1000}$$ （3-36）

式中：

X——苯甲酸含量（g/kg）；

m_2——测定用样品溶液中苯甲酸的质量（mg）；

m_0——测定用空白溶液中苯甲酸的质量（mg）；

V——测定用第二次蒸馏液体积（mL）；

m_1——样品质量（g）。

（五）气相色谱法测定防腐剂含量

1.气相色谱法测定山梨酸、苯甲酸的含量

气相色谱法为国家标准法，可同时测定食品中山梨酸、苯甲酸的含量，最低检出限为1μg，适用于果汁、果酱、酱油等样品的分析。

（1）准备工作

第一，知识准备。样品酸化后，用乙醚提取山梨酸、苯甲酸，用附氢火焰离子化检验器的气相色谱仪进行分离测定，与标准系列比较定量。

第二，试剂的配制。①乙醚；②石油醚（30%~60%）；③盐酸；④无水硫酸钠；⑤山梨酸、苯甲酸混合标准液：准确称取山梨酸、苯甲酸各0.2000 g，置于100 mL容量瓶中，用石油醚–乙醚（3+1）混合溶剂溶解并稀释至刻度，此溶液每毫升相当于2 mg山梨酸或苯甲酸；⑥山梨酸、苯甲酸混合标准使用液：吸取适量的山梨酸、苯甲酸混合标准溶液，以石油醚–乙醚（3+1）混合溶剂稀释至每毫升相当于含50μg、100μg、150μg、200μg、250μg山梨酸或苯甲酸；⑦氯化钠酸性溶液：于氯化钠溶液（40 g/L）中加少量盐酸（1+1）酸化。

第三，器材准备。气相色谱仪，氢火焰离子化检验器。

（2）样品的采集与预处理。称取2.5 g事先混合均匀的样品，置于25 mL带塞量筒中，加0.5 mL盐酸溶液酸化，用15 mL、10 mL乙醚提取两次，每次振摇1 min，将上层乙醚提取液移入另一个25 mL带塞量筒中，合并两次乙醚提取液。用3 mL氯化钠酸性溶液洗涤两次，静置15 min，用滴管将乙醚层通过无水硫酸钠滤入25 mL容量瓶中，加乙醚至刻度，混匀。准确移取5 mL乙醚提取液于5 mL刻度试管中，置40℃水浴上挥干，准确加入2 mL石油醚-乙醚（3+1）混合溶剂溶解残渣，备用。

（3）测定

第一，色谱条件。①色谱柱：玻璃柱，内径3 mm，长2 m，内装涂以5%质量分数DEGS和1%质量分数的磷酸同定液的60～80目；②温度：柱温170℃，进样口温度230℃，检验器温度230℃；③流速：50mL/min；④载气：氮气。

第二，测定。标准系列中各浓度标准使用液均进样2μL于色谱仪中，测定各浓度山梨酸、苯甲酸的峰高，以浓度为横坐标，相应的峰高值为纵坐标，绘制标准曲线。同时进样2mL标准溶液，测得峰高，并与标准曲线比较定量分析。

（4）结果计算与误差分析

$$X = \frac{m_2}{m_1 \times \frac{5}{25} \times \frac{V_1}{V_2}} \tag{3-37}$$

式中：

X——样品中山梨酸或苯甲酸的含量（g/kg）；

m_2——测定样品液中山梨酸或苯甲酸的质量（μg）；

V_1——加入石油醚-乙醚（3+1）混合溶剂的体积（mL）；

V_2——测定时进样的体积（μL）；

m_1——样品质量（g）；

5——测定时吸取乙醚提取液的体积（mL）；

25——样品乙醚提取液的总体积（mL）。

（5）注意事项。无水硫酸钠过滤是为了除去乙醚提取液的水分，否则5 mL乙醚提取液在40℃挥去乙醚后仍残留水分会影响测定结果。当出现因残留水分挥干而析出极少量白色氯化钠时，应先搅松残留的无机盐，然后加入石油醚-乙醚

（3+1）振摇，再取上清液进样，否则氯化钠覆盖了部分山梨酸、苯甲酸，会使测定结果偏低。

2.气相色谱仪的使用与维护

气相色谱法是基于色谱柱能分离样品中各组分，检验器能连续响应，能同时对各组分进行定性、定量的一种分离分析方法。所以，气相色谱法具有分离效率高、灵敏度高、分析速度快、应用范围广等优点。气相色谱仪以惰性气体为流动相，固定相有两种，一种为固体固定相（为表面具有一定活性的固体吸附），另一种为固定液固定相（高沸点的液体有机化合物），利用固定相的吸附、溶解等特性，将样品中各组分分离。气相色谱仪主要用于对容易转化为气态而不分解的液态有机化合物以及气态样品的分析。

气相色谱仪分析基本流程：样品由载气吹动样品经色谱柱分离—检验器检验成分—工作站打印分析结果。

（1）气相色谱仪的使用规则。气相色谱仪的品种型号繁多，但仪器的操作方法大同小异，使用时均需遵守如下规则：

第一，气相色谱仪应安置在通风良好的实验室中，对高档仪器应安装在恒温（20～25℃）空调实验室中，以保证仪器和数据处理系统的正常运行。

第二，按说明书要求安装好载气、燃气和助燃气的气源气路与气相色谱仪的连接，确保不漏气。配备与仪器功率适应的电路系统，将检验器输出信号线与数据处理系统连接好。

第三，开启仪器前，首先接通载气气路，打开稳压阀和稳流阀，调节至所需的流量。

第四，在载气气路通有载气的情况下，先打开主机总电源开关，再分别打开气化室、柱恒温箱、检验器室的电源开关，并将调温旋钮设定在预定数值。

第五，待气化室、柱恒温箱、检验器室达到设置温度后，可打开热导池检验器，调试好设定的桥电流值，调零旋钮至基线稳定后，即可进行分析。

第六，若使用氢火焰离子化检验器，应先调节燃气（氢气）和助燃气（空气）的稳压阀和针形阀，达到合适的流量后，按点火开关，使氢焰正常燃烧；调零旋钮至基线稳定后，即可进行分析。

第七，每次进样前应调整好数据处理系统，使其处于备用状态。进样后由绘出的色谱图和打印出的各种数据来获得分析结果。

第八，分析结束后，先关闭燃气、助燃气气源，再依次关闭检验器电源，气化室、柱恒温箱、检验器室的控温电源，仪器总电源。待仪器加热部件冷却至室温后，最后关闭载气气源。

（2）气相色谱仪的维护与保养。气相色谱仪由于生产连续性的需要，通常都是24h运行，很难有机会对仪器进行系统清洗、维护。一旦有合适的机会，就有必要根据仪器运行的实际情况，尽可能地对仪器的重点部件进行彻底的清洗和维护。

气相色谱仪经常用于有机物的定量分析，仪器在运行一段时间后，由于静电原因，仪器内部容易吸附较多的灰尘；电路板及电路板插口除吸附有积尘外，还经常和某些有机蒸气吸附在一起，因为部分有机物的凝固点较低，在进样口位置经常发现凝固的有机物，分流管线在使用一段时间后内径变细，甚至被有机物堵塞；在使用过程中，TCD检验器很有可能被有机物污染；FID检验器长时间用于有机物分析，有机物在喷嘴或收集极位置沉积或喷嘴、收集极部分积炭经常发生。

第一，仪器内部的吹扫、清洁。气相色谱仪停机后，用仪表空气或氮气对仪器内部的灰尘进行吹扫，对积尘较多或不容易吹扫的地方用软毛刷配合处理。吹扫完成后，对仪器内部存在有机物污染的地方用水或有机溶剂进行擦洗。注意：在擦拭仪器过程中，不能对仪器表面或其他部件造成腐蚀或二次污染。

第二，电路板的维护和清洁。气相色谱仪准备检修前，要切断仪器电源，首先，用仪表空气或氮气及配合软毛刷对电路板和电路板插槽进行吹扫和仔细清理。操作过程中尽量戴手套操作，以防止静电或手上的汗渍等对电路板上的部分元件造成影响，然后应仔细观察电路板的使用情况，看印刷电路板或电子元件是否有明显被腐蚀现象，如有沾染有机物则用脱脂棉蘸取酒精小心擦拭电路板接口和插槽。

第三，气路的清洗、检漏。

清洗：总粒相物萃取液成分复杂，所含的高沸点组分易附着在气路的管壁上造成污染，需要定期清洗。清洗气化室时，先拆掉色谱柱，在通载气和加热的情况下，由进样口注入有机溶剂清洗，重复数次。清洗色谱柱与检验器、进样器的连接管时，先断开检验器，用一根短管替代色谱柱，关闭桥电流，通载气，当柱箱温度升至190℃左右、热导检验器温度升至260~270℃时，从进样口注入有机溶剂2 mL，重复数次。清洗气化室石英衬管时，先将衬管于乙醇中浸泡20~30 min，然后用毛刷轻轻刷洗，使污染物脱落，再用无水乙醇冲洗数次，烘干，冷却后即可安装。

检漏：清洗气路后，或在实验过程中发现保留时间延长、灵敏度降低，应对气路检漏；如果发现基线波动、峰拖尾、分析结果难以重复，要及时检查进样垫。进样垫的寿命与气化室温度、压实程度、进样器针尖形状有关，一般可用几十次。

第四，进样口的清洗。在检修时，对气相色谱仪进样口的玻璃衬管、分流平板以及进样口的分流管线、EPC等部件分别进行清洗是十分必要的。

玻璃衬管和分流平板的清洗。从仪器中小心取出玻璃衬管，用镊子或其他小工具小心移去衬管内的玻璃毛和其他杂质，注意移取过程不要划伤衬管表面。也可将初步清理过的玻璃衬管在有机溶剂中用超声波进行清洗并烘干，或用丙酮、甲苯等有机溶剂直接清洗，清洗完成后经过干燥即可使用。分流平板最为理想的清洗方法是在溶剂中超声处理，或选择合适的有机溶剂清洗，烘干后使用。

分流管线的清洗。气相色谱仪用于有机物和高分子化合物的分析时，许多有机物的凝同点较低，样品从气化室经过分流管线放空的过程中，部分有机物在分流管线，使分流管线的内径逐渐变小，甚至完全被堵塞。分流管线被堵塞后，仪器进样口显示压力异常，峰形变差，分析结果异常。分流管线的清洗，一般选择丙酮、甲苯等有机溶剂，对堵塞严重的分流管线，需要采取一些其他辅助的机械方法来完成，如可以先选取粗细合适的钢丝对分流管线进行简单的疏通，然后再用丙酮、甲苯等有机溶剂进行清洗。

由于进样等原因，进样口的外部随时可能形成部分有机物凝结，可用脱脂棉蘸取丙酮、甲苯等有机物对进样口进行初步的擦拭，然后对擦不掉的有机物先用机械方法去除。将凝固的有机物去除，然后用有机溶剂对仪器部件进行仔细擦拭。

第五，色谱柱的老化。首先，确定所使用的色谱柱的最高使用温度，色谱柱在恒定最高使用温度下老化时间不宜超过1~2 h。采用程序升温老化时，毛细管的升温速率在4~8℃/min内，填充柱在10℃/min为佳。老化时的载气流量一般在30 mL/min左右，在升温老化前保证先通载气10~15min。一般来说，采用程序升温老化柱子的效果优于恒温老化。

第六，TCD和FID检验器的清洗。TCD检验器在使用过程中可能会被柱流出的沉积物或样品中夹带的其他物质所污染。TCD检验器一旦被污染，仪器的基线就会出现抖动、噪声增加。HP-TCD检验器可以采用热清洗的方法，其具体方法：关闭检验器，把柱子从检验器接头上拆下，把柱箱内检验器的接头堵死，将参考气的流量设置到20～30 mL/min，设置检验器温度为400℃，热清洗4～8 h，降温后即可使用。

国产或日产TCD检验器的清洗可用方法：仪器停机后，将TCD的气路进口拆下，用50 mL注射器依次将丙酮（或甲苯，可根据样品的化学性质选用不同的溶剂）、无水乙醇、蒸馏水从进气口反复注入5～10次，用吸耳球从进气口处缓慢吹气，吹出残余液体和杂质，然后重新安装好进气接头，开机后将柱温升到200℃，检验器温度升到250℃时，通入比分析操作气流大1～2倍的载气，直到基线稳定为止。

FID检验器的清洗：FID检验器在使用中稳定性好，对使用要求相对较低，但在长时间使用过程中容易出现收集极和检验器喷嘴积炭等问题，或有机物在收集极或喷嘴处沉积等情况。对FID积炭或有机物沉积等问题，可以先对检验器喷嘴和收集极用甲苯、甲醇、丙酮等有机溶剂进行清洗。当积炭较厚不能清洗干净的时候，可以对检验器积炭较厚的部分用细砂纸小心打磨。初步打磨完成后，对污染部分进一步用软布进行擦拭，再用有机溶剂进行最后清洗，一般即可消除。注意：在打磨过程中不要对检验器造成损伤。

三、护色剂的检验

工作过程：以格里斯试剂比色法测定食品中的亚硝酸盐含量为例。

（一）检验护色剂的准备工作

1.检验护色剂的知识准备

护色剂，又名发色剂或呈色剂，是在食品加工过程中添加的一些能够使食品呈现良好色泽的物质。我国食品添加剂使用卫生标准中公布的发色剂有硝酸钠（钾）和亚硝酸钠（钾）。

亚硝酸钠为无色或微带黄色结晶，味微咸，易潮解，易溶于水，微溶于乙醇中，是食品添加剂中急性毒性较强的物质之一。亚硝酸盐非人体所必需，摄入过多其可将血液中二价铁离子氧化为三价铁离子，使正常血红蛋白转变为高铁血红蛋白，失去携氧能力，出现头晕、恶心等亚硝酸盐中毒症状。亚硝酸又是致癌性N-亚硝基化合物的前体物。研究证明，人体内和食物中的亚硝酸盐只要与酰胺类或胺类同时存在，就可能形成致癌性的亚硝基化合物。因此，制定食品卫生标准，控制其摄入量和使用量是预防亚硝酸盐对人体健康的潜在危害的重要措施。

亚硝酸盐的测定方法包括盐酸萘乙二胺比色法（又叫格里斯试剂比色法）、极谱法、荧光法等。格里斯试剂比色法测定亚硝酸盐的原理是：样品经沉淀蛋白质、除去脂肪后，在弱酸条件下亚硝酸盐与对氨基苯磺酸重氮化后，再与盐酸萘乙二胺偶合形成紫红色染料。其最大吸收波长为538 nm，且色泽深浅在一定范围内与亚硝酸盐含量成正比，可与标准系列做比较定量分析。格里斯试剂比色法为国家标准法，亚硝酸盐最低检出限为1 mg/kg。

2.检验护色剂的器材准备

（1）器材：小型绞肉机、分光光度计。

（2）试剂的配制如下：

第一，氯化铵缓冲溶液。准确加入20.0 mL盐酸于1 L容量瓶中，再加入500 mL水，混匀，准确加入50 mL氨水，用水稀释至刻度。必要时，要用稀盐酸和稀氨水调试至pH为9.6～9.7。

第二，0.42 mol/L硫酸锌溶液。称取120 g硫酸锌（$ZnSO_4 \cdot 7H_2O$）用水溶解，稀释至1000 mL

第三，20 g/L氢氧化钠溶液。称取20 g氢氧化钠用水溶解，稀释至1 L。

第四，对氨基苯磺酸溶液。称取10 g对氨基苯磺酸，溶于700 mL水和300 mL冰醋酸中，置棕色瓶中避光保存。

第五，盐酸萘乙二胺溶液。称取0.1 g盐酸萘乙二胺，加60%乙酸溶解并稀释至100 mL，混匀后置棕色瓶中，保存在冰箱中，一周内稳定。

第六，显色剂。临用前将对氨基苯磺酸溶液和盐酸萘乙二胺溶液等体积混合，现用现配，仅供一次使用。

第七，亚硝酸钠标准溶液。准确称取约250.0 mg于硅胶干燥器中干燥24 h的亚硝酸钠，加水溶解后移入500 mL容量瓶中，加100 mL氯化铵缓冲溶液，混匀，加水稀释至刻度，于4℃避光保存。此溶液1 mL相当于500μg的亚硝酸钠。

第八，亚硝酸钠标准使用液。临用前，吸取亚硝酸钠标准溶液1.00 mL，置于100 mL容量瓶中，加水稀释至刻度，混匀，临用时现配，此溶液1 mL相当于500μg的亚硝酸钠。

（二）检验护色剂的样品采集

样品绞碎、混匀后称取10.0 g置于250 mL烧杯中，加70 mL水和12 mL氢氧化钠溶液（20 g/L），混匀，用氢氧化钠溶液（20 g/L）调样品pH值为8，转移至200 mL容量瓶中，加10 mL硫酸锌溶液，混匀，如不产生白色沉淀，再补加2～5 mL氢氧化钠溶液，搅拌均匀。置60℃左右的水浴锅中加热10 min，取出冷却至室温，加水至刻度，混匀。放置0.5 h，除去上层脂肪后用滤纸过滤，弃去初滤液20 mL，滤液备用。

（三）检验护色剂的样品测定

吸取10 mL上述滤液于25 mL比色管中，另吸取0 mL、0.5 mL、1.0 mL、2.0 mL、3.0 mL、4.0 mL、5.0 mL亚硝酸钠标准使用液（相当于0μg、2.5μg、5μg、10μg、15μg、20μg、25μg亚硝酸钠），分别置于25 mL比色管中。于标准管与样品管中分别加入4.5mL氯化铵缓冲溶液、2.5 mL60%乙酸，然后立即加入5.0 mL显色剂，用水稀释至刻度，混匀，在暗处静置25 min，用1 cm比色杯（灵敏度低时可换2 cm比色杯），以零管调节零点，于波长538 nm处测吸光度，绘制标准曲线比较。

（四）检验护色剂的结果分析

$$X = \frac{m_2 \times 1000}{m_1 \times 1000 \times \frac{V_1}{V_2}} \tag{3-38}$$

式中：

X——样品中亚硝酸盐的含量（mg/kg）；

m_1——样品质量（g）；

m_2——测定用样液中亚硝酸盐的质量（μg）；

V_1——样品处理液总体积（mL）；

V_2——测定用样液体积（mL）。

（五）镉柱法测定硝酸盐含量

1.镉柱法测定硝酸盐含量准备工作

（1）镉柱法测定硝酸盐含量的知识准备。硝酸钠为白色结晶，味咸并稍苦，属潮解型，易溶于水，微溶于乙醇。其毒性主要是在食品中、水中或胃肠道内被还原成亚硝酸盐所致。镉柱法测定食品中硝酸盐的含量为国家标准法，硝酸盐最低检出限为1.4 mg/kg。除此之外，硝酸盐还可用电极法、气相色谱法测定。将样品溶液经过沉淀蛋白质、去除脂肪处理后，通过镉柱使其中的硝酸盐还原为亚硝酸盐，在弱酸性条件下，亚硝酸盐与对氨苯基磺酸重氮化，再与盐酸萘乙二胺偶合形成紫红色染料，测得亚硝酸盐总量；另取一份样品溶液，不通过镉柱，直接测定样品中原有的亚硝酸盐含量，由总量减去样品中原有的亚硝酸盐含量，即得硝酸盐含量。

（2）镉柱法测定硝酸盐含量的器材准备

第一，分光光度计、水浴锅。

第二，试剂的配制。①氨性缓冲溶液（pH=9.6～9.7），取20 mL盐酸，加50 mL蒸馏水，混匀后加50 mL蒸馏水，用水稀释至1000 mL；②稀氨缓冲液：50 ml氨性缓冲溶液，用水稀释至500 mL；③硝酸钠标准溶液（200μg/mL）：准确称取0.1232 g经110～120℃干燥恒重的硝酸钠，加水溶解，并稀释至500 mL；④硝酸钠标准使用液（5.0μg/mL）：取硝酸钠标准溶液2.50 mL，加水稀释至100 mL；⑤亚硝酸钠标准使用液（5.0μg/mL）：准确称取约250.0 mg于硅胶干燥器中干燥24 h的亚硝酸钠，加水溶解后移入500 mL容量瓶中，加100 mL氯化铵缓冲溶液，混匀，加水稀释至刻度，于40℃避光保存；⑥海绵状镉的制备：向500 mL硫酸镉溶液（200 g/L）中投入足够的锌皮或锌棒，使其中的镉全部被锌置换，3～4 h后，用玻璃棒轻轻刮下镉并使其沉底，取出残余锌棒。用水多次洗涤镉，然后捣碎，取20~40目的部分装柱；⑦镉柱的装填：先将镉柱玻璃管装满水，并装入2 cm高的玻璃棉做底垫，且要将其中的空气全部排出，在轻轻敲击下加入海绵状镉至8~10 cm高，上面用1 cm高的玻璃棉覆盖，上置一贮液漏斗，末端要穿过橡皮塞与镉柱玻璃管紧密连接。

2.镉柱法测定硝酸盐含量样品采集

（1）样品预处理。同"亚硝酸盐的测定——格里斯试剂比色法"。

（2）硝酸盐的还原。取20 mL处理过的样液于50 mL烧杯中，加5 mL氨性缓冲溶液，混合后注入贮液漏斗，使硝酸盐经镉柱还原，收集流出液，当贮液漏斗中的样液流完后，再加5 mL水置换柱内留存的样液，合并收集液。将全部收集液按前述方法再经镉柱还原一次，收集流出液，以水洗涤镉柱三次，洗涤液一并收集，加水定容至100 mL。

3.镉柱法测定硝酸盐含量样品测定

（1）亚硝酸钠总量的测定。取10~20 mL还原后的样液于50 mL比色管中。

（2）样品中原有亚硝酸盐的测定。同"亚硝酸盐的测定——格里斯试剂比色法"。

4.镉柱法测定硝酸盐含量结果分析

$$X = \frac{(m_1 - m_2) \times 1.232 \times 1000}{m V_2 \times \frac{1000}{V_1}} \tag{3-39}$$

式中：

X——样品中亚硝酸盐的含量（mg/kg）；

m——样品质量M（g）；

m_1——经镉柱还原后测得的亚硝酸盐的质量（μg）；

m_2——直接测得的亚硝酸盐的质量（μg）；

V_1——样品处理液总体积（mL）；

V_2——测定用样液体积（mL）；

1.232——亚硝酸钠换算成硝酸钠的系数。

5.镉柱法测定硝酸盐含量注意事项

（1）如无上述镉柱玻璃管时，可用25 mL酸式滴定管代替。

（2）镉柱填装好及每次使用完毕后，应先用25 mL盐酸（0.1 mol/L）洗涤，再以水洗两次，镉柱不用时用水封盖，镉层不得混有气泡。

（3）上样之前，应先以25 mL稀氨缓冲液冲洗镉柱，流速控制在3~5 mL/min内。

（4）为保证硝酸盐测定结果的准确性，应常检验镉柱的还原效率。具体方法如下：取20 mL硝酸钠标准使用液，加入5 mL稀氨缓冲液，混匀后按"硝酸盐的还原"进行操作。取10.0mL还原后的溶液（相当10 μg亚硝酸钠）于50 mL比色管中，按照"亚硝酸盐的测定"进行操作，根据标准曲线计算测得结果，与加入量相比较，还原效率大于98%为符合要求。

（5）镉是有毒元素之一，操作时不要接触到皮肤。若一旦接触，应立即用水冲洗。另外，含有大量镉的溶液应处理后弃去。

四、漂白剂的检验

工作过程：以比色法测定食品中的亚硫酸盐含量为例。

（一）检验漂白剂的准备工作

1.检验漂白剂的知识准备

漂白剂是指能通过还原等化学作用消耗食品中的氧，破坏、抑制食品氧化酶活性和食品的发色因素，使食品褐变色素褪色或免于褐变，并具有一定的防腐作用的物质。食入的少量亚硫酸经体内代谢成硫酸盐，由尿排出体外，毒性较小。当浓度超过500 mg/kg时，可察觉异味。一天摄取4~6 g，会损害胃肠，造成剧烈腹泻。亚硫酸盐的测定常采用盐酸副苯胺法，其原理是亚硫酸盐与四氯汞钠反应生成稳定的络合物，再与甲醛及盐酸副苯胺作用生成紫红色，与标准系列比较即可定序分析。

2.检验漂白剂的器材准备

（1）分光光度计。

（2）试剂的配制如下：

第一，0.5 mol/LNaOH溶液。

第二，0.5 mol/L（$1/2H_2SO_4$）溶液。

第三，0.1 mol/L（$1/2I_2$）溶液。

第四，12 g/L氨基磺酸铵溶液。

第五，甲醛溶液（0.55∶99.45）。吸取0.55 mL无聚合沉淀的36%甲醛，加水99.45mL稀释，混匀。

第六，淀粉指示液。称取1 g可溶性淀粉，用少量水调成糊状，缓缓倾入100mL沸水中，随加随搅拌，煮沸，冷却备用，此溶液临用时现配。

第七，乙酸锌溶液。称取22 g乙酸锌[Zn（CH_3COO）$_2$•$2H_2O$]溶于少量水中，加入3mL冰醋酸，加水稀释至100 mL。

第八，亚铁氰化钾溶液。称取10.6 g亚铁氰化钾[K_4Fe（CN）$_6$•$3H_2O$]，加水溶解并稀释至100mL。

第九，盐酸副苯胺溶液。称取0.1 g盐酸副苯胺（$C_{19}H_{18}N_3Cl$•$4H_2O$）于研钵中，加少量水研磨使之溶解并稀释至100 mL。取出20 mL置于100mL容量瓶中，加6 mol/L盐酸溶液数滴至充分摇匀后使溶液由红色变黄色为止，再加水稀释至刻度，混匀备用（如无盐酸副苯胺可用盐酸品红代替）。

第十，四氯汞钠吸收液。称取13.6 g氯化汞及6.0g 氯化钠，溶于水中并稀释至1000 mL，放置过夜，过滤后备用。

第十一，0.1 mol/LNa$_2$S$_2$O$_3$标准滴定溶液。

第十二，二氧化硫标准储备溶液。称取0.5g亚硫酸氢钠，溶于200mL四氯汞钠吸收液中，放置过夜，上清液用定量滤纸过滤备用。

二氧化硫标准储备溶液的标定：吸取10.0 mL亚硫酸氢钠四氯汞钠溶液于250 mL碘量瓶中，加100 mL水，准确加入20.00 mL0.1mol/L（$1/2I_2$）溶液和5 mL冰醋酸，摇匀，暗处放置2 min后，迅速以0.1 mol/LNa$_2$S$_2$O$_3$标准滴定溶液滴定至淡黄色。加0.5 mL淀粉指示液，继续滴至无色。另取100 mL水，准确加入20.00 mL0.1mol/L（$1/2I_2$）溶液，加5 mL冰醋酸，按同一方法做空白试验。

计算：

$$X = \frac{(V_1 - V_2)c \times 32.03}{10}$$ （3-40）

式中：

X——二氧化硫标准溶液的浓度（mg/mL）；

c——$Na_2S_2O_3$标准滴定溶液的浓度（mol/L）；

V_1——测定用二氧化硫标准溶液消耗$Na_2S_2O_3$标准滴定溶液的体积（mL）；

V_2——试剂空白消耗$Na_2S_2O_3$标准滴定溶液的体积（mL）；

32.03——$1/2SO_2$的摩尔质量（g/mol）。

第十三，二氧化硫标准使用溶液。临用前，将二氧化硫标准储备溶液以四氯汞钠吸收液稀释成每毫升含2μg二氧化硫。

（二）检验漂白剂的样品采集

第一，水溶性固体样品（如白糖）。可称取10.0 g均匀样品，以少量水溶解，置于100 mL容量瓶中，加入4 mL0.5 mol/L氢氧化钠溶液，5 min后加入4 mL0.5 mol/L硫酸溶液，然后加入20 mL四氯汞钠吸收液，以水稀释至刻度。

第二，其他固体样品（如饼干、粉丝）。称取5.0～10.0g研磨均匀的样品，以少量水湿润并移入100 mL容量瓶中，然后用20 mL四氯汞钠吸收液浸泡4 h以上，若上层溶液不澄清，可加入亚铁氰化钾及乙酸锌溶液各2.5 mL，最后用水稀释至刻度，过滤后备用。

第三，液体样品（如葡萄酒）。直接吸取5.0～10.0mL样品置于100 mL容量瓶中，以少量水稀释，加20 mL四氯汞钠吸收液，最后加水至刻度，摇匀，必要时过滤备用。

（三）检验漂白剂的样品测定

第一，吸取0.50～5.00 mL上述样品处理液于25 mL带塞比色管中。

第二，另取0 mL、0.20mL、0.40 mL、0.60 mL、0.80 mL、1.00 mL、1.50 mL、2.00 mL二氧化硫标准使用溶液（相当于0μg、0.40μg、0.80μg、1.20μg、1.60μg、2.00μg、3.00μg、4.00μg二氧化硫），分别置于25 mL带塞比色管中。

第三，在样品及标准管中各加入四氯汞钠吸收液至10 mL，再加入1 mL12g/L

氨基磺酸铵溶液、1 mL甲醛溶液（0.55∶99.45）及1 mL盐酸副苯胺溶液，摇匀，放置20 min。用1 cm比色杯以零管调节零点，在波长550 nm处测吸光度，绘制标准曲线。

（四）检验漂白剂的结果分析

$$X = \frac{m_1}{m \times 1000 \times \dfrac{V}{100}}$$

（3-41）

式中：

X——样品中二氧化硫的含量（g/kg）；

m_1——测定用样液中二氧化硫的质量（μg）；

m_2——样品质量（g）；

V——测定用样品体积（mL）。

五、抗氧化剂的检验

工作过程：以比色法测定油脂中的BHT含量为例。

（一）检验抗氧化剂的准备工作

1.检验抗氧化剂的知识准备

抗氧化剂是指添加于食品中能阻止和延迟含油脂食品的氧化过程，提高食品的稳定性和延长储存期的物质。氧化作用可导致食品中的油脂酸败，还会导致食品褪色、褐变、维生素受破坏，使食品品质和营养价值下降，因此，防止氧化是食品工业中的一个重要问题。为防止食品氧化，除可以在加工、贮藏等环节上采取降温、排气、充氮、密封等措施外，也可以适当地配合使用一些抗氧化剂。

抗氧化剂包括油溶性抗氧化剂和水溶性抗氧化剂。油溶性抗氯化剂能均匀地分布在油脂中，对含脂肪和油脂食品起到抗氧化的作用，如丁基羟基茴香醚（BHA）、二丁基羟基甲苯（BHT）、没食子酸丙酯（PG）等；水溶性抗氧化剂则多用于对食品护色、防止氧化变色等方面，如D-抗坏血酸钠、植酸等。

2.检验抗氧化剂的器材准备

（1）水蒸气蒸馏装置、甘油浴、分光光度计。

（2）试剂的配制。①无水氯化钙。②甲醇。③三氯甲烷。④3 g/L亚硝酸钠溶液，避光保存。⑤邻联二茴香胺溶液：称取125 mg邻联二茴香胺于50 mL棕色容量瓶中，加25 mL甲醇，振摇使其全部溶解，加50 mg活性炭，振摇5 min，过滤，取20 mL滤液于另一50 mL棕色容量瓶中，加盐酸（1∶11）稀释至刻度。临用时现配并避光保存。⑥BHT标准溶液：准确称取0.050 gBHT于100 mL棕色容量瓶中，用少量甲醇溶解，并稀释至刻度，避光保存。此溶液每毫升相当于0.50 mgBHT。⑦BHT标准使用液。临用时，吸取1.0 mLBHT标准溶液于50 mL棕色容量瓶中，用甲醇定容至刻度，混匀，避光保存。此溶液每毫升相当于10.0 μgBHT。

（二）检验抗氧化剂的样品采集

称取2～5 g样品（约含0.40 mgBHT）于100 mL蒸馏瓶中，加16 g无水氯化钙粉末及10 mL水，将蒸馏瓶浸入165℃恒温的甘油浴中，连接好水蒸气发生装置及冷凝管，冷凝管下端浸入盛有50 mL甲醇的200 mL容量瓶中，进行蒸馏，蒸馏速度为每分钟1.5～2 mL，在50～60 min内收集约100 mL流出液（连同原盛有的甲醇共约150 mL，蒸气压不可太高，以免将油滴带出），以温热的甲醇分次洗涤冷凝管，洗液并入容量瓶中并稀释至刻度。

（三）检验抗氧化剂的样品测定

第一，准确吸取25 mL上述处理后的样品溶液，移入用黑纸（布）包扎的100mL分液漏斗中。

第二，另准确吸取0 mL、1.0 mL、2.0 mL、3.0 mL、4.0 mL、5.0 mLBHT标准使用液（相当于0 μg、10 μg、20 μg、30 μg、40 μg、50 μgBHT），分别置于黑纸（布）包扎的60mL分液漏斗中，加入甲醇（50%）至25 mL。

第三，分别加入5 mL邻联二茴香胺溶液，混匀，再各加2 mL（3 g/L）亚硝酸钠溶液，振摇1 min，放置10 min，再各加10 mL三氯甲烷，剧烈振摇1 min，静置3 min后，将三氯甲烷层分入黑纸（布）包扎的预先放入2 mL甲醇的10 mL比色管中，混匀。用1 cm比色杯，以三氯甲烷调节零点，于波长520 nm处测吸光度，绘制标准曲线比较。

（四）检验抗氧化剂的结果分析

$$X = \frac{m_2}{m_1 \times 1000 \times \dfrac{V_2}{V_1}}$$（3-42）

式中：

X——样品中BHT的含量（g/kg）；

m_2——测定用样液中BHT的质量（μg）；

m_1——样品质量（g）；

V_1——蒸馏后样液总体积（mL）；

V_2——测定用吸取样液的体积（mL）。

六、合成色素的检验

工作过程：以高效液相色谱法测定食品中的合成色素为例。

（一）检验合成色素的准备工作

1.检验合成色素的知识准备

食品用着色剂，又称食用色素，是指使食品着色、改善食品色调和色泽的物质，通常包括食用合成色素和食用天然色素两大类。食用天然色素是从有色的动植物体内提取、分离精制而成，但其有效成分含量低，且因原料来源困难，故价格较高。食用合成色素着色力强、易于调色、稳定性能好、价格低廉，因此，现阶段国内外使用的食用色素绝大多数都是食用合成色素。

2.检验合成色素的器材准备

（1）高效液相色谱仪、紫外检验器。

（2）试剂的配制。①甲醇（经0.5 μm的滤膜过滤）；②乙酸；③盐酸；④正己烷；⑤20 g/L硫酸钠溶液；⑥饱和硫酸钠溶液；⑦聚酰胺粉（过200目筛）；⑧pH=6的水：水加柠檬酸溶液调到pH=6；⑨氨水（2：98）溶液：量取氨水2 mL，加水至100 mL，混匀；⑩氨水-乙酸铵溶液：量取氨水（2：98）0.5 mL，加0.02 mol/L乙酸铵溶液至1000 mL，混匀；⑪甲醇-甲酸（6：4）溶液：量取甲醇60 mL、甲酸40 mL，混匀；⑫0.02 mol/L乙酸铵溶液：称取1.54 g乙酸铵，加水至1000 mL溶解，经滤膜（HA0.45μm）过滤；⑬无水乙醇-氨-水（7：2：1）溶液：取无水乙醇70 mL、氨水20 mL，水10 mL，混匀；⑭三正辛胺-正丁醇溶液（5：95）：量取三正辛胺5 mL，加正丁醇至100mL，混匀；⑮200 g/L柠檬酸溶液：称取20 g柠檬酸，加水至100 mL，溶解混匀；⑯合成着色剂标准溶液：准确称取按其纯度折算为100%质量的柠檬黄、日落黄、苋菜红、胭脂红、新红、赤藓红、亮蓝、靛蓝各0.1 g，置于100 mL容量瓶中，加pH=6的水至刻度，配成水溶液（1.00 mg/mL）；⑰合成着色剂标准使用液：临用时，将上述合成着色剂标准溶液加水稀释20倍，经滤膜（0.45μm）过滤。配成每毫升相当于50.0μg的合成着色剂。

（二）检验合成色素的样品采集

第一，橘子汁、果味水、果子露汽水等。称取20.0～40.0 g样品置于100 mL烧杯中。含二氧化碳样品加热驱除二氧化碳。

第二，配制酒类。称取20.0～49.0 g样品置于100 mL烧杯中，加小碎瓷片数片，加热驱除乙醇。

第三，硬糖、蜜饯类、淀粉软糖等。称取5.00～10.00 g小粉碎样品，置于100 mL小烧杯中，加水30 mL，温热溶解，若样品溶液pH较高，可用柠檬酸溶液调pH到6左右。

第四，巧克力豆及着色糖衣制品。称取5.00～10.00 g置于100 mL小烧杯中，用水反复洗涤色素到巧克力豆无色素为止，合并色素漂洗液为样品溶液。

（三）检验合成色素的样品测定

采用聚酰胺吸附法。样品溶液用柠檬酸溶液调到pH=6，加热至60℃，将用水调成粥状的1 g聚酰胺倒入样品溶液中，搅拌片刻，以G3垂溶漏斗抽滤，依次用60℃pH=4的水、甲醇-甲酸混合溶液分别洗涤3～5次（含赤藓红的样品不能洗），再用水洗至中性，用乙醇氨-水混合溶液解吸3～5次，每次5 mL，收集解吸液，并用乙酸中和，蒸发至近干，加水溶解，定容至4 mL。经滤膜（0.45μm）过滤，取10 μL进高效液相色谱仪。

（四）检验合成色素的结果分析

$$X = \frac{m_1}{m \times \dfrac{V_2}{V_1}}$$

（3-43）

式中：

X——样品中着色剂的含量（g/kg）；

m_1——样液中着色剂的质量（μg）；

V_2——进样体积（mL）；

V_1——样品稀释总体积（mL）；

m——样品质量（g）。

第四章

食品微生物检验技术

食品的微生物污染情况是食品卫生质量的重要指标之一，食品微生物检验是食品质量监测的重要组成部分。通过微生物检验，可以判断食品的卫生质量及是否可食用，从而也可以判断食品的加工环境和食品原料及其在加工过程中被微生物污染及生长的情况，为食品环境卫生管理和食品生产管理及对某些传染病的防疫措施提供科学依据。本章探究食品微生物检验及其发展趋势、环境条件与微生物的生命活动、食品微生物检验的主要程序、常见食品的微生物检验方法。

第一节　食品微生物检验及其发展趋势

近年来，食品安全问题已成为人们关注的主要社会问题，在已知的致病因子引起的食源性疾病中，微生物性食物中毒仍是首要危害。在工业化国家，最常见的食源性疾病病因是沙门菌、金黄色葡萄球菌、产气荚膜梭菌和副溶血性弧菌，但嗜热弯曲菌被认为更重要，沙门菌是世界上最常见的引发食源性疾病的病原菌，也是全球报告最多的、公认的食源性疾病的首要病原菌。一些以生鱼为主要膳食的国家，副溶血性弧菌引起的疾病频繁发生，而在我国沿海地区，副溶血性弧菌是引起食物中毒的第一位致病菌。

一、食品微生物检验基础

微生物是生物界存在的一群形体微小、结构简单，用肉眼难以看到，必须借助于光学显微镜或电子显微镜才能看清的低等微小生物的统称。"微生物大多为单细胞的，如细菌、放线菌、酵母菌等；少数为多细胞的，如霉菌等；还包括一些没有细胞结构的生物，如病毒等。微生物类群庞杂，形态各异，大小不同，生物特性差异极大"[①]。

食品中丰富的营养成分为微生物的生长、繁殖提供了充足的物质基础，是微生物良好的培养基。食品微生物检验关系到产品安全、人类健康和食品企业的发展。食品微生物检验是指按照一定的检验程序和质量控制措施，确定单位样品中某种或某类微生物的数量或存在状况。食品微生物检验学是应用微生物学的理论与方法，研究外界环境和食品中微生物的种类、数量、性质、活动规律、对人和动物健康的影响及其检验方法与确定食品卫生的微生物学标准的一门学科，其核心内容是食品微生物检验方法的研究与应用。自然界中微生物种类多、数量大。

---

① 曾小兰. 食品微生物及其检验技术[M].北京：中国轻工业出版社，2010：1.

食品在原料来源地、加工、贮藏、运输等过程中都可能受到各类微生物及其代谢产物的污染。因此，食品微生物检验的对象以及研究范围十分广泛，且检验对象在复杂的食品体系中与纯培养微生物检验有很大的区别，食品微生物检验结果与取样方式、前处理方式、操作人员的实践经验等均有很大的关系。

（一）食品微生物检验学的任务

食品微生物检验用以确定食品的可食程度，控制食品的有害微生物及其代谢产物的污染，督促食品加工工艺的改进，改善生产卫生状况，以防止人畜共患病传播，保证人类身体健康。

第一，从感染性疾病流行地区的人群中或环境中，分离并检验致病性微生物，明确其种类、分布、数量、毒力等，以确定感染性疾病的致病菌、传染源、传播途径、易感人群、流行情况等，为制定预防及控制对策提供依据。

第二，研究各类食品中微生物种类、分布及其特性。

第三，研究微生物与食品贮藏的关系。

第四，食品中致病性、中毒性、致腐性微生物研究。

第五，各类食品中微生物检验方法及标准的研究。

第六，根据国家标准或规范所确定的微生物学指标，对食品、环境及健康相关的微生物污染状况进行检验和卫生学评价，为制定相关管理措施以及建立法令、法规提供科学依据。

进行微生物检验，首先要求目的明确，根据检验目的的不同来决定检验的类型（指示菌或致病菌）、检验方法（快速、准确、重复性、再现性等）、样本（生产线残留或终产品）、结果的解释及采取的行动（拒绝该批次、调查采样、过程的再调整等）。

（二）食品微生物检验的要求

食品微生物检验是应用标准的仪器设备及实验器材，按照国家规定的标准检验方法，根据检验项目要求，对检测样品进行测定分析并检测目的菌，为食品卫生学、流行病学及临床医学提供可靠的实验数据。因此，快速、准确、有效是对食品微生物检验最基本的要求。

1.微生物检验室的要求

微生物检验室的采光及周围的环境条件要求良好，应尽量避开易污染、嘈杂的环境，如厕所附近、脏的街道旁边等。室内要保持整洁，最好配备纱窗，以防止蚊蝇、小虫的袭扰。

检验室设备和辅助用具要根据工作顺序、清洁与污染情况进行安排，否则易引起交叉污染。一般地，食品微生物检验室要与准备室分开，不要混在一起。检验室和准备室的地面材料及墙面材料应便于冲洗，桌面最好铺上胶皮或其他防震易清洗的材料。检验室要配备超净工作台，有条件的实验室最好安装空调设备，一是可以保持室内通风；二是微生物实验室多数时间处于密闭环境中，温箱、冰箱、喷灯（或酒精灯）等均发出热量，导致室内温度增高，对样品检测及实验人员都不利。

在检验室操作时，工作人员必须穿工作服、戴工作帽及口罩，无菌操作要严格，操作应在无菌室（经紫外线照射或其他方法消毒）进行。所有的培养物、被污染的玻璃器皿及阳性的检验标本都必须用消毒水浸泡过夜或煮沸，甚至用高压蒸汽灭菌等方式处理后再进行清洗。

2.微生物检验的技术要求

（1）检验人员的技术要求。微生物的检验工作对保证食品质量、预测和控制疾病流行与临床诊断治疗都有重要作用，检验人员必须有高度的事业心和责任感，热爱本职工作，坚守工作岗位，认真负责、一丝不苟地按照检验程序操作，不能因检验方法的繁多或工作量的增大而敷衍了事。例如，检验志贺氏菌、沙门氏菌不做增菌培养；分离用的培养基不能保证一份样品一块平板；不按检验方法操作，违反检验程序，都会影响检验结果。细菌检验工作的技术性很强，许多新技术的应用依赖整个科学技术的发展，因此，检验人员应具有良好的基础理论和专业知识以及熟练的检验技术，要在技术实践工作中发现问题，不断提高技术水平。另外，随着科学技术的发展，新的检验方法也在不断地出现，要求我们及时去了解并加以掌握，应用新的先进技术以提高检验的工作效率和时效性。

（2）检验程序的基本要求。只有遵守检验程序，检验结果才能准确可靠、符合国家标准，否则检验结果无效，所以微生物检验人员必须按照检验方法所规定的检验程序进行操作，这是对微生物检验人员的基本要求，也是检验结果准确与否的基本保证。微生物的接种必须严格执行无菌操作，同时要求选择适当的菌种保藏方法。

3.试剂与培养基的基本要求

培养基质量的好坏是微生物检验工作成败的重要因素。目前，国内外生产培养基的厂家很多，但培养基的标签上仅将药品名称及配制方法做了介绍，而对各种药品的规格含量很少谈及，这就给微生物培养基的质控带来了很多困难。如蛋白胨是细菌的氮源，它的质量好坏直接影响着培养基的效果，而蛋白胨国内外品种繁多、规格不一，它们在价格和质量上均有很大差异，因此，选择使用时都要进行质量控制，最好选用专一的定点厂家。

（1）培养基原料的质量控制。培养基原料的质量控制主要是指琼脂、蛋白胨、胆盐、牛肉膏及酵母浸膏等的质量控制。

第一，琼脂的质量控制。琼脂有琼脂粉和琼脂条两种，检验室常用的多为琼脂粉。琼脂粉应为白色干燥粉末，加热溶于水后pH接近中性，透明无沉淀，用量不宜过多。

第二，蛋白胨的质量控制。蛋白胨为干燥的白色或略微黄色的细粉末，pH偏酸性接近中性，加水溶解后无沉淀，是否能被微生物利用、符合生物学指标，需做微生物的生长检测。不同的微生物可利用不同的蛋白胨，在配制培养基时应根据微生物的要求进行选择。

第三，牛肉膏及酵母浸膏的质量控制。牛肉膏及酵母浸膏为棕褐色半固体，溶于水后呈透明无沉淀，是微生物生长良好的营养物质，其效果的好坏，应在培养基中加入后，观察培养细菌生长情况进行判断。

第四，胆盐的质量控制。胆盐为浅黄色粉末，种类繁多，有猪、牛、羊、兔及3号胆盐等，不同种类的胆盐有不同的抑菌作用，所以选择时要根据培养基的要求，切勿相互代替。

（2）培养基性能的质量控制

第一，物理性状。其主要包括：①透明度。无论是固体培养基，还是液体培养基都应有较好的透明度，特别是液体培养基要求更为严格。如有混浊、沉淀，则直接影响到细菌生长情况的观察。②pH。应严格按照各种培养基的要求校正

pH，对于一些生化反应培养基，pH的正误直接影响细菌的反应结果及判定。③硬度。固体培养基的硬度要适中，过硬不利于细菌的生长，菌落表现得较小，过软且不宜划线分离。保存菌株或观察动力的半固体培养基，硬度也很重要，一般要根据琼脂的质量适当考虑。

第二，生物学要求。微生物只有在适宜的培养基上才能表现出其应有的生物学特性。不同的微生物有不同的培养要求。①培养基的敏感性，一些常用的选择性培养基，除对非目的菌有抑制外，对目的菌或多或少也有一定的影响，因此，就必须了解目的菌对该种培养基的敏感程度和适应性；②培养基上菌落的特征，微生物在不同的培养基上，其菌落的大小、形态特征及颜色的表现是不同的。检测培养基的性能如何，应选择有代表性的典型菌进行分离培养，观察其菌落的生长情况是否典型。

（3）常用培养基的质量控制

第一，增菌培养基及选择性培养基的质量控制。菌株接种于增菌培养基中，即使菌种含量很少，也会经培养一定的时间后大量增殖；在经过选择性培养基培养后，目的菌可增多，而其他非目的菌则被抑制。

第二，鉴别培养基的质量控制。检查分离培养基的质量如何，首先观察培养的目的菌是否能很好地生长，同时根据生化反应的差异和其他细菌比较鉴别。

第三，生化培养基及试剂的质量控制。用阳性和阴性对照菌株试验，同时对所使用的试剂进行鉴定。

（4）染色液的质量控制。染色液配制后，应选用标准菌株做阳性和阴性对照，从而鉴定其染色液的性能。

（5）各种诊断血清的质量控制。沙门氏菌属、志贺氏菌属、病原性大肠埃希氏菌、耶尔森氏菌等诊断血清在使用时应注意有效期，勿使用超期血清，以免出现假阳性或假阴性。同时，必须经常用标准菌株测定血清凝集效价。

（三）食品微生物检验的特点

第一，研究对象以及研究范围广。食品种类多，各地区有各地区的特色，分布不同，在食品来源、加工、运输等环节都可能受到各种微生物的污染；微生物有腐败菌和致病菌、好氧和厌氧、低温和中温、嗜盐和嗜酸等。

第二，食品中待检微生物比率低。在食品中，往往待检验的种类的微生物所占比例较低，特别是致病菌。因此，在检验时，要排除杂菌的干扰或通过富集才能获得准确的结果，同时由于食品加工过程中产生的受伤菌，可能处于活的不可培养状态，也会影响到检验的准确度。

第三，实用性及应用性强。食品微生物检验在促进人类健康方面起着重要的作用。通过检验掌握微生物的特点及活动规律，识别有益的、腐败的、致病的微生物，从而在食品生产和保藏过程中，充分利用有益微生物为人类服务，同时控制腐败和病原微生物的活动，以防止食品变质和杜绝因食品而引起的病害，从而保证食品安全。

第四，采用标准化的方法、操作流程及结果报告形式。既然食品微生物常规检验的指标已经确定，那么在全国各地甚至世界各国对指标检验时采用的方法、操作流程、结果报告等应该一致或是能被大家共同接受才具有推广意义。因此，在相应的范围内制定标准及标准的检验方法至关重要。

第五，食品微生物检验需要准确、快速。食品微生物检验用以判断食品及其加工环境的卫生状况，以及食品是否安全，因此，要求检验结果准确、可靠。同时，在食品安全执法等工作中，要求尽快出结果，快速又是微生物检验追求的另一个重要因素。

第六，涉及学科多样。食品微生物检验是以微生物学为基础，还涉及生物学、生物化学、工艺学、发酵学以及兽医学方面的知识等，不同的食品以及不同的微生物采取的检验方法也不同。

（四）食品微生物检验的范围

食品微生物检验的范围包括以下方面：

第一，生产环境的检验包括生产车间用水、空气、地面、墙壁、操作台等。

第二，原辅料的检验包括动植物食品原料、添加剂等原辅料。

第三，食品加工过程、贮藏、销售等环节的检验包括从业人员的健康及卫生状况、加工工具、运输车辆、包装材料的检验等。

第四，食品的检验包括出厂食品、可疑食品及食物中毒食品的检验。

（五）食品微生物检验的指标

第一，菌落总数。通常采用平板计数法（SPC），它反映了食品的新鲜度、被细菌污染的程度、生产过程中食品是否变质和食品生产的一般卫生状况等。因此，它是判断食品卫生质量的重要依据之一。

第二，大肠菌群。大肠菌群包括大肠杆菌和产气肠杆菌之间的一些生理上比较接近的中间类型的细菌（如肠杆菌属、柠檬酸杆菌属、埃希菌属和克雷伯菌属等）。这些细菌是寄居于人和温血动物肠道内常见的细菌，随着粪便排出体外。食品中大肠菌群的检出，表明食品直接或间接受到粪便污染，故以大肠菌群数作为粪便污染食品的卫生指标来评价食品的质量具有广泛意义。

第三，致病菌。致病菌是能导致人体发病的细菌，对不同的食品和不同的场合应选择对应的参考菌群进行检验。如海产品以副溶血性弧菌、沙门菌、志贺菌、金黄色葡萄球菌等作为参考菌群；蛋与蛋制品以沙门菌、志贺菌作为参考菌群；糕点、面包以沙门菌、志贺菌、金黄色葡萄球菌等作为参考菌群；软饮料以沙门菌、志贺菌、金黄色葡萄球菌等作为参考菌群。

第四，霉菌及其毒素。许多霉菌会产生毒素而引起急性疾病或慢性疾病。霉菌的检验，目前主要是霉菌计数或同酵母一起计数以及黄曲霉毒素等霉菌毒素的检验，以了解霉菌污染程度和食物被霉菌毒素污染的状况。

第五，其他指标。微生物指标还应包括病毒，如诺如病毒、肝炎病毒、猪瘟病毒、鸡新城疫病毒、马立克病毒、狂犬病毒、口蹄疫病毒、猪水疱病毒等与人类健康有直接关系的病毒微生物，在一定场合下也是食品微生物检验的指标。

另外，从食品检验的角度考虑，寄生虫暴露于人群的概率近年来越来越高，也是食品微生物检验的重要指标。

（六）食品微生物检验的意义

微生物污染食品后很容易生长繁殖，造成食品的变质，使其失去应有的营养成分。更重要的是，一旦人们食用了被有害微生物污染的食物，会发生各种急性和慢性的中毒表现，甚至有致癌、致畸、致突变作用的远期效应。因此，食品在食用之前必须对其进行食品微生物检验，它是确保食品质量和食品安全的重要手段，也是食品卫生标准中的一个重要内容。

食品微生物检验与评价是食品卫生监督监测工作中不可缺少的重要手段。食品微生物指标检验的意义概括起来有以下四个方面：

第一，评价食品卫生质量。主要是检验国家标准所规定的食品卫生微生物学指标，即菌落总数、大肠菌群、致病菌以及霉菌和酵母菌数。

第二，通过食品微生物的检验，可以判断食品加工环境及食品卫生环境，能够对食品被细菌污染程度做出正确的评价，为各项卫生管理工作提供科学依据，为传染病和食物中毒提供防治措施。

第三，制定防治措施。当发生食物中毒时，要检验引起食物中毒的微生物及其产生的毒素，为流行病学调查和临床诊断提供病原学依据，以便采取有效的防治措施。

第四，提高生产及储存工艺水平。对于发生质变的食品，从中分离、鉴定其中导致质变的微生物，追溯污染来源并研究发生质变的环境条件，以便采取正确措施，防止质变的再发生。

二、食品微生物检测的发展趋势

随着食品微生物检验技术的日新月异，检验方法也逐渐增多，在多种方法中综合衡量，择优以提高检验的精准度，达到微生物检验的规范化、制度化。定量的检验过程中，要严格按照制度进行操作，以确保食品安全。

保障食品安全的关键在于对食品细菌进行快速准确的检验和鉴定。传统食品微生物检验方法具有周期长、主观性强，对一些生长速度较慢或者新型的微生物难以进行有效检验等缺点，已无法满足现代化食品工业以及社会发展对食品安全快速检验的需求。因此，快速、简单、高通量的食品微生物污染检验方法成为目前研究的重点。

（一）传统微生物检验技术的优化

生产各种预灌装无菌成品培养基可以有效提高微生物的分离、培养和鉴定的效率，研究更加高效的生理生化试剂盒，以及灵敏度高的各种微生物检验试纸片是传统微生物检验发展的趋势，并且先进的自动化微生物快速培养与鉴定系统替代传统人工测定的方法，可以有效提高实验效率、减少实验操作的误差等。

（二）微生物免疫学检验技术

基于抗原抗体的特异性反应对微生物进行鉴定，发展该方法的前提一般需要制备待检微生物的特异抗体，根据检验模式和检验信号的不同，主要分为酶联免疫试剂盒和胶体金检验卡两类。

ELISA（酶联免疫）试剂盒技术比较成熟，只要获得致病微生物特异性抗原抗体，便可以开发快速检验EL1SA试剂盒，微生物检验一般采用夹心模式，因此具有非常好的灵敏度和特异性。在EL1SA试剂盒的基础上研制了全自动免疫荧光酶标仪，集固相吸附、酶联免疫、荧光检验和乳胶凝集诸方法优点于一体的综合性检验系统是一个研究方向。

（三）聚合酶链式反应技术

与传统微生物的检验方法相比，基于分子生物学的聚合酶链式反应（PCR）技术对增菌培养依赖程度小，快速灵敏，特异性强，很好地弥补了传统方法的缺陷。近十年来，随着分子生物学技术与研究方法的不断突破进展，产生出新的检验手段，如实时荧光定量PCR、多重PCR、等温PCR、数字PCR，使食品微生物检验精度大为提高，检验能力也达到了一个新的水平。全自动PCR技术可以减少PCR操作的复杂性，提高检验的效率。

现阶段PCR技术是微生物检验的基础。由于等温PCR技术的扩增效率更高，设备要求方面相对于普通PCR技术更简单经济，使得更多的研究者对等温PCR十分关注，等温技术在食品致病微生物检验中将会占有越来越重要的地位。

传统的PCR技术包括荧光定量PCR技术，只能相对定量，或者依据参照基因所做的标准曲线进行定量。而数字PCR技术的出现，则能够直接统计DNA分子的个数，是对起始样品的绝对定量，这项技术的成功使用将会使得基于PCR技术的食源性微生物的半定量检验真正成为定量检验。

（四）核酸探针技术

核酸探针是指带有标记的特异DNA片段。根据碱基互补原则，核酸探针能特异性地与目的DNA杂交，最后用特定的方法测定标记物。随着该技术的发展，核酸探针技术将在食品微生物检验上有较多的应用。

对于食源性微生物检验来说，多重检验就显得尤为重要。目前的大多数快速检验方法都是单指标检验，即一次只检验一种致病菌。多种致病菌需要不同的试剂和方法去检验。DNA探针可以进行多重检验，但是检验的致病菌种类越多，所需的引物和探针也就越多，导致在扩增以及后面的杂交时，发生非特异性反应的可能性也就越高，容易引起检验误差。

（五）多技术的综合利用

目前微生物的分类鉴定方法很多，每种方法都各有优缺点，综合利用各种检验技术也将使食品微生物检验的研究更精确、快捷和具有创新性。

例如，通过增菌和PCR扩增制备待检微生物的特异DNA序列，然后与芯片上的探针序列杂交，最后通过荧光或其他信号方式进行检验确认的生物芯片技术，就是PCR技术与DNA探针技术的集成，其灵敏度与PCR技术相当，但其具有高通量、多参数、高精确度和快速分析等特征，所以备受青睐。

目前免疫磁珠技术、膜过滤法可以达到去除干扰物质、富集待检微生物的目的，而且操作简单，向在膜上富集的微生物加入裂解液，使DNA直接吸附在膜上，然后直接进行扩增是一个新的研究方向。

食品微生物检验方法的发展取决于新技术的发掘。分子生物学技术、测序技术、蛋白质组学技术、流式细胞技术等新型微生物检验技术都具有非常广阔的应用前景。可以预见，在不远的将来，传统的微生物检验技术将逐渐被各种新型简便的微生物快速诊断技术所取代，对食品安全产生巨大影响的更灵敏、更有效和更可靠的微生物快速检验方法将不断地被开发出来。

第二节 环境条件与微生物的生命活动

"微生物和其他的生物一样都是有生命的，和动植物一样具有生物最基本的特征——新陈代谢，尽管微生物极其微小，但也有自己的生命周期"[1]。微生物

---

[1] 刘文玉，魏长庆，刘巧芝，等.食品微生物学及检验技术[M].南京：东南大学出版社，2015：6.

的生命活动与其所处的环境有着密切的关系。微生物是在与不断变化的外界环境条件发生相互作用的关系中进行生命活动的。自然界的环境在不断地影响着微生物，同时，微生物也不断地影响着自然界。因此，微生物与环境既是互相矛盾，又是统一的。一方面，在适宜的环境条件下，微生物能良好地生长、繁殖，在不适宜的环境条件下，微生物的生长就会减慢或停止，甚至会死亡；另一方面，在一定程度上微生物也能抵抗或适应不良环境条件。研究微生物与环境因素的关系，不仅有助于了解微生物在自然界中的分布及作用，探讨微生物生命活动的规律，而且在食品工业生产上，对微生物的利用、抑制、杀灭和防治等方面具有很重要的指导意义。

一、灭菌、消毒、防腐与无菌

在论述各种环境因素对微生物的影响之前，先介绍以下有关概念。

（一）防腐

防腐，是指防止或抑制微生物的生长繁殖。采取防腐的措施，在一定期限内，可使物品不会因存在于其中的微生物而腐败。用于防腐的物质称为防腐剂。防腐的方法很多，原理各异，大致如下。

1.低温

利用4℃以下的各种低温（0℃、–20℃、–70℃、–196℃等）保藏食物、生化试剂、生物制品或菌种等。

2.缺氧

可采用抽真空、充氮或二氧化碳，加入除氧剂（deoxidizer）等方法来有效防止食品和粮食等的霉腐、变质而达到保鲜的目的，其中除氧剂的种类很多，是由主要原料铁粉再加上一定量的辅料和填充剂制成，对糕点等含水量较高的新鲜食品有良好的保鲜功能。

3.干燥

采用晒干、烘干或紫外线干燥等方法，对粮食、食品等进行干燥保藏，是最常见的防止霉腐的方法。此外，在密封条件下，用生石灰、无水氯化钙、五氧化二磷、氢氧化钾（或氢氧化钠）或硅胶等作为吸湿剂，也能够很好地达到食品、药品和器材等长期防霉腐的目的。

4.高渗

通过盐腌和糖渍等高渗措施来保存食物，是在民间早就流传的有效防霉腐的方法。

（二）消毒

消毒，是指杀死病原微生物的措施。消毒可达到防止传染病传播的目的。用于消毒的物质称为消毒剂。

1.消毒的意义

传染病消毒是用物理方法或化学方法消灭停留在不同的传播媒介物上的病原体，借以切断传播途径，以阻止和控制传染的发生。其目的如下：

（1）防止病原体播散到社会中，引起流行发生。

（2）防止患病者再被其他病原体感染，出现并发症，发生交叉感染。

（3）同时保护医护人员免疫感染。

仅靠消毒措施还不足以达到以上目的。须同时进行必要的隔离措施和工作中的无菌操作，才能达到控制传染之效。

不同的传播机制引起的传染病，消毒的效果也有所不同。对于肠道传染病，病原体随排泄物或呕吐物排出体外，污染范围较为局限，如能及时正常地进行消毒，切断传播途径，中断传播的效果较好；对于呼吸道传染病，病原体随呼吸、咳嗽、喷嚏而排出，再通过飞沫和尘埃而播散，污染范围不确切，进行消毒较为困难。须同时采取空间隔离，才能中断传染。对于虫媒传染病，则采取杀虫灭鼠等方法。

2.消毒的分类

可按照消毒水平的高低，分为高水平消毒、中水平消毒与低水平消毒。

（1）高水平消毒，是指杀灭一切细菌繁殖体包括分枝杆菌、病毒、真菌及其孢子和绝大多数细菌芽孢。达到高水平消毒常用的方法包括采用含氯制剂、二氧化氯、邻苯二甲醛、过氧乙酸、过氧化氢、臭氧、碘酊等以及能达到灭菌效果的化学消毒剂，在规定的条件下，以合适的浓度和有效的作用时间进行消毒的方法。

（2）中水平消毒，是指杀灭除细菌芽孢以外的各种病原微生物包括分枝杆菌。达到中水平消毒常用的方法包括采用碘类消毒剂（碘伏、氯己定碘等）、醇类和氯己定碘的复方、醇类和季铵盐类化合物的复方、酚类等消毒剂，在规定条件下，以合适的浓度和有效的作用时间进行消毒的方法。

（3）低水平消毒，是指能杀灭细菌繁殖体（分枝杆菌除外）和亲脂类病毒的化学消毒方法以及通风换气、冲洗等机械除菌法。例如，采用季铵盐类消毒剂（苯扎溴铵等）、双胍类消毒剂（氯己定）等，在规定的条件下，以合适的浓度和有效的作用时间进行消毒的方法。

（三）灭菌

灭菌，是指杀死物品上的所有微生物，包括营养体、孢子、芽孢等各种生命形式。

1.灭菌的基本要求

（1）重复使用的诊疗器械、器具和物品，使用后应先清洁，再进行消毒或灭菌。

（2）被朊病毒、气性坏疽及突发不明原因的传染病病原体污染的诊疗器械、器具和物品，应按规定执行。

（3）耐热、耐湿的手术器械，应首选压力蒸汽灭菌，不应采取化学消毒剂浸泡灭菌。

（4）环境与物体表面，一般情况下先清洁，再消毒；当受到患者血液、体液等污染时，先去除污染物，再清洁与消毒。

（5）医疗机构消毒工作中，使用的消毒产品应经卫生行政部门批准或符合相应标准技术规范，并应遵循批准使用的范围、方法和注意事项。

2.灭菌方法的选择

（1）根据物品污染后导致感染的风险高低，选择相应的消毒或灭菌方法。

第一，高危险度物品，应采用灭菌的方法处理。

第二，中危险度物品，应采用达到中水平消毒以上效果的消毒方法。

第三，低危险度物品，宜采用低水平消毒方法，或做清洁处理；遇有病原微生物污染时，针对所污染的病原微生物种类选择有效的消毒方法。

（2）根据物品上污染微生物的种类、数量，选择消毒或灭菌的方法。

第一，对于受到致病菌芽孢、真菌孢子、分枝杆菌和经传播病原体污染的物品，应采用高水平消毒或灭菌。

第二，对于受到真菌、亲水病毒、螺旋体、支原体、衣原体等病原微生物污染的物品，应采取中水平以上的消毒方法。

第三，对于受到一般细菌和亲脂病毒等污染的物品，应采用达到中水平和低水平的消毒方法。

第四，当杀灭被有机物保护的微生物时，应加大消毒剂的使用剂量并延长消毒时间。

第五，当消毒物品上微生物污染特别严重时，应加大消毒剂的使用剂量和或延长消毒时间。

（四）商业灭菌

商业灭菌，是指从商品的角度出发对食品进行的灭菌，即食品经过杀菌处理后，按照所规定的检验方法检不出活的微生物，或者仅能检出极少数的非病原微生物，但它们在规定的保存期内不会引起食品腐败变质。

（五）无菌

无菌，是指没有活的微生物存在的状态。如实验室中的无菌操作技术、食品的无菌包装、防止微生物污染的无菌室、经灭菌或过滤的无菌空气等。无菌的灭

菌方法如下:

1.过热蒸汽灭菌法

过热蒸汽灭菌法的优点是铁罐在压力下可获得较高的温度，但微生物在过热蒸汽中比在饱和蒸汽中热阻更大，因此，杀菌温度要求较高。

2.干热空气灭菌法

干热空气灭菌法与过热蒸汽灭菌法一样，有它的优点和缺点，且多用于复合罐的无菌包装系统。这种方法还没有用于低酸食品的无菌生产，但这种无菌设备已经用于汁类饮料的生产。

3.过氧化氢灭菌法

利用过氧化氢的杀菌作用，再配合使用其他热的方法来达到杀菌的目的。

以上概念在不同行业、不同人群间，其含义可能有差异，应注意区分。另外，"杀菌"是指对物品进行处理，可能是消毒，也可能是指灭菌或商业灭菌。

二、物理因素与微生物的生命活动

（一）温度因素

1.微生物生长的适应温度

温度是影响微生物生命活动的重要因素之一。它对微生物生命活动的影响：一方面，随着温度的升高，细胞中的生物化学反应速率加快，生长速度提高；另一方面，细胞的重要组成成分蛋白质对较高的温度敏感，当温度升高到一定程度时，可能发生不可逆的变性而对机体产生不利影响，如温度更高，可致机体死亡。高温可杀死微生物，低温抑制微生物的生长。因此，微生物的生长有一定的温度范围。

微生物生长的温度范围较宽，可在$-10 \sim 95℃$，但具体到某一种微生物，其生长的温度范围就较窄。按生长速度划分，每种微生物的生长有三个温度界限，即最低生长温度、最适生长温度、最高生长温度。超出最低与最高的温度范围，微生物的生命活动就要中断。

嗜热微生物适宜在较高的温度下生长，常见于温泉、土壤、堆肥及其他腐烂有机物中，如芽孢杆菌、梭状芽孢杆菌和高温放线菌等。它们抗热性强的特点常给罐头工业中的灭菌带来一定的困难。

嗜温微生物适宜生长在10～45℃的温度下，其中室温型微生物最适生长的温度为25～30℃，包括许多土壤微生物和植物病原微生物；而体温型微生物最适宜生长的温度为37～40℃，包括人及温血动物病原菌。绝大多数微生物属于嗜温微生物，如发酵工业上应用的微生物菌种、引起食品腐败变质的微生物、引起人和动物疾病的病原微生物。

嗜冷微生物适宜在较低的温度下生长，常出现于地球两极地区的水域和土壤中，也见于海洋深处、冷泉和其他低温场所。食物冷藏中出现的腐败，大多数由这类微生物引起，如假单胞菌中的嗜冷菌。

注意：微生物的最适生长温度并不一定是最适发酵温度，如酒精酵母的最适生长温度是28℃，最适发酵温度则为32～33℃。

2.低温对微生物的影响

微生物对低温（0℃以下）的敏感性比高温弱，有些微生物会死亡，但大部分微生物处于最低生长温度时，新陈代谢活动会降低到极低的程度。若温度再低，则微生物的生命活动停止，但除少数对低温敏感的微生物会很快死亡外，多数微生物其活力仍然存在，当温度升高时又恢复其正常的生命活动，故可用低温保存菌种。一些细菌、酵母菌、霉菌的琼脂斜面菌种，通常可保存在4～7℃冰箱中，很多细菌和病毒可保存在-26～-70℃的冰冻条件下，甚至有些病毒与微生物以及哺乳动物的组织细胞可保存于液氮（-196℃）中。

低温常用于保藏食品。一般地，温度越低，食品的保藏时间越长，冷藏温度（0～7℃）可用于贮存果蔬、肉、蛋、乳等食品。但由于一些嗜冷性微生物能缓慢生长，所以对于多数食品来说，保藏期短。冷藏温度（0℃以下）可较长期保藏食品，特别是-18℃以下，几乎所有微生物都不能生长，因此，可以长期保藏食品。但应注意，如冷藏食品被病原菌污染，则仍可能传播疾病。

在冰冻状态下，微生物的死亡主要是由于细胞内水分转变成冰晶，引起细胞脱水而不能生存。同时，细胞内的冰晶体对微生物细胞的结构也产生机械性损伤，一般认为速冻时形成的冰晶体小，对细胞的机械损伤小。

不同的微生物对低温致死的敏感度不同，如球菌比杆菌具有较强的抗冰冻能力。另外，冰冻时如果微生物所在基质有糖、蛋白质、脂肪等，微生物不易死亡，但是如果基质水分高或酸度高，微生物易死亡。

3.高温对微生物的影响

不同的微生物对高温的敏感度不同，多数微生物的营养体和病毒在50～65℃，10 min内死亡，而少数微生物在80℃左右仍能生长。放线菌和霉菌的孢子比其营养细胞的抗热性强，一般在80℃，10 min内死亡。细菌的芽孢在100℃以上的温度下，经过一定的时间才会死亡。

同一菌种在不同菌龄对热的抵抗力不同，一般老龄菌体比幼龄菌体更抗热，如处于稳定期的菌体较处于对数期的菌体耐热。

微生物所处的基质条件对微生物的抗热性也有影响。一般地，微生物在干热环境中较在湿热环境中耐热；在生长适宜的pH条件下较偏酸性或偏碱性条件下耐热；在基质中含有脂肪、糖、蛋白质等物质时，微生物较耐热。

下面是关于微生物抗热能力的相关概念：

（1）致死时间。致死时间是指在一定的温度下，杀死某种微生物所需的最短时间。

（2）致死温度。在一定的时间（一般为10 min）内，杀死某种微生物所需的最低温度。

（3）D值。在一定的温度下加热杀菌，微生物数降低一个对数周期（90%的活菌被杀死）所需的时间（min）称为D值。如$D_{100}=10$min，表示100℃条件下加热，活菌数减少至原来的10%所需的时间为10 min。

（4）F值。在一定的基质中，121.1℃加热，杀死一定数量微生物所需的时间（min）。

（5）Z值。在加热致死曲线上，时间降低一个对数周期（缩短90%的加热时间）所需升高的温度。

掌握上述概念在啤酒的灭菌、罐头的杀菌等工作中有着重要的实际意义。

4.高温灭菌及消毒

加热可用于杀菌，因高温可引起细胞蛋白质变性，从而引起微生物死亡。消毒与灭菌的方法有很多，常用的有热杀菌、过滤除菌、辐射除菌、化学药品杀菌。

（1）干热灭菌法。包括以下两种：

第一，直接灼烧法。直接用火灼烧或用火焚烧，如实验室的接种针、接种环、一些金属小工具、试管口等的灭菌及其他污染物品、实验动物尸体等废弃物的处理。此法具有灭菌彻底、简便、快速的特点，但使用范围有限。

第二，干热空气灭菌法。有些不能直接灼烧的物品可利用热空气灭菌，如恒温干燥法。将要灭菌的物品置于鼓风干燥箱中，利用干热空气进行灭菌，一般是160℃维持1~2h、140℃维持3~4 h，灭菌温度和时间根据具体情况而定。一般微生物的繁殖体在100℃，1 h就可被杀死，而芽孢需要160℃，1~2 h才可被杀死。此法适用于玻璃、瓷器、金属等器皿的灭菌，优点是可保持物品干燥。

（2）湿热灭菌法。同样温度时，湿热灭菌比干热灭菌效果好，因为在湿热条件下，菌体吸收水分，在含水量高的情况下，蛋白质易变性；湿热蒸汽较干热空气穿透力强，湿热灭菌里外层温度相差小；湿热的蒸汽有潜热存在，当被灭菌物体温度比蒸汽温度低时，蒸汽在物体表面凝结成水，同时放出潜热（每1g水在100℃由气体变为液体时可放出2255J热量），这种潜热可迅速提高灭菌物的温度。常用的湿热灭菌或消毒方法有以下四种：

第一，高压蒸汽灭菌法。高压蒸汽灭菌法是微生物实验室及罐头工业中最常用的灭菌方法。灭菌在高压蒸汽灭菌锅内进行：将待灭菌的物品放在密闭的高压蒸汽灭菌锅内，通过加热使灭菌锅隔套间的水煮沸汽化，水蒸气急剧地将锅内空气从排气阀中驱尽，然后关闭排气阀，继续加热，使锅内水蒸气压继续增大，从而不断提高锅内的温度，以达到灭菌的目的。锅内饱和蒸汽的压力越大，水的沸点温度及蒸汽的温度就越高，灭菌所需时间就越短。通常当锅内蒸汽压力为0.2 MPa时，锅内温度可达121℃。这种条件下持续15~20 min就能杀死所有微生物。灭菌的温度、压力及维持时间要根据灭菌物件的性质、容量等具体情况来定。此法适用于各种耐热培养基、生理盐水、玻璃器皿、肉类罐头等的灭菌。

第二，煮沸消毒法。此法是将待消毒物品置于水中煮沸，一般微生物的营养细胞在100℃水中保持2~5 min即死亡。杀死芽孢必须煮沸1~2 h时才有效。如在水中添加2%~5%的石炭酸或0.5%~1%的碳酸钠，则可加速杀死芽孢，并且碳酸钠具有防止经煮沸消毒后的金属器皿生锈的作用。此法适用于一般食品、医疗器械、器皿、衣物、家庭餐具等的消毒。

第三，间歇灭菌法。此法是指采用反复多次的常压蒸汽灭菌，以达到杀死微生物营养体和芽孢的目的。将待灭菌的物品放入蒸笼中加热至100℃，保持约30min，以杀死其中微生物营养体，冷却后于37℃左右的温度下培养24h，使未杀死的芽孢萌发成营养体，然后再以同样方法处理，如此反复三次，即可达到彻底灭菌的目的。此法适用于不宜高温处理的药品、营养物、特殊培养基等的灭菌。

第四，巴氏消毒法。对于热敏感的食品或物品，不宜采用高温灭菌，因经煮沸或更高温处理会损害它的营养价值或色、香、味等。为了达到消毒或较长时间保存的目的，则可采用巴氏消毒法。如牛奶、啤酒、黄酒、酱油等食品可采用此法进行消毒。最初巴斯德创立本法时的消毒条件是61.5℃、30 min，经过长期的实践研究，巴氏消毒法的条件根据实际情况有所改进，如采用71℃、15 min，75℃、15s，90℃、1~2 s等。进行巴氏消毒后，食品中可能存在的结核杆菌、伤寒杆菌等人体病原菌和部分微生物的营养体可被杀死。

（二）干燥因素

水是微生物细胞不可缺少的组成成分，微生物的生命活动需要周围环境有一定的水分。干燥可引起菌体细胞脱水、细胞内盐分浓度增高、蛋白质变性，影响微生物的正常生理代谢，进而导致生命活动的降低或死亡。因此，在日常生活中，常用烘干、晒干或熏干等手段来保存食品和食品发酵工业原料。由于干燥环境中，菌体处于休眠状态，故在实验室则利用真空冷冻干燥法保存菌种。

不同微生物对干燥的抵抗力不同。醋酸菌失水后很快死亡；链球菌、结核杆菌则较耐干燥；酵母菌失水后可保存数日至数月，霉菌的孢子、细菌的芽孢对干燥的抵抗力就更强了，可保存生命数年至数十年，当它们遇到适宜的水分和营养后仍可发芽繁殖。

（三）渗透压因素

在微生物生活环境中渗透压的高低将直接影响微生物的生命活动。

第一，在等渗透压溶液中。当微生物处于与其自身细胞液渗透压相等的环境中，细胞不收缩也不膨胀，保持原形，有利于微生物的生长。常用的生理盐水（0.85%～0.9%NaCl），即为等渗透压溶液的一种。

第二，在高渗透压溶液中。当微生物处于比其自身细胞溶液渗透压高的环境中时，细胞内的水分渗透到细胞外，造成细胞失水、体积变小、质膜收缩，细胞质变稠，严重时发生质壁分离，从而影响微生物的生命活动，甚至导致其死亡。利用这一原理可较长时间地保存食品，以防止食品腐败。如腌渍食品（5%～30%食盐）、蜜饯食品（30%～80%糖）。但有些微生物能在高渗透压环境中生长，如花蜜酵母菌，某些霉菌能在60%～80%糖液（渗透压为4.6～9.1MPa）中生长，它们是蜜饯食品败坏的原因。有些嗜盐微生物在20%的盐浓度下仍能生长。

第三，在低渗透压溶液中。当微生物处于比其自身细胞溶液渗透压低的环境中时，细胞吸水膨胀，严重时细胞破裂而死亡。因此，在培养微生物时，除注意必需的无机盐外，还必须注意其浓度，以保持一定的渗透压。

（四）超声波因素

几乎所有微生物都受超声波的破坏，因超声波（频率20000Hz以上）有强烈的生物学作用，这主要是超声波产生的强烈振荡及其产生的热效应引起的。但不同微生物受到影响的程度不同，在超声波处理时，一般杆菌比球菌易被破坏而死亡，个体大的菌体比个体小的易被破坏而死亡，而细菌芽孢对超声波有较强抗性，不易受超声波影响，病毒的抵抗性则更强。

由于超声波有杀菌作用，可利用它来处理食品。如用超声波进行牛乳消毒，经15～60s处理后，乳液可以保存5d不酸败变质。经一般消毒的牛乳，再经超声波处理，在冷藏的条件下可保存18个月。

（五）辐射因素

辐射是能量通过空气传播而形成的，在各种波长的电磁波中，紫外线、X射线、γ射线和宇宙线对生物体有害。可见光除可作为某些微生物的能源外，一般对微生物没有直接影响。

1.紫外线

紫外线是日光的一部分，为非电离辐射。波长范围是13～390nm，在200～331mn的范围内具有杀菌作用，其中波长为260nm左右的紫外线杀菌作用最强。

根据紫外线辐射对微生物有致死作用，目前紫外杀菌灯已在医疗卫生、无菌操作以及饮水等消毒中应用。但紫外线对物质的穿透力很差，不易透过不透明的物质，如0.1mm厚的牛奶就可吸收90%的紫外线，因此，紫外线杀菌灯只适于空气及物体表面的消毒。

另外，紫外线对食品表面虽有一定的杀菌作用，但对含脂肪和蛋白质多的食品，用紫外线照射后会产生异味和变色等不良现象。

直射紫外线对生物组织有刺激，紫外线对人体的皮肤、眼睛有伤害作用，可引起刺激症状，故使用紫外灯时，必须注意防护。

2.X射线、γ射线和宇宙线

X射线、γ射线与宇宙线为电离辐射，高能电磁波，同时对物体有很强的穿透力，所以电离辐射对微生物有很强的致死作用。

X射线波长为0.06～13.6 mn，一般由X光机产生，其发生装置及费用昂贵，不适用于食品的灭菌。宇宙线是从外太空到达地面的高能射线。

γ射线波长为0.01～0.14 nm，是由某些放射性同位素如^{60}Co等发出的高能射线，其穿透力强，对各种生物都有强烈的致死作用，杀菌效果很好，由于γ射线照射物品不会引起其温度的升高，故称为冷杀菌。目前γ射线已用于一些不耐热食品的杀菌处理，杀菌的效果与照射剂量有关，可根据需要来设定剂量。另外，应注意，γ射线用于食品的消毒时，可能引起食品品质改变，对食品往往是有害的。

（六）微波因素

微波，是指频率在（3×10^2）～（3×10^5）MHz的电磁波。它对微生物有致死作用，其原因是微生物在微波场中吸收微波的能量而产生热效应，温度升高而致死。微波的热效应具有加热均匀、热能利用率高、加热时间短、穿透力强的特点。目前已用于食品的杀菌，其使用频率一般为915MHz和2450MHz。

三、化学因素与微生物的生命活动

不同的化学物质对微生物的影响不同，有些化学物质在极低浓度（或一定浓度）时对微生物起促进作用，有利于微生物的代谢、生长繁殖；在较低浓度时对微生物起抑制作用，不利于微生物的代谢、生长繁殖；在较高浓度时起杀菌作用，破坏微生物的代谢和菌体结构，导致杀死微生物。掌握各种化学物质对微生物的影响，有助于我们利用或杀死微生物。

（一）pH与酸、碱因素

1.pH

大部分微生物的最适生长pH在5～9（多数自然环境的pH）范围内，只有少数种类可生长于pH低于2或高于10的环境中。如大多数细菌、放线菌的最适生长pH在6.5～8.0。

环境中的pH将影响到微生物对营养物质的吸收，酶及其他蛋白质的形成及其活力，代谢途径和细胞膜透性的改变等。例如，大肠杆菌的生长范围为pH在4.5～9.0，在pH为4时，体内形成氨基酸脱羧酶，在pH为8时，体内形成氨基酸脱氨酶；黑曲霉在pH为2～3时形成柠檬酸，pH近中性时形成草酸；酵母菌在pH为5时的产物是乙醇，而在pH为8时则产生甘油。

微生物在其生命活动过程中可改变环境的pH，如在谷氨酸发酵过程中，进入产酸阶段，pH就会下降，每当pH下降到6.0～7.2时就加尿素，这样既可调节pH，又供给了必要的氮源。在乳酸发酵时，添加过量的碳酸钙，以维持pH在6.8左右。

2.酸类

（1）酸类对微生物的作用。酸类物质会解离出H^+，降低环境的pH，如果pH小于微生物的最适生长pH，微生物的生命活动即被抑制或者不能生存而死亡。酸类对微生物的作用不仅取决于氢离子浓度，而且与其游离的阴离子和未解离的分子本身有关，一般有机酸的解离度比无机酸的解离度小，因而在相同的浓度下其氢离子浓度也低，但其抑菌或杀菌的效果有时反而比无机酸强，这就说明有机酸的抑菌或杀菌作用与其整个分子和相应的阴离子有重要关系。如用作食品防腐剂的苯甲酸和邻羟基苯甲酸在中性与碱性中可以解离，在酸性环境中其解离则被抑制，然而它们在酸性环境中呈不解离状态时，其杀菌作用却比在中性环境中强100倍。

（2）酸类物质在食品中的应用。应用于食品工业中的许多有机酸，在食品中起防腐或杀菌作用，有些同时还可增进食品的风味。例如，酸奶生产，牛奶经乳酸菌发酵，部分糖变为乳酸而制成特有风味的酸奶；黄瓜、番茄、大蒜等除加入一些糖、盐等调料外，再加入一定量的醋酸或柠檬酸制成酸渍食品，不仅可使其保存的时间延长，而且赋予食品新的风味。一般认为，醋酸浓度为6%（此时pH为2.3～2.5）时，可有效地抑制腐败菌的生长。

食品中应用的防腐剂，首先是对人体无毒，其次是不影响食品的风味，同时有较好的防腐效果，防腐剂在食品中的用量应不超过食品卫生标准的规定。如苯甲酸及其盐、山梨酸及其盐、脱氢醋酸及其钠盐、醋酸等都是常用的防腐剂。

3.碱类

碱类物质会解离出OH^-使环境的pH提高，如果pH大于微生物的最适生长pH时，微生物生长的速度较慢。当pH超过微生物生长的最高pH时，微生物的生长就会被抑制或杀死，pH越大（碱性越强），杀菌力越强。但细菌芽孢的抗碱能力很强。耐酸性细菌，如结核分枝杆菌抗碱能力也特强，在实验室中，检查结核杆菌时，常先将检样以强碱（4%KOH）处理30 min，使样品中的物质液化，这样的强碱条件是其他微生物所不能耐受的。

食品工厂常用石灰水、氢氧化钠、纯碱等对环境、工具、机器设备等进行消毒。

（二）盐类因素

一般情况下，盐类（如NaCl、KCl、$MgSO_4$等）在低浓度时对微生物生长是有益的，而在高浓度时则有抑制或杀死微生物的作用，这主要是因为高浓度的盐会引起细胞脱水，造成菌体的生理上干燥。盐类相对分子质量大的毒性比相对分子质量小的大，2价阳离子毒性比1价阳离子毒性较大。通常革兰氏阳性菌对盐的敏感性大于革兰氏阴性菌。

重金属盐类是蛋白质的沉淀剂，其重金属离子与细胞蛋白质结合而使蛋白质变性，或者与酶的（–SH）结合而使酶失去活力，影响正常代谢。当重金属盐浓度高时，可引起细胞死亡。$HgCl_2$（升汞）、银盐、铜盐等重金属盐都曾用作防腐剂或消毒剂。由于重金属离子对人体有毒害，使用时应高度注意安全，而在食品中是绝对不能使用的。

升汞作为消毒剂，其使用浓度为0.1%，多用于人手、非金属器皿的消毒，其缺点是对人体有剧毒。现已合成一些毒性较低的含汞有机物，如硫柳汞、袂塔酚可用作消毒剂；硝酸银可用于眼炎、中耳炎等的治疗。

硫酸铜对真菌和藻类杀伤力较强；砷盐对细菌、酵母菌的毒性较大，特别是对螺旋体毒性更为显著。

（三）氧化剂因素

氧化剂是能自由地供给氧或能从其他化合物释放氧的物质，它作用于微生物蛋白质结构中的氨基、羟基或其他化学基团，以造成微生物代谢机能障碍而死亡。

常用的氧化剂有以下五种：

第一，高锰酸钾。高锰酸钾是一种强氧化剂，0.1%的高锰酸钾可用于皮肤、水果、炊具的消毒；2%～5%的溶液作用24h可杀死芽孢。在酸性溶液中，其杀菌力增强。其缺点是遇有机物则作用生成不溶性的二氧化锰沉淀而降低杀菌能力，所以它只能用于已经清洗的物体表面的消毒，有些国家已停止其作为消毒剂使用。

第二，过氧化氢。过氧化氢是一种活泼的氧化剂，作为消毒剂，其使用浓度一般为1%～3%。例如，1%～1.5%过氧化氢用作含漱液，3%的溶液用于伤口消毒。缺点是化学性质不稳定，容易失效。另外，过氧化氢对人体皮肤、黏膜有腐蚀作用，吸入过多会使人中毒。

第三，过氧乙酸。过氧乙酸是高效广谱性杀菌剂。其使用浓度为0.05%～0.5%，可用于塑料、玻璃制品、环境以及水果、蔬菜、鸡蛋等食品表面的消毒。其缺点是有一定的刺激性。

第四，氯。含氯消毒剂是指溶于水中能产生次氯酸的消毒剂。氯气常用于水的消毒，如游泳池内的水等，氯气常用剂量是0.2～1mg/kg。漂白粉的有效成分是$Ca(ClO)_2$，价格低廉，具有广谱杀菌的作用，是我国使用最普遍的一种消毒剂。可用于自来水、某些食品和环境的消毒，其使用浓度为0.5%～5%。其缺点是碱性太大，有一定的腐蚀性。

第五，碘。碘是一种广谱杀菌剂，常用2.5%碘液，杀菌力较强，用酒精配成碘酒杀菌力更强。通常用于皮肤、医疗器材、水和空气的消毒。

（四）其他有机物因素

有机物致死微生物，一般是通过使细胞蛋白质变性凝固。

第一，醇类。醇类具有一定的杀菌能力，常用的是乙醇，其杀菌力与浓度有关。70%左右的酒精杀菌力强，杀菌机制是使细胞蛋白质脱水变性而破坏其代谢机能。70%酒精适用于皮肤、体温计、外科器械等的消毒。

第二，酚类。酚类消毒剂性质稳定、生产简易，对大多数物品腐蚀轻微，但杀菌力有限。例如，2%～5%的苯酚（又名石炭酸）溶液用于器械消毒和室内外喷雾消毒及粪便消毒；来苏尔是甲酚（对甲酚、邻甲酚、间甲酚）与肥皂的混合物，其2%溶液用于皮肤消毒，4%溶液用于器械、地面、排泄物消毒。

第三，甲醛。甲醛是气体，是一种非常有效的杀菌剂，对微生物的营养细胞和孢子同样有效。37%～40%的甲醛溶液，俗称福尔马林（可浸泡标本），具抑菌和杀菌作用。生产中常用10%的甲醛溶液熏蒸消毒厂房和无菌室，但使用时要注意操作，因其蒸汽具有强烈的刺激性。

第四，表面活性剂。表面活性剂是指能改变（通常是降低）液体表面张力的物质。它们能吸附在细胞表面，影响细胞的生长与分裂，具有杀菌作用，如肥皂、新洁尔灭、消毒净等。肥皂是脂肪酸的钠盐，是温和杀菌剂，对肺炎球菌、链球菌有效，对葡萄球菌、革兰氏阴性菌、结核分枝杆菌、细菌芽孢无效。另外，肥皂也能机械地移去物品表面的微生物。

新洁而灭（季铵盐）是常用的消毒剂，高度稀释时具有抑菌作用，稀释度小时具有杀菌作用，同时它也有去污作用，是一种有效而无毒的消毒剂，一般使用浓度为0.05%～0.1%，用于皮肤、小型器皿表面的消毒。杜灭芬也是消毒剂，其使用浓度为0.05%～0.1%，用于皮肤、器械、布品、塑料等的消毒。

（五）化学疗剂因素

化学疗剂，是指能直接干扰病原微生物的生长繁殖而可用于治疗感染性疾病的化学药物。与外用消毒剂不同的是，其有严格的选择力，只对致病菌表现出杀菌力，对人体细胞基本上是无害的，所以能用于人体内部。这些药物中有些是抑制微生物生长，有些则是杀菌的。

第一，抗生素。抗生素是一类重要的化学疗剂，是由微生物代谢产生的化学物质，具有抑制或杀死其他微生物的作用，是现代重要的药物。目前，已发现并已用于医疗的抗生素很多，如青霉素、链霉素、庆大霉素等。

第二，抗代谢物。抗代谢物是一些在结构上与生物体所必需的代谢物相似，可以与特定的酶结合，从而阻碍酶的功能，干扰其代谢正常进行的化学疗剂。如磺胺类药物是常用的化学疗剂，它们的结构与合成叶酸的前体物质——对氨基苯甲酸相似，因此，其会影响叶酸的合成。许多细菌需自己合成叶酸而生长，所以会被磺胺药物抑制，而人与动物细胞利用现成的叶酸，所以不被干扰。磺胺类药物可治疗多种传染性疾病，它们抑制肺炎双球菌、脑膜炎球菌、痢疾杆菌等效果明显。

四、生物因素与微生物的生命活动

在自然界，微生物除受物理化学环境影响外，同样受生物环境的影响。微生物之间以及微生物与动植物之间的关系大致有：寄生、互生、共生、拮抗等关系。

（一）寄生关系

寄生关系是一种生物生活在另一种生物体内，从中摄取营养物质而进行生长繁殖，并且在一定条件下会损害或杀死另一种生物的现象。前者称为寄生物，其中脱离寄主不能生长的称为专性寄生物，脱离寄主后能营腐生生活的称为兼性寄生物。后者称为寄主或宿主。噬菌体与细菌或放线菌之间的关系、动物病原微生物与动物之间的关系、植物病原微生物与植物之间的关系等都是寄生关系。

（二）互生关系

可以单独生活的两种生物，当共同生活时，相互有利或者一种生物生命活动的结果为另一种生物创造有利的生活条件，这两种生物的关系即为互生关系。例如，微生物间互生的固氮菌与分解纤维素的微生物。固氮菌需要不含氮的有机物作为碳源和能源，但是不能直接利用土壤中大量存在的纤维素；而分解纤维素的微生物虽然能分解纤维素，但分解后会有大量有机酸类物质积累，对自己的生长繁殖不利。两者生活在一起时，固氮菌利用分解纤维素的微生物所生成的有机酸作为碳源和能源而大量生长繁殖并固氮，而分解纤维素的微生物也不至于因自己的代谢产物积累而影响自己的生长，相反，由于固氮菌改善了土壤的氮素条件而更有利于其生长繁殖。它们之间的互生关系也改善了土壤的氮素营养，有利于作物的生长。

另外，如同微生物与植物的互生关系一样，一些肠道微生物与人也存在着互生关系。

（三）共生关系

共生关系是两种生物生活在一起，彼此依赖，创造相互有利的营养和生活条件，较之单独生活时更为有利、更有生命力，有的甚至相互依存，一种类型脱离了另一种类型就不易生活，在生理上形成一定的分工，在组织与形态上产生了新的结构。微生物间的共生关系可以认为是互生关系的高度发展。

地衣是某些真菌（某些子囊菌与担子菌）和藻类（单细胞绿藻或蓝藻）共生形成的一种植物体（具有各种形状），其中共生真菌营异养生活。它从共生绿藻或蓝藻得到有机养料，同时能够在十分贫瘠的环境条件下吸收水分和无机养料供给共生绿藻或蓝藻利用。共生绿藻或蓝藻从共生真菌得到水分和养料，进行光合作用，所合成的有机物质既满足自己的需要，也满足了共生真菌的需要。蓝藻还能固氮，供给真菌以氮素营养。因此，地衣可在岩石、树皮上或其他地方生长。

另外，根瘤和叶瘤是微生物与豆科和非豆科植物的共生体，瘤胃微生物与反刍动物之间的关系也都是共生关系。

（四）拮抗关系

一种微生物在其生命活动过程中，产生某种代谢产物或改变其他条件，从而抑制其他微生物的生长繁殖，甚至杀死其他微生物的现象，称为拮抗关系。拮抗关系分为非特异性拮抗关系和特异性拮抗关系。

第一，非特异性拮抗关系。酸菜、泡菜和青贮饲料的制作过程中，由于乳酸菌的旺盛繁殖产生了大量乳酸，使环境中的pH下降，这样就抑制了腐败细菌的生长，这种抑制作用没有一定的专一性，凡不耐酸的细菌都可被产酸的细菌所抑制，所以这种拮抗关系称为非特异性拮抗关系。酵母菌在无氧条件下产生大量的乙醇，同样对其他微生物有一定的抑制作用。

第二，特异性拮抗关系。有些微生物在其生命活动过程中，能够产生某种或某类特殊的代谢产物，具有选择性地抑制或杀死其他微生物的作用，这种现象称为特异性拮抗。各种微生物所产生的这种特殊代谢产物的性质各不相同，统称为抗生素。抗生素在医疗方面意义重大，在畜牧业、食品保藏方面也有应用。

第三节　食品微生物检验的主要程序

"自然界中广泛存在着各种微生物，无论是高山、田地、江河、湖泊、海洋还是空气中。在植物和动物的体表、体内也存在多种微生物。因此，动物性食物、植物性食物或由它们加工成的各种食品，就不可避免地存在着微生物"[1]。应用食品微生物检验技术确定食品中是否存在微生物、微生物的数量，甚至微生物的种类，是评估食品卫生质量的一种科学手段。但正确的样品采集与处理直接影响到检验结果，也是食品微生物检验工作非常重要的环节。如果样品在采集、运送、保存或制备等过程中的任一环节出现操作不当，都会使微生物的检验结果毫无意义，甚至产生负面影响。总之，特定批次食品所抽取样品的数量、样品的状态、样品的代表性及随机性等，对产品质量的评价及质量控制具有重要意义。

"食品安全问题关系到人民群众身体健康和生命安全，关系到食品行业的健康有序发展。由于微生物及其代谢产物导致食源性疾病的食品安全事件时有发生，因此，大力发展食品微生物检测技术，加强食品微生物检验势在必行"[2]。食品微生物种类繁多，检验方法也各不相同，但总体来说包括样品采集前的准

①李自刚，李大伟.食品微生物检验技术[M].北京：中国轻工业出版社，2016：1.

②王丹云，黄海民，朱俊玮，等.食品安全检验中微生物检测技术应用研究[J].中国口岸科学技术，2021，3（10）：37-41.

备、样品的采集、样品的前处理、样品的检验以及检验报告等基本程序。

一、采样前的准备

为了保证检验的顺利完成及检验结果的准确性，在对食品进行采集之前，必须做好充分的前期准备工作。这些工作看似简单，但必须严格按照规程执行，否则，会造成检验结果不能真实反映，甚至造成整个检验工作无效。检验前的准备工作通常包括以下方面。

（一）实验设备的准备

食品微生物实验室应具备的基本仪器：培养箱、生化培养箱、离心机、高压灭菌锅、超净工作台、显微镜、振荡器、高速离心机、天平、电位pH计、普通冰箱、低温冰箱等所必需的实验设备。这些实验设备应放置于适宜的环境条件下，便于维护、清洁、消毒与校准，并保持整洁与良好的工作状态。实验设备应定期进行检查、检定（加贴标识）、维护和保养，以确保工作性能和操作安全。实验设备应有日常性监控记录和使用记录。

（二）常规检验用品

常规检验用品主要有接种环（针）、酒精灯、镊子、剪刀、药匙、消毒棉球、硅胶（棉）塞、微量移液器、吸管、吸球、试管、平皿、微孔板、广口瓶、量筒、玻棒及L形玻棒等。这些检验用品在使用前应保持清洁和无菌。常用的灭菌方法包括湿热法、干热法、化学法等。所需要灭菌的检验用品应放置在特定容器内或用合适的材料（如专用包装纸、铝箔纸等）包裹或加塞，应保证灭菌效果。目前也可选择适用于微生物检验的一次性用品来替代反复使用的物品与材料（如培养皿、吸管、吸头、试管、接种环等）。检验用品的贮存环境应保持干燥和清洁，且已灭菌与未灭菌的用品应分开存放并明确标识。对灭菌检验用品应记录灭菌或消毒的温度与持续时间。

（三）试剂、药品及培养基的制备

食品检验时，试剂的质量、各种培养基的配方及制备应适用于相关检验，如严格按照国标要求进行，对检验结果有重要影响的关键试剂应进行适用性验证。科学研究时，培养基的制备可以按照具体需要做改动，但是检验结果仅为科研所用。通常，使用不在国标之列的培养基进行的检验，不能作为检验机构提供检验报告的依据。

（四）实验防护用品

对于食品微生物的检验样品，取样时防护用品主要是用于对样品的防护，即保护生产环境、原料、成品等不会在取样过程中被污染。其主要的防护用品有工作服、口罩、工作帽、手套、雨鞋等。这些防护用品应事先消毒灭菌备用或使用无菌的一次性物品。工作人员进入无菌室时，须更换工作服，实验没有完成之前不得随便出入无菌室。

二、食品样品的采集方案与方法

在食品微生物检验中，样品的采集是一个极其重要的环节。所采集的样品必须具有代表性，这就要求检验人员不仅要选择正确的采样方法，而且要了解食品加工的批号、原料的来源、加工方法、保藏条件、运输及销售中的各个环节。特定批次食品所抽取的样品数量、样品状况、样品代表性及随机性等，对检验的准确性及食品质量控制具有重要意义。

（一）样品采集的原则

样品的采集应遵循随机性、代表性的原则。采样过程遵循无菌操作程序，以防止一切可能的外来污染。

（二）样品的抽样方案

微生物检验的特点是以小份样品的检验结果来说明一大批食品卫生质量，因此，用于分析样品的代表性至关重要。一般来说，若进出口贸易合同中对食品抽样量有明确的规定，按合同规定抽样；若进出口贸易合同中没有具体抽样规定的，可根据检验的目的、产品及被抽样品批次的性质和分析方法来确定抽样方案。目前，最为流行的抽样方案为ICMSF（国际食品微生物标准委员会）推荐的抽样方案和随机抽样方案，有时也可参照同一产品的品质检验抽样数量进行抽样，或按单位包装件数的开平方值抽样。

1.ICMSF的取样方案

国际食品微生物标准委员会所建议的取样计划是目前世界各国在食品微生物工作中常用的取样计划。我国《食品卫生微生物学检验总则》对我国食品卫生微生物学监管和确保食品安全具有"划时代"的影响。该方案是依据事先给食品进行的危害程度划分来确定的，并将所有的食品分成三种危害度。Ⅰ类危害：老人和婴幼儿食品及在食用前危害可能会增加的食品；Ⅱ类危害：立即食用的食品，在食用前危害基本不变；Ⅲ类危害：食用前，经加热处理危害减小的食品。另外，将检验指标按对食品卫生的重要程度分成一般、中等及严重，并根据危害度的分类，又可以将取样方案分为二级法与三级法。

（1）ICMSF的采样设想及其基本原则。用于分析的抽检样品的数量、大小和性质对检验结果会产生很大的影响。在某些情况下，用于检验分析的样品可能代表所抽取的"一批"样品的真实情况，这适合于可以充分混合的液体食品，如牛乳、液体饮料和水等。但是在"多批"食品的情况下，就不能这样抽样了，因为"一批"容易包含在微生物的质量上差异很大的多个单元。因此，在选择抽样方案之前，必须考虑诸多因素，如检验目的、产品及被抽检食品的性质、分析方法等。

（2）ICMSF的采样方案。ICMSF采样方案是从统计学原理来考虑的，针对一批产品，采用统计学抽样进行检验分析，使得分析结果更具有代表性，也更能客观地反映该产品的质量，从而避免了以个别样品检验结果来评价整批产品质量的不科学做法。

ICMSF的采样方案分为二级采样方案和三级采样方案。二级采样方案设有 n、c 和 m 值，三级采样方案设有 n、c、m 和 M 值。n 是指同一批次产品应采集的样品件数；c 是指最大可允许超出 m 值的样品数；m 是指微生物指标可接受水平的限量值（三级采样方案）或最高安全限量值（二级采样方案）；M 是指微生物指标的最高安全限量值。

按照二级采样方案设定的指标，在 n 个样品中，允许有小于等于 c 个样品，其相应微生物指标检验值大于 m 值。这个取样方案的前提是假设食品中微生物的分布曲线为正态分布，并以其一点作为食品微生物的限量值，只设合格判定标准m值，超过m值的，则为不合格品。通过检查在检样中是否有超过m值的，以此来判断该批是否合格。

按照三级采样方案设定的指标，在n个样品中，允许全部样品中相应微生物指标检验值小于或等于m值；允许有小于等于c个样品其相应微生物指标检验值介于m值和M值之间；不允许有样品相应微生物指标检验值大于M值。

（3）对食品中微生物危害度分类与抽样方案说明。为了强调抽样与检样之间的关系，ICMSF已经阐述了把严格的抽样计划与食品危害程度相关联的概念。在中等或严重危害的情况下，使用二级抽样方案；对健康危害低的，则建议使用三级抽样方案。

2.随机抽样方案

在现场抽样时，可利用随机抽样表进行随机抽样。随机抽样表系用计算机随机编制而成的，包括一万个数字。其使用方法如下：

（1）先将一批产品的各单位产品（如箱、包、盒等）按照顺序编号。如将一批600包的产品编为1、2……600。

（2）随意在表上点出一个数，查看数字所在原行和列。如点在第48行、第10列的数字上。

（3）根据单位产品编号的最大位数（如A1，最大为3位数），查出所在行的连续数字（如A2所在为第48行的第10、11和12列，其数字为245），则编号与该数相同的那一份单位产品，即为一件应抽取的样品。

（4）继续查下一行的相同连续数字（如按A3，即第49行的第10、11和12列的数字，为608）。该数字所代表的单位产品为另一件应抽取的样品。

（5）依次按A4所述方法查下去。当遇到所查数超过最大编号数量（如第50行的第10、11和12列数字为931，大于600）则舍去此数，继续查下一行相同列数，直到完成应抽样品件数为止。

（三）样品的采样方法

正确的采样方法能够保证采样方案的有效执行以及样品的有效性和代表性。

采样必须遵循无菌操作程序，剪刀、镊子、容器等取样工具要高压灭菌，以防止一切可能的外来污染。取样全过程应采取必要的措施，以防止食品中微生物的数量和生产能力发生变化。确定检验批，应注意产品的均质性和来源，以确保采样的代表性。

在进行食品微生物检验时，针对不同的食品，取样方法也不相同。ICMSF 对食品的混合、加工类型、贮存方法及微生物检验项目的抽样方法都有详细的规定。

1.液体食品的采样

通常情况下，液体食品较容易获得代表性样品。液体食品，如牛乳、奶昔等一般盛放在大罐中，取样时，可连续或间歇搅拌；对于较小的容器，可在取样前将液体上下颠倒，使其完全混匀，然后取出样品。

2.固体食品的采样

取样材料不同，所使用的取样工具也不同。一般取样工具有灭菌的解剖刀、勺子、软木钻、锯子、钳子等。

对于面粉、乳粉等易于混匀的食品，其成品质量均匀、稳定，可以抽取小样品如100g检验。但散装样品必须从多个点取大样，且每个样品都要单独处理，在检验前要彻底混匀，并从中取一份样品进行检验。

对于肉类、鱼类或类似的食品，既要在表皮取样，又要在深层取样。深层取样时，要小心，不要被表面污染。有些食品，如鲜肉或熟肉，可用灭菌的解剖刀和钳子取样；冷冻食品可在不解冻的状态下用锯子或电钻等获取样品；粉末状样品取样时，可用灭菌的取样器斜角插入箱底，样品填满取样器后提出箱外，再用灭菌小勺从上、中、下部位采样。

3.水样品的采样

取水样时，最好选用带有防尘磨口瓶塞的广口瓶。对于氯气处理的水，取样后在每100 mL的水样中加入0.1 mL的20 g/L硫代硫酸钠溶液。

取样时，应特别注意防止样品的污染。如果样品是从水龙头上取得的，水龙头嘴的里外都应擦干净。打开水龙头让水流几分钟，关上水龙头并用酒精灯灼烧，再次打开水龙头让水流1~2 min后再接水样，并装满取样瓶。这样的取样方法能确保供水系统的细菌学分析的质量，但是如果检验的目的是用于追踪微生物的污染源，建议还应在水龙头灭菌之前取水样或水龙头的里边和外边用棉拭子涂抹取样，以检验水龙头自身污染的可能性。

从水库、池塘、井水、河流等取水样时，用无菌的器械或工具拿取瓶子和打开瓶塞。在流动水中取样品时，瓶嘴应直接对着水流。大多数国家的官方取样程序中已明确规定了取样所用器械。如果不具备适当的取样仪器或临时取样工具，只能用手操作，取样时应特别小心，以防止用手接触水样或取样瓶内壁。

4.生产工序检验的采样

（1）车间用水。自来水样从车间各水龙头上采取冷却水，汤料从车间容器不同部位用100mL无菌注射器抽样。

（2）车间台面、用具及加工人员手的卫生检验。用板孔5cm²的无菌采样板及5支无菌棉签擦拭25cm，若所采集样品的表面干燥，则用无菌稀释液湿润棉签后再擦拭；若表面有水，则直接用干棉签擦拭，擦拭后立即将棉签用无菌剪刀剪入盛样容器。

（3）车间空气采样。将5个直径90mm的普通营养琼脂平板分别置于车间的四角和中部，打开平皿5min，然后盖上平皿送检。

5.食物中毒微生物的采样

当怀疑发生食物中毒时，应及时收集可疑中毒源食品或餐具等，同时收集病人的呕吐物、粪便或血液等。

6.人畜共患病原微生物的采样

当怀疑某一动物产品可能带来人畜共患病病原体时，应结合畜禽传染病学的基础知识，采取病原体最集中、最易检出的组织或体液送检验室检验。

（四）采样标签的填写标记

应对采集的样品进行及时、准确的记录和标记，采样人应清晰填写采样单（包括采样人、采样地点、时间、样品名称、来源、批号、数量、保存条件等信息）。样品应尽可能在原有状态下运送到实验室。

（五）样品的送检

第一，抽样结束后，应尽快将样品送往实验室检验。如不能及时运送，冷冻样品应存放在-15℃以下冰箱或冷藏库内，冷却和易腐食品存放在0～4℃冰箱或冷却库内，其他食品可放在常温冷暗处。

第二，运送冷冻和易腐食品应在包装容器内加适量的冷却剂或冷冻剂，以保证途中样品不升温或不融化，必要时可于途中补加冷却剂或冷冻剂。

第三，如不能由专人携带送样时，也可托运。托运前必须将样品包装好，应能防破损、防冻结或防易腐和防冷冻样品升温或融化。在包装上应注明"防碎""易腐""冷藏"等字样。

第四，做好样品运送记录，写明运送条件、日期、到达地点及其他需要说明的情况，并由运送人签字。

第五，样品送检时，必须认真填写申请单，以供检验人员参考。

第六，检验人员接到送检单后，应立即登记，填写序号，并按检验要求放在冰箱或冰盒中积极做好准备工作进行检验。

三、食品样品的检验

（一）食品样品的处理

1.液体样品的处理

（1）瓶装液体样品的处理。用酒精棉球灼烧瓶口灭菌，接着用石炭酸或来苏尔消毒后的纱布盖好，再用灭菌开瓶器将瓶盖打开。对于含有二氧化碳的样品，可倒入500 mL磨口瓶内，口不要盖紧，且覆盖灭菌纱布，轻轻摇荡，待气体全部逸出后，取样25 mL检验。

（2）盒装或软装塑料包装样品的处理。将其开口处用75%酒精棉擦拭消毒，用灭菌剪子剪开包装，覆盖上灭菌纱布或浸有消毒液的纱布在剪开部分，直接吸取样品25 mL，或先倒入另一灭菌容器中再取样25 mL。

2.固体或黏性液体样品的处理

用灭菌容器称取检样25 g，加至预温45℃的灭菌生理盐水或蒸馏水225 mL中，摇荡融化尽快检验。从样品稀释到接种培养，一般不超过15 min。

（1）固体食品的处理。固体食品处理相对复杂，常采用捣碎均质法、剪碎振摇法、研磨法及整粒振摇法处理被检样品。

（2）冷冻样品的处理。冷冻样品在检验前要进行解冻，一般在0～4℃下解冻，时间不能超过18 h；也可在45℃下解冻，时间不超过15 min。样品解冻后，无菌操作称取样品25 g，置于225 mL无菌稀释液中，制备成均匀的1∶10稀释液。

（3）粉状或颗粒状样品的处理。用灭菌勺或其他适用工具将样品搅拌均匀后，无菌操作称取检样25 g，置于225 mL灭菌生理盐水中，充分振摇混匀或使用振摇器混匀，制成1∶10稀释液。

（4）棉拭采样法检样处理。每支棉拭取样后，应立即剪断或烧断后放入盛有50 mL灭菌水的三角瓶或大试管中，立即送检。检验时先充分振摇，吸取瓶或管中液体作为原液，再按照要求做10倍递增稀释。

（二）食品样品检验方法的选择

第一，应选择现行有效的国家标准方法。

第二，食品微生物检验方法标准中对同一检验项目有两个或两个以上定性检验方法时，应以常规培养方法为基准方法。

第三，食品微生物检验方法标准中对同一检验项目有两个或两个以上定量检验方法时，应以平板计数法为基准方法。

四、检验结果报告与样品处理

（一）检验结果报告

实验室应按照检验方法中规定的要求，准确、客观地报告每一项检验结果。具体做法如下：

第一，经审核后的报告底稿、样品卡、原始记录上交，打印正式报告两份。

第二，将报告正本交审核人及批准人签名，并在报告书上盖上"检验专用章"和检验机构公章后对外发文。

第三，收文科室或收文人要在检验申请书上收件人一栏签字，以示收到该报告的正式文本。

第四，在报告正式文本发出前，任何有关检验的数据、结果、原始记录都不得外传，否则作为违反保密制度论处。

第五，样品检验完毕后，检验人员应及时填写报告单，签名后送主管人核实签字，加盖单位印章以示生效，并立即交给食品卫生监督人员处理。

（二）样品的处理

食品微生物检验通常分为型式检验、例行检验和确认检验。型式检验的依据是产品标准，为了认证目的所进行的型式检验必须依据产品国家标准。一般的型式检验为现场检验，可以是全检，也可以是单项检验。对于批量生产的定型产品，为检查其质量稳定性，往往要进行定期抽样检验（在某些行业称"例行检验"）。例行检验包括工序检验和出厂检验。例行检验允许用经过验证后确定的等效、快速的方法进行。确认检验是为验证产品持续符合标准要求而进行的经例行检验后的合格品中随机取样品依据检验文件进行的检验。

无论是何种检验，处理方法根据具体情况进行选择。

第一，阴性样品。在发出报告后，可及时处理。破坏性的全检，样品在检验后销毁即可。

第二，阳性样品。检出致病菌的样品还要经过无害化处理。一般阳性样品，发出报告3d（特殊情况下可以适当延长）后，方能处理样品。

第三，进口食品的阳性样品。需保存6个月，方能处理。

第四，检验结果报告以后，剩余样品或同批样品通常不进行微生物项目的复检。

第四节　常见食品的微生物检验方法

一、微生物与食品腐败

食品中存在着六大化学组成成分，即糖、脂肪、蛋白质、维生素、水、矿物质，这些化合物在满足人类对营养素需求的同时，也成为微生物生长繁殖的良好培养基，糖和脂类为微生物提供碳源和能源，蛋白质作为氮源可很好地满足微生物的需要，而维生素、水、矿物质则分别为微生物生长提供生长因子、水、矿物质。从营养组成来看，人类的食品是微生物生长繁殖不可多得的良好培养基。

食品的腐败是自然界中的微生物消耗食品中的营养成分，同时代谢产生各种有害物质的过程。自然界中的微生物在食品中生长繁殖，一方面使食品中营养成分减少，另一方面，任何一种微生物在生长过程中都会排放出一定量的代谢废弃物，这些废弃物因微生物种类的不同而不同，但大部分都是对人体有害的，如细菌产生的肉毒毒素、霉菌产生的黄曲霉毒素等，均可导致人体出现不同的中毒反应。

（一）微生物污染食品的途径

食品中的微生物来源包括三个方面：食品原料收获和贮存过程中引入的微生物、食品加工过程中引入的微生物、食品运输销售过程中引入的微生物。

1.食品原料收获和贮存过程中引入的微生物

原料收获和贮存过程中微生物的来源主要是土壤、水和动物。

（1）土壤。土壤是微生物的大本营，土壤中发现的微生物数量极多，浅层土壤中微生物数量比深层土壤多。土壤中的微生物可通过直接接触污染马铃薯等来自田园土壤的食品原料。此外，土壤会被风吹起或被雨水冲刷。因此，土壤中的微生物会污染草莓、菜豆、甘薯、豌豆等离地较低的食品原料。污染食品原料的微生物的数量和种类因土壤中的微生物的污染程度而定。

机械收割增加了土壤的污染程度和水果、蔬菜的破损率；谷类主要在收获时受到微生物的污染；海洋中近海水域中的沉积物微生物含量比深海要多。海洋中的沉积物所含的微生物包括气单胞杆菌、芽孢杆菌、色杆菌、黏杆菌、大肠杆菌、假单胞菌和弧菌等，海洋中的沉积物是水中鱼类、贝类的微生物污染源，在用网捕鱼时，水底的沉积物被搅起从而污染捕获的鱼类和贝类。

（2）水。水是食品中微生物污染的潜在来源。雨水中含有来自空气的微生物，落地后又带有土壤中的微生物。海洋中近海水域中的微生物比深海多得多。生活污水及动物排泄物的流入导致水系受到肠道细菌的污染。

如果用于冲洗收获物品的水被污染或含有污水，则蔬菜、水果就可能对人的健康构成威胁。

海产品来自水，水中的微生物会污染鱼类、贝类的表面、鳃和消化系统。鱼类中粪便肠道菌群的存在是其生活的水域受污染的标志。动物饮用水中的潜在病原菌对动物及与动物打交道的工作人员的健康有威胁，在屠宰感染微生物的动物时微生物也会污染畜禽胴体。

污水及污染动物粪便的水用于灌溉或植物表面喷洒会带来许多微生物，其中可能包括病原菌。水也会使污染扩散，水的介入使微生物从污染严重的区域向其他区域扩散，从而使所有蔬菜受到污染。因为许多蔬菜、水果可以生吃，如果用未处理的水来清洗，则可能造成疾病的传播。

（3）动物。动物体内在活着时已有一个自然的微生物菌群，除此菌群外，由于受到空气、水、土壤、饲料及粪便的污染，动物体表携带有生存环境中存在的各种微生物。

尽管大多数健康生物的肌肉组织是无菌的，但在屠宰带病的动物或捕获生病的鱼时，肌肉也会受到微生物的污染。除此之外，动物的淋巴结是肌肉内部微生物的重要来源，淋巴系统过滤细菌和病毒，淋巴结中存在着许多微生物。

健康牛乳房中存在着天然的微生物。无菌状态下挤出的奶每升含微生物达500~10000个，这些菌群主要是凝结酶阴性的葡萄球菌、小球菌和棒杆菌。如果牛感染乳腺炎，则牛奶中的微生物将大大增加。

鲜蛋基本上是无菌的，但有些细菌（沙门氏菌）和鸟类病毒会侵入鸡的卵巢并在蛋成型前污染蛋黄。即使这些是极少数被感染的蛋，细菌数也非常之多。

2.食品加工过程中引入的微生物

在食品加工过程中，引入的微生物主要来源于水、空气、人、加工设备和食品包装。

（1）水。水是食品工业中经常用到的。水在食品加工中用于设备清洗、食品清洗、食品运输及用作食品的原料。

在乳制品工业中，假单胞菌是有害的。用于清洗的水可能每升含有高达103个的假单胞菌，因而成为乳制品工业中微生物的主要来源。假单胞菌落造成冷冻奶和奶制品的腐败。

在禽肉加工业中，消毒罐内的水用来清洗屠宰后的家禽、建筑物及加工设备。消毒罐内的水可能成为禽肉加工业中微生物污染的来源，这是因为来自家禽的头、脚、羽毛及粪便的脏物污染消毒罐的缘故。53~61℃的水可以杀死许多病原微生物和腐败微生物，但不能杀死全部微生物，耐热微生物仍然存活。

（2）空气。空气不仅是化学污染物的来源，也是生物污染物如植物细胞、动物毛发、花粉、藻类、原生动物、胶木、霉菌孢子及病毒的来源。食品在密封包装前，均会受到空气中微生物的污染。

食品加工时空气中微生物的污染影响极大。食品受空气中微生物的污染与空气被微生物污染的程度、食品与空气的接触时间有关。食品厂中带微生物的悬浮粒子的产生过程为：食品的喷淋清洗或喷淋冷却、高压喷枪清洗、设备的溢流过程、混合器和电动机及其他设备的运转。设备、物料及人员的运动产生气流，从而增加了空气中微生物的数量。

在食品厂中，各处的空气中微生物数量差别极大。清洁的地方，空气中的微生物极少；但在处理鲜活动物及初级产品的进厂处，空气中的微生物相当多。控制食品厂空气中微生物的方法之一是让空气从干净的地方流向较脏的地方，或在干净的地方保持一定的正压。保持一定的正压，如果门打开，空气从房内向外流，外面的空气流不进。新鲜空气进入洁净区需过滤以除去脏物及一些微生物。

（3）人。食品加工过程中，人是空气中微生物的主要来源，也是食品污染的微生物来源。人手受到大量细菌的污染，大部分细菌在人手上不能繁殖而死亡。但是，当人手接触食品时，这些暂居细菌会传染给食品。许多暂居细菌来自食品加工过程，肉类加工厂的工人手上有相当多的大肠杆菌，有些甚至有沙门氏菌，也是微生物的潜在来源。毛发上没有固定的微生物菌群，但毛发是保留和传播微生物的媒介。在食品加工时如果是人的胡须、鼻毛产生的污染，则情况更糟。如果一个人胡须过长掩盖了丘疹、烫伤及鼻子带有鼻毛，这些毛发的生长造成金黄色葡萄球菌的持续感染，除可落入食品中的微生物外，毛发及剪断的毛发物也可能污染食品。人的肠道可认为是一根空心管，但其内部的废物会排出体外。胃肠道是一个重要的微生物来源，也是食品传染微生物导致肠胃炎的主要场所。

衣服直接与人体接触，会使人体微生物污染食品或使环境中的微生物污染人。洗衣过程不能除去衣服上的所有微生物，它对微生物的影响主要取决于以下因素：微生物和纤维的种类、温度、洗涤剂、抗菌剂、漂白剂、水流和洗涤次数、干燥过程、熨衣过程及最后的整理。病毒吸附在纤维上难以除去；毛织物上的微生物比棉织物上的微生物生存时间长；合成纤维需要的洗涤时间短，因而存活的微生物多，但纤维物上的微生物存活时间比在毛织物上短。

（4）加工设备。微生物在金属制成的设备上不能生长，金属设备表面没有天然的或自然的微生物菌群。但是，食品加工设备是食品中微生物的一个主要来源。

设备可以清洗或消毒，但这并不意味着设备是无菌的。即使清洗后看起来十分洁净的设备表面也可能有微生物存活和生长。因为看起来洁净的设备表面也会有食物残层或膜层，这就为微生物的生存和生长创造了条件。当设备未适当清洁或消毒时，设备上微生物存在的可能性增大。如果清洁过的设备上存在明显的食物残余，那么微生物肯定数量大增。

设备表面的凹痕处或焊接不佳的连接处是食品残留的地方，日常生产中这些地方的食物残层或膜层会导致微生物的生长。当食品与这些表面接触时，这些地方就变成了食品的污染源。

微生物可以吸附在设备的表面，如巴斯德灭菌过程中嗜热链球菌吸附在不锈钢的表面。但是，从不锈钢的表面除去灰尘和细菌比橡胶或塑料表面容易。虽然不锈钢比其他材料贵，但可以通过节省清洁费用、使用时间长和生产出的产品质量好而得到补偿。当设备需要柔韧性时，如挤奶设备或鸡肉分拣机，则可以把设备中需要柔韧性的部分用塑料或橡胶材料制造。

（5）食品包装。食品包装是微生物污染的潜在来源，许多食用产品用塑料作为包装材料。在制造加工时，塑料产生电荷，这些电荷会吸附空气中的灰尘和微生物。虽然塑料制成包装材料时基本上是无菌的，但如果处理不当，则会被微生物污染。静电荷的存在使塑料更易受到微生物的污染。

包装作为保护性的覆盖以限制或防止微生物的污染，但是包装不能完全防止微生物的生长。要把限制或者防止微生物的污染作为优先考虑的事项，并且包装必须经久耐用，以便在储藏、运输中保持完整。

3.食品运输销售过程中引入的微生物

在运输和销售过程中，食品会不同程度地与土壤、水、空气、人、动物或者植物接触而引入微生物。

如果用轮船上运过家禽的容器运输新鲜蔬菜，由于容器可能被家禽的沙门氏菌污染并通过容器传染给蔬菜，因而这种做法已经受到严格的禁止。此外，对于微生物能快速生长繁殖的食品，在运输和销售过程中都必须进行严格的温度控制，以降低微生物在食品中生长的速度，减少微生物的数量。

（二）食品腐败变质的影响因素

发生微生物污染的食品是否会变质，与许多因素有关。一般来说，食品发生腐败变质与食品本身的性质、微生物的种类和数量以及当时所处的环境因素都有着密切的关系。它们三者之间作用的结果则决定着食品是否发生变质，以及变质的程度。

1.食品的特性

（1）营养组成。食品中含有蛋白质、糖类、脂肪、无机盐、维生素和水分等成分。在不同的食品中，各种成分的比例差异很大。但由于微生物种类繁多，如果不加注意，食品总是会受到某些微生物的污染。

如果某种食品富含蛋白质而又未进行很好的防腐处理，那么很容易发生腐败，如肉、鱼等。对于含糖类较高的食品，如米饭等，如果污染了微生物，则容易产酸发酵。

不是任何一种食品都会完全含有微生物生长的所有营养成分，一些成分单一或者本身具备抗菌功能的食品，虽然也有微生物吸附在其表面，但因为它们成分单一或含有抗菌物质，不会因为有微生物的存在而腐败变质，如结晶白砂糖、食盐、柠檬酸、白酒、味精等。

（2）理化特性。食品的理化特性包括氢离子浓度、渗透压和水分含量等。

第一，氢离子浓度。各种食品都具有一定的氢离子浓度，根据pH范围的特点，可将所有食品分为两大类：酸性食品和非酸性食品。一般规定，凡pH在4.5以上，属于非酸性食品；凡pH在4.5以下为酸性食品。大部分水果为酸性食品，大部分动物食品和蔬菜是非酸性食品。

食品pH高低是制约微生物生长、影响食品腐败变质的重要因素之一。在一般食品中，细菌最适pH的下限在4.5左右，因而非酸性食品是适合于多数细菌生长的。而酸性食品则主要适合酵母和霉菌的生长，某些耐酸细菌如乳酸杆菌属（最适pH为3.3~4.0）也能生长。

第二，水分。不论是什么食品，也不管它处于何种状态，总是含有一定的水分。在食品中，水分的存在形式为两种：结合水和游离水。微生物能利用的水分是游离水。一般来说，水分多的食品，微生物容易生长；水分少的食品，微生物不易生长。如以水分活度（A_w）表示，以0.6为界。如果某食品的A_w值在0.6以下，则微生物不能生长。在0.6以上者，污染的微生物容易生长繁殖而造成食品变质。

如果是新鲜的原料，如鱼、肉、水果、蔬菜等，一般含有较多的水分，A_w值一般在0.98~0.99，适合多数微生物的生长。如果不及时加以处理，则很容易腐败变质。为了防止食品变质，最常用的一个办法，就是降低食品的含水量，使A_w值降低至0.70以下，这样，可以较长时间地保存食品。

第三，渗透压。一般来说，微生物在低渗透压的食品中较易生长，而在高渗食品中，微生物则易因脱水而死亡。就微生物种类来说，各种微生物对渗透压的忍耐能力大不相同。绝大多数细菌不能在较高渗透压的食品中生长。

（3）存在状态。有些食品完好无损，则不易发生腐败，如没有破碎的马铃薯、苹果等，可以放置较长的时间。如果食品组织溃破或细胞膜碎裂，则易受到微生物的污染，容易发生腐败变质。

2.微生物的数量

在食品发生腐败变质的过程中，起重要作用的是微生物。如果某一食品经过彻底灭菌或过滤除菌，那么即使其含水量再大，也不会发生腐败。能引起食品发生变质的微生物种类很多，主要属于细菌、酵母和霉菌。它们当中，有病原菌和非病原菌，有有芽孢和没有芽孢的，有嗜热性、嗜温性或嗜冷性的，有好气或厌气的，有分解蛋白质能力强的或分解糖类强的等。

一般细菌都有分解蛋白质的能力，多数是通过分泌胞外蛋白酶来完成的。霉菌利用物质的能力很强，无论是蛋白质、脂肪还是糖类，都有很多种方法能将其分解利用。酵母和前面两类微生物相比，其利用物质的能力要差得多，大多数酵母喜欢生活在含糖量高或含一定盐分的食品上，但不能利用淀粉。大多数酵母具有利用有机酸的能力，但分解利用蛋白质、脂肪的能力很弱。

3.环境因素的影响

影响食品变质的环境因素和影响微生物生长繁殖的环境因素一样，但温度、湿度和气体对变质过程的影响较大。

（1）温度。引起食品变质的微生物可分为嗜冷、中温度、嗜热三大类。在20～50℃生长的中温微生物，由于其生长繁殖迅速，同时大量食品的贮存生产温度范围也在该区域，因此，由该类微生物引起食品变质的现象较为普遍。当食品处于低温或高温的条件下，相应的微生物同样会引起食品变质。

第一，低温下微生物引起食品变质。虽然低温对微生物生长极为不利，但是由于微生物具有一定的适应性，因而对低温也有一定的抵抗力，在食品中仍有少数微生物能在低温下生长繁殖，使食品发生腐败变质。

在低温下引起食品腐败变质的微生物主要是嗜冷性微生物，嗜冷性微生物能分泌出在低温下具备分解能力的酶，因此，它们能分解利用食品中的营养成分。但由于低温对所有微生物生长繁殖、新陈代谢都具有很大的影响，所以嗜冷微生物尽管能分解食品中的营养成分，但生长繁殖的速度是非常慢的，因而新陈代谢的活动也极其缓慢。这样，它对食品的作用也是缓慢进行的。相对来讲，嗜冷的腐败微生物引起食品变质的过程就比较长。

第二，高温下微生物引起食品变质。在高温条件下，引起食品变质的微生物主要是嗜热性微生物，这些微生物细胞内的酶和蛋白质对热稳定，细胞膜上富含饱和脂肪酸，因此，能耐受高温。在高温条件下，嗜热微生物的新陈代谢活动加快，所产生的酶对蛋白质和糖类等物质的分解速度也比其他微生物快，因而使食品发生变质的时间较短。有些微生物虽然不能在高温下生长繁殖，但是对高温有较强的抵抗和耐受能力，如产芽孢的细菌在高温下能较长时间地保持生命力。这种类型的微生物引起食品变质的现象也较为普遍，经过灭菌后的食品，如牛奶、果汁、罐头等，它们的腐败变质几乎都是这类微生物引起的。

（2）气体。微生物与氧气有着十分密切的关系。在食品中，如果缺乏氧气，一般来讲，变质速度较慢。如果食品处在有氧的环境中，则易发生变质。如果微生物属于兼性厌氧微生物，那么在某种条件下，氧气存在与否则决定着该菌是否生长和生长速度的快慢。对于加工食品的原料来讲，腐败的程度意味着原料的新鲜程度。在新鲜原料中，由于机体内一般存在着还原性物质，所以具有抗氧能力。在食品原料内部生长的微生物绝大部分是厌氧性微生物，而在原料表面，生长的则是需氧微生物。食品经加工，改变了物质结构，需氧微生物能进入组织内部。此时，如果不采取措施，食品则易发生变质。

（3）湿度。每种微生物只能在一定的A_W值范围内生长，但是这一定范围的A_W值要受到空气湿度的影响。因此，空气中的湿度对于微生物生长和食品变质来讲，是起着重要的作用的。例如，把含水量少的脱水食品放在湿度大的地方，食品则易吸潮，表面水分迅速增加。此时如果其他条件适宜，微生物则大量繁殖而引起食品变质。长江流域梅雨季节，粮食、物品容易发霉，就是因为空气湿度太大的缘故。

（三）防止微生物污染食品的措施

食品在加工前、加工过程中和加工后，都容易受到微生物的污染。如果不采取相应的措施进行防止和控制，那么食品的卫生质量势必受到影响。

为了保证食品的卫生质量，不仅要求将食品原料中所含的微生物降到最少的程度，而且要求在加工过程中和在加工后的贮藏、销售等环节中不再或非常少受到微生物的污染。要达到要求，必须采取以下措施。

1.重视环境卫生管理

环境卫生的好坏对食品的卫生质量影响很大。环境卫生好，其含菌量会大大下降，这样就会减少对食品的污染；反之，如果环境卫生差，其含菌量一定很高，这样就容易增加污染的机会。加强环境卫生管理是保证和提高食品卫生质量的重要环节。

（1）做好粪便的卫生管理工作。粪便的卫生管理具有重要的意义，因为在粪便中常常含有肠道致病菌、寄生虫卵和病毒等，这些都有可能成为食品的污染源。

（2）做好污水的卫生管理工作。污水分为生活污水和工业污水两大类。生活污水中含有大量有机物质和肠道病原菌，工业污水含有不同的有毒物质。为了保护环境、保护食品用水的水源，必须做好污水无害化处理工作。

（3）做好垃圾的卫生管理工作。垃圾是固体污物的总称。垃圾分为居民生活垃圾和工农业生产垃圾两大类。垃圾组成复杂，从垃圾无害化和利用的观点来看，可分为有机垃圾、无机垃圾和废品三大类。有机垃圾是指瓜皮、果壳、菜叶、动植物尸体等。它们易于腐败，含有大量的微生物，在卫生学和流行病学上危害较大，需要进行无害化处理，同时含有较多的肥料，可用于农业。无机垃圾和废品在卫生学上危害不大，故无须进行无害化处理。

2.重视企业卫生管理

重视环境卫生管理，降低环境中的含菌量，减少食品污染的机会，可促进食品卫生质量的提高。但是，如果只注意外界环境卫生，而不注意食品企业内部的卫生管理，好的食品原材料或食品产品还是要受到微生物的污染，进而发生腐败变质。食品企业卫生管理工作应围绕控制污染源和切断污染途径而开展。

（1）食品生产卫生。食品在生产过程中，每个环节必须有严格而又明确的卫生要求。只有这样，才能生产出符合卫生的食品。

食品厂址的选择，要考虑防止企业对居民区的污染和居民区及周围环境对企业的污染。生产厂房、办公室、生活区应分开设置。特殊场所，如屠宰场等应单独设置。工厂空地除搞好清洁卫生外，还应进行绿化，以降低空气中灰尘和污物的含量。

生产食品的车间，要求环境清洁，生产容器及设备要能进行清洗消毒。车间应有防尘、防蝇和防鼠设备。车间内的空气最好采取过滤措施，这样可以明显地减少污染食品的微生物数量。

食品在生产过程中，工艺要合理，流程要尽量缩短，尽量实行生产连续化、自动化和密闭化，这样可以减少食品接触周围环境的时间，能比较有效地防止微生物的污染。

食品生产离不开水。水的卫生质量如何，直接影响食品的卫生质量。不少食品的污染，就是由于使用不卫生的水所引起的。在食品生产过程中，所使用的水必须符合国家规定的饮用水的卫生标准。如果水质达不到饮用水的卫生要求，就要进行净化和消毒，然后才能应用。

直接进入食品生产场地的人员要有严格的卫生要求。

（2）食品贮藏卫生。食品在贮藏过程中，要注意场所、温湿度、容器等因素。场所要保持高度的清洁状态，要无尘、无蝇、无鼠害；温湿度以较低为宜，有条件的地方，可放入冷库贮藏；所用的容器都要经过清洗消毒。

贮藏的食品要定期进行检查，一旦发现生霉、发臭等变质，都要及时进行处理。

（3）食品运输卫生。食品在运输过程中，是否受到污染或腐败变质与运输时间的长短、包装材料的质量和完整、运输工具的卫生情况、食品的种类等有关。直接供食用的熟食品，要用高度清洁、经过消毒的专用运输工具。在运输过程中，要轻装轻卸，防止包装破损、防止灰尘掉落、防止空气污染。易腐食品应在低温或冷藏条件下运输。生熟食品、食品与非食品，都应分开运输。要推广厢式密闭运输，以减少再污染。

（4）食品销售卫生。食品在销售过程中，要做到及时进货、防止积压；要注意食品包装的完整性，防止破损；要多用工具售货，减少直接用手；要防尘、防蝇、防鼠害。

（5）食品从业人员卫生。对食品企业的从业人员，尤其是直接接触食品的食品加工人员、服务员和售货员等，必须加强卫生教育，使他们养成遵守卫生制度的良好习惯。如勤理发、剪指甲、洗手、洗澡和经常保持工作衣帽、口罩清洁等。卫生防疫部门必须和食品企业及其主管部门密切配合，定期对从业人员进行健康检查和带菌检查。我国规定患有痢疾、伤寒、传染性肝炎等消化道传染病（包括带菌者）、活动性肺结核、化脓性或渗出性皮肤病的人员，不得参加接触食品的工作。对于患有上述传染病的职工，必须将其迅速调离直接接触食品的工作岗位。等他治愈或带菌消失后，方可恢复。

3.重视食品卫生检测

要重视食品卫生的检测工作，这样对食品的卫生质量可以做到心中有数。食品企业应设有化验室，以便及时了解食品的卫生质量。卫生防疫部门应经常或者定期对食品进行采样化验，要不断地改进检验技术，提高食品卫生检验的灵敏度和准确性。

经过卫生检测，对发现有不符合卫生要求的食品，除应采取相应的措施加以处理外，重要的是查出原因、找到对策，以便今后能生产出符合卫生要求的食品。

二、肉与肉制品的微生物与检验

（一）肉与肉制品的病原微生物

"肉中含有丰富的营养物质，在常温下放置时间过长，就会发生品质变化，最后引起腐败。肉腐败主要是由微生物作用引起变化的结果"[1]。健康畜禽的肉、血液以及有关脏器组织，一般是无菌的，但长途运输、疲劳、饥饿等情况下，动物机体的抵抗力降低，而造成细菌由肠道侵入血液和组织。在加工肉的过程中，越到后面的工序，细菌污染越严重。除屠宰中可使肉污染到程度不同的微生物外，运输和保藏也可使其继续受到污染，甚至冷藏的肉，往往也有细菌。如果空气不洁净，周围温度又相当高时，细菌在营养丰富的条件下能迅速繁殖，肉制品也有类似情况。

尽管肉的表面存在大量细菌，但细菌入侵到肉的深部却是很慢、很少的。但如果深部肌肉组织受到破坏时，微生物则可很快地侵入肉的深部。

肉食品上的菌丛主要是肠道细菌。肉的需氧性腐败是由肉表面开始的，逐渐扩散至深部，这时可以见到厌氧性腐败，引起需氧性腐败的细菌主要是革兰氏染色阴性菌，如变形杆菌、阴沟杆菌、产气杆菌、大肠杆菌等。肉深部厌氧腐败则可见到厌氧菌，如腐败杆菌、产芽孢梭状杆菌和溶组织杆菌等。有时需氧和厌氧性腐败菌同时存在。

肉的发霉多在空气湿度高时发生，肉面上常见的霉菌有曲霉、毛霉、根霉等。鲜肉在冷库内储存较久，往往可以使霉菌在肉面上繁殖。肉制品如腊肉、火腿、香肠、板鸭等在储存过程中，也容易使霉菌繁殖。在肉与制品上栖身的霉菌，有的能起到腐败变质的作用。有些霉菌，如黄曲霉菌、杂色曲霉等，能产生

---

[1]宁喜斌.食品微生物检验学[M].北京：中国轻工业出版社，2019：166.

毒性物质。

畜禽的肉,除污染较多的非病原性微生物外,还可以污染各种不同的病原微生物,其中病菌病毒是最易污染的。畜禽肉上的病菌病毒,是由于健康畜禽和病畜病禽混宰时,由病畜病禽体内体外污染的。

家畜家禽的传染病相当多,有些(如炭疽病、结核病、布氏杆菌病、钩端螺旋体病、口蹄疫等)都是人畜共患的传染病,都能通过肉食品传染给人。

沙门氏菌是自然界分布最广泛的肠道致病菌,而且对人类、家畜家禽、野生畜禽能引起不同的沙门氏菌病,并形成人、畜、禽之间的循环污染。在过去,沙门氏菌作为食品传播性疾病的致病因子,已引起世界各国越来越多的注意。

肉制品大多要经过浓盐或高温处理,肉上的微生物(包括病原微生物),凡不耐浓盐和高温的都会死亡,但形成的芽孢或孢子,却不会受到高浓度盐或高温的影响而保存下来。如肉毒杆菌的芽孢体,可以在腊肉、火腿、香肠中存活。

(二)肉与肉制品的检验

畜禽肉制品及其内脏除以鲜、冷藏、冻方式大量供食外,还常加工成熟制品和腌腊制品等,性状各异。在对肉与肉制品进行卫生微生物检验时,应按照其不同的性状和检验目的合理采样与处理检样。

现场采样用品包括采样箱、灭菌塑料袋、有盖搪瓷盘、灭菌刀、灭菌剪刀、灭菌镊子、灭菌具塞广口瓶、灭菌棉签、温度计、编号牌(或蜡笔、纸)。

1.样品采取和送检

(1)生肉及脏器检样。如是屠宰场宰后的畜肉,可于开腔后用灭菌刀采取两腿内侧肌肉各150 g(或劈半后采取两侧背部最长肌肉各150 g),如系冷藏或销售的生肉,可用灭菌刀取腿或其他部位的肌肉250 g/只(头)。检样采取后,放入无菌容器内,立即送检;如条件不许可时,最好不超过3h。送检时应注意冷藏,不得加入任何防腐剂。检样送往化验室后,应立即检验或放置冰箱中暂存。

(2)禽类(包括家禽和野禽)。鲜、冻家禽采取整只放入灭菌容器内。带毛野禽可放入清洁容器内,立即送检。其他处理要求同上述生肉。

(3)各类熟肉制品。各类熟肉制品,包括酱卤肉、方圆腿、熟灌肠、熏烤肉、肉松、肉脯、肉干等，一般采取200g，熟禽采取整只，均放入灭菌容器内立即送检。其他处理要求同上述生肉。

（4）腊肠、香肠等生灌肠。腊肠、香肠等生灌肠采取整根（只），小型的可采数根（只），其总量不少于250g。

2.检样的处理

（1）生肉及脏器检样的处理。先将检样进行表面消毒（在沸水内烫3~5s，或灼烧消毒），再用灭菌剪刀取检样深层肌肉25g，放入灭菌乳钵内用灭菌剪刀剪碎后，加灭菌海砂或玻璃砂研磨，磨碎后加入灭菌水225mL，混匀后即为1∶10稀释液，或用均质器以8000~10000 r/min均质1 min，做成1∶10稀释液。

（2）鲜、冻家禽检样的处理。先将检样进行表面消毒，用灭菌剪刀或刀去皮后，剪取肌肉25g（一般可从胸部或腿部剪取）。其他处理同生肉。带毛野禽去毛后，同家禽检样处理。

（3）各类熟肉制品检样的处理。直接切取或称取25g，其他处理同生肉。

（4）腊肠、香肠等生灌肠检样的处理先对生灌肠表面进行消毒，用灭菌镊子剪取内容物25g。其他处理同生肉。

以上样品采集及检样的目的是通过检测肉禽及其制品内的细菌含量而对其质量鲜度做出判断。如需检验肉禽及其制品受外界环境污染的程度或检验其是否带有某种致病菌，则常采用棉拭采样法。

3.棉拭采样法和检样处理

检验肉禽及其制品受污染的程度，一般可用5 cm的金属制作规板孔于受检样品上，将灭菌棉拭稍蘸湿，在板孔5 cm^{2}的范围内揩抹多次，然后将规板板孔移压至另一点用另一棉拭揩抹，如此共移压揩抹10个点，总面积50 cm^2，共用10支棉拭。每支棉拭在揩抹完毕后，应立即在剪断或烧断后投入盛有50 mL灭菌水的三角瓶或大试管中，立即送检。检验时，先充分振摇，吸取瓶、管中的液体作为原液，再按要求做10倍递增稀释。

如果检验目的是检查是否带有致病菌，则不必用规板，在可疑部位用棉拭揩抹即可。

4.检验项目

菌落总数测定、大肠菌群测定，沙门氏菌检验、志贺氏菌检验、金黄色葡萄球菌检验。

三、乳与乳制品的微生物与检验

（一）乳与乳制品的病原微生物

乳是一种最便于微生物繁殖的食品。由于乳房表面、挤乳者的手和工具、盛器以及畜舍的卫生条件差，都可能引起微生物污染。如果乳房内有微生物存在，乳汁中也就不可避免地有微生物存在。乳房内的微生物最常见的是葡萄球菌和链球菌，此外，如棒状杆菌和乳杆菌也有存在。这些菌群有的能分解乳液中的碳水化合物，有的能分解乳液中的蛋白质，有的能强力分解脂肪，还有一些肠杆菌能使乳液产酸产气。

酵母和霉菌在乳液中经常可以检出，最常见的有胞壁酵母、洪氏球拟酵母、球拟酵母、乳酪粉胞霉、黑含珠霉、腊叶芽枝霉、乳酪青霉、灰绿曲霉、黑曲霉、灰绿青霉等。

乳液中还可以带有各种病原微生物，并通过乳液感染于人，所以鲜乳在出售前，必须经过巴氏消毒处理后才安全可靠。买回的鲜乳，必须煮沸后才能饮用。乳制品中的炼乳，常常因微生物而引起腐败变质。

（二）乳与乳制品检验

1.设备和材料

（1）采样工具。采样工具应使用不锈钢材料或其他强度适当的材料，表面光滑、无缝隙、边角圆润。采样工具应清洗和灭菌，使用前保持干燥。采样工具包括搅拌器具、采样勺、匙、切割丝、刀具（小刀或抹刀）、采样钻等。

（2）样品容器。样品容器的材料（如玻璃、不锈钢、塑料等）和结构应能充分保证样品的原有状态。容器和盖子应清洁、无菌、干燥。样品容器应有足够的体积，使样品可在测试前充分混匀。样品容器包括采样袋、采样管、采样瓶等。

（3）其他用品。包括温度计、铝箔、封口膜、记号笔、采样登记表等。

（4）实验室检验用品。实验室用品按照检测项目菌落总数、大肠菌群、沙门氏菌、金黄色葡萄球菌、霉菌和酵母、单核细胞增生李斯特氏菌、双歧杆菌、乳酸菌、阪崎肠杆菌的要求准备待用。

2.采样方案

样品应当具有代表性。采样过程采用无菌操作，采样方法和采样数量应根据具体产品的特点和产品标准要求执行。样品在保存和运输的过程中，应采取必要的措施防止样品中原有微生物的数量变化，以保持样品的原有状态。

（1）生乳的采样：①样品应充分搅拌混匀，混匀后应立即取样，用无菌采样工具分别从相同批次（此处特指单体的贮奶罐或贮奶车）中采集样品，采样量应满足微生物指标检验的要求；②具有分隔区域的贮奶装置，应根据每个分隔区域内贮奶量的不同，按照比例从中采集一定量经混合均匀的代表性样品，将上述奶样混合均匀采样。

（2）液态乳制品的采样适用于巴氏杀菌乳、发酵乳、灭菌乳、调制乳等。以相同批次最小零售原包装为取样单位，根据微生物指标检验的要求抽取若干件。

（3）半固态乳制品的采样。

第一，炼乳的采样：适用于淡炼乳、加糖炼乳、调制炼乳等。

原包装小于或等于500 g（mL）的制品：以相同批次最小零售原包装为取样单位，根据微生物指标检验的要求，抽取若干件。采样量不小于5倍或以上检验单位的样品。

原包装大于500 g（mL）的制品（再加工产品，进出口）：采样前应摇动或使用搅拌器搅拌，使其达到均匀后采样。如果样品无法进行均匀混合，就从样品容器中的各个部位取代表性样。采样量不小于5倍或以上检验单位的样品。

第二，奶油及其制品的采样：适用于稀奶油、奶油、无水奶油等。

原包装小于或等于1000 g（mL）的制品：取相同批次的最小零售原包装，采样量不小于5倍或以上检验单位的样品。

原包装大于1000 g（mL）的制品：采样前应摇动或使用搅拌器搅拌，使其达到均匀后采样。

对于固态制品，用无菌抹刀除去表层产品，厚度不少于5 mm。将洁净、干燥的采样钻沿包装容器切口方向往下，匀速穿入底部。当采样钻到达容器底部时，将采样钻旋转180°，抽出采样钻并将采集的样品转入样品容器。采样量不小于5倍或以上检验单位的样品。

（4）固态乳制品采样适用于干酪、再制干酪、乳粉、乳清粉、乳糖和酪乳粉等。

第一，干酪与再制干酪的采样。

原包装小于或等于500 g的制品：取相同批次的最小零售原包装，采样量不小于5倍或以上检验单位的样品。

原包装大于500 g的制品：根据干酪的形状和类型，可分别使用不同的方法：①在距边缘不小于10 cm处，把取样器向干酪中心斜插到一个平表面，进行一次或几次；②把取样器垂直插入一个面，并穿过干酪中心到对面；③从两个平面之间，将取样器水平插入干酪的竖直面，插向干酪中心；④若干酪是装在桶、箱或其他大容器中，或是将干酪制成压紧的大块时，将取样器从容器顶斜穿到底进行采样。采样量不小于5倍或以上检验单位的样品。

第二，乳粉、乳清粉、乳糖、酪乳粉的采样。

原包装小于或等于500 g的制品：取相同批次的最小零售原包装，采样量不小于5倍或以上检验单位的样品。

原包装大于500 g的制品：将洁净、干燥的采样钻沿包装容器切口方向往下，匀速穿入底部。当采样钻到达容器底部时，将采样钻旋转180°，抽出采样钻并将采集的样品转入样品容器。采样量不小于5倍或以上检验单位的样品。

3.检样的处理

（1）乳及液态乳制品的处理。将检样摇匀，以无菌操作开启包装。塑料或纸盒（袋）装，用75%酒精棉球消毒盒盖或袋口，用灭菌剪刀切开；玻璃瓶装，以无菌操作去掉瓶口的纸罩或瓶盖，瓶口经火焰消毒。用灭菌吸管吸取25 mL（液态乳中添加固体颗粒状物的，应均质后取样）检样，放入装有225 mL灭菌生理盐水的锥形瓶内，振摇均匀。

（2）半固态乳制品的处理。①炼乳：清洁瓶或罐的表面，再用点燃的酒精棉球消毒瓶或罐口周围，然后用灭菌的开罐器打开瓶或罐，以无菌手续称取25g检样，放入预热至45℃的装有225 mL灭菌生理盐水（或其他增菌液）的锥形瓶中，振摇均匀；②稀奶油、奶油、无水奶油等：以无菌操作打开包装，称取25g检样，放入预热至45℃装有225 mL灭菌生理盐水（或其他增菌液）的锥形瓶中，振摇均匀。从检样融化到接种完毕的时间不应超过30 min。

（3）固态乳制品的处理

第一，干酪及其制品：以无菌操作打开外包装，对有涂层的样品削去部分表面封蜡，对无涂层的样品直接经无菌程序用灭菌刀切开干酪，用灭菌刀（勺）从表层和深层分别取出有代表性的适量样品，磨碎混匀，称取25 g检样，放入预热到45℃的装有225mL灭菌生理盐水（或其他稀释液）的锥形瓶中，振摇均匀。充分混合使样品均匀散开，分散过程中温度不超过40℃，尽可能避免泡沫产生。

第二，乳粉、乳清粉、乳糖、酪乳粉：取样前将样品充分混匀。罐装乳粉的开罐取样法同炼乳处理，袋装奶粉应用75%酒精的棉球涂擦消毒袋口，以无菌手续开封取样。称取检样25 g，加入预热到45℃盛有225mL灭菌生理盐水等稀释液或增菌液的锥形瓶内（可使用玻璃珠助溶），振摇使充分溶解和混匀。对于经酸化工艺生产的乳清粉，应使用pH为8.4±0.2的磷酸氢二钾缓冲液稀释；对于含较高淀粉的特殊配方乳粉，可使用α-淀粉酶降低溶液黏度，或将稀释液加倍以降低溶液黏度。

第三，酪蛋白和酪蛋白酸盐：以无菌操作，称取25 g检样，按照产品不同，分别加入225 mL灭菌生理盐水等稀释液或增菌液。在对黏稠的样品溶液进行梯度稀释时，应在无菌条件下反复多次吹打吸管，尽量将黏附在吸管内壁的样品转移到溶液中。

酸法工艺生产的酪蛋白：使用磷酸氢二钾缓冲液并加入消泡剂，在pH为8.4±0.2的条件下溶解样品。

凝乳酶法工艺生产的酪蛋白：使用磷酸氢二钾缓冲液并加入消泡剂，在pH为7.5±0.2的条件下溶解样品，室温下静置15 min。必要时，在灭菌的匀浆袋中均质2 min，再静置5 min后检测。

酪蛋白酸盐：使用磷酸氢二钾缓冲液在pH为7.5±0.2的条件下溶解样品。

4.检测项目

菌落总数、大肠菌群、沙门氏菌、金黄色葡萄球菌、霉菌和酵母、单核细胞增生李斯特氏菌、双歧杆菌、乳酸菌、阪崎肠杆菌。

四、蛋与蛋制品的微生物与检验

（一）蛋与蛋制品的病原微生物

除因排卵器官有疾病而能使蛋壳上污染微生物外，产出来的禽蛋蛋壳上一般是不带菌的。蛋产生后，由于环境的污染，可以使蛋壳上污染各种各样的微生物。

存放时间较长的禽蛋，蛋壳上的微生物可以侵入蛋内部，引起鲜蛋的腐败变质。侵入的微生物有变形杆菌、荧光杆菌、马铃薯杆菌、绿脓杆菌、大肠杆菌、各种球菌，其他还有各种霉菌（如芽枝霉、分子孢霉、毛霉、青霉）和酵母菌等。

当带病菌病毒时，所产的蛋内可以有各种不同的病菌病毒存在。常见的便是沙门氏菌属细菌。禽蛋里的沙门氏菌，已经被检出的有40多个血清型。最常见的有肠炎沙门氏菌、鸭沙门氏菌、鸡伤寒沙门氏菌、鼠伤寒沙门氏菌、副伤寒沙门氏菌、雏鸡白痢沙门氏菌、汤卜逊沙门氏菌、塞夫顿堡沙门氏菌等。患新城疫的鸡、患鸭瘟的鸭，其所产的蛋，也有新城鸡疫和鸭瘟病毒。

蛋制品，如冰蛋、干蛋品中也有微生物存在，或是蛋本身带来的，或是加工过程中污染的。在蛋制品加工过程中，采用巴氏消毒法可大大降低微生物的污染，甚至完全将其杀灭。

（二）蛋与蛋制品检验

鲜蛋除直接供食外，还常大量加工成冰蛋、蛋粉及咸蛋、皮蛋等，其性状各异。在对蛋与蛋制品进行微生物检验时，应按照各品种性状合理采样和处理检样。

现场采样用品包括采样箱、有盖搪瓷盘、灭菌塑料袋、灭菌具塞广口瓶、灭菌电钻、搅拌棒、金属制双层旋转式套管采样器、铝铲、灭菌勺子、玻璃漏斗、温度计、75%酒精棉球、酒精灯、编号牌（或蜡笔、纸）。

1.样品采取和送检

（1）鲜蛋。用流水冲洗外壳，再用75%酒精棉涂擦消毒后放入灭菌袋内，加封做好标记后送检。

（2）全蛋粉、巴氏消毒全蛋粉、蛋黄粉、蛋白片。将包装铁箱上开口处用75%酒精棉球消毒，然后将盖开启，用灭菌的金属制双层旋转式套管采样器斜角插入箱底，使套管旋转收取检样，再将采样器提出箱外，用灭菌小匙自上、中、下部收取检样，装入灭菌广口瓶中，每个检样质量不少于100 g，标明后送检。

（3）冰全蛋、巴氏消毒冰全蛋、冰蛋黄、冰蛋白。先将铁听开口处用75%酒精棉球消毒，然后将盖开启，用灭菌电钻由顶到底斜角钻入，徐徐钻取检样，然后抽出电钻，从中取出200 g检样装入灭菌广口瓶中，标明后送检。

（4）成批产品进行质量鉴定时的采样数量。全蛋粉、巴氏消毒全蛋粉、蛋黄粉、蛋白片等产品以生产厂一日（一班）生产量为一批，在检验沙门氏菌时，按每批总量的5%抽样（每100箱中抽验5箱，每箱一个检样），但每批最少不得少于三个检样。测定菌落总数和大肠菌群时，每批按装听过程前、中、后取样三次，每次取样50 g，每批合为一个检样。

2.检样的处理

（1）鲜蛋外壳。用灭菌生理盐水浸湿的棉拭充分擦拭蛋壳，然后将棉拭直接放入培养基内增菌培养，也可将整只鲜蛋放入灭菌小烧杯或平皿中，按检样要求加入定量灭菌生理盐水或液体培养基，用灭菌棉拭将蛋壳表面充分擦拭后，擦洗液作为检样检验。

（2）鲜蛋蛋液。将鲜蛋在流水下洗净，待干后再用75%酒精棉球消毒蛋壳，然后根据检验要求，打开蛋壳取出蛋白、蛋黄或全蛋液，放入带有玻璃珠的灭菌瓶内，充分摇匀待检。

（3）全蛋粉、巴氏消毒全蛋粉、蛋白片、蛋黄粉。将检样放入带有玻璃珠的灭菌瓶内，按比率加入灭菌生理盐水充分摇匀待检。

（4）冰全蛋、巴氏消毒冰全蛋、冰蛋白、冰蛋黄。将装有冰蛋检样的瓶浸泡于流动冷水中，使检样融化后取出，放入带有玻璃的灭菌瓶中充分摇匀待检。

（5）各种蛋制品沙门氏菌增菌培养。以无菌操作称取检样，接种于亚硒酸盐煌绿或煌绿肉汤等增菌培养基中（此培养基预先置于盛有适量玻璃珠的灭菌瓶内），盖紧瓶盖，充分摇匀，然后放入（36±1）℃温箱中，培养（20±2h）。

（6）接种以上各种蛋与蛋制品的数量及培养基的数量和成分。凡用亚硒酸盐煌绿增菌培养时，各种蛋和蛋制品的检样接种数量都为30g，培养基数量都为

150 mL。

3.检验项目

菌落总数测定、大肠菌群测定，沙门氏菌检验、志贺氏菌检验。

五、水产食品的微生物与检验

（一）水产食品的病原微生物

健康的鲜鱼，其组织内是无菌的，但是体表、鳃以及消化道内都有一定数量和一些特定的微生物存在着。鱼经过运输、储藏或加工后，鱼体上的微生物数量和种类会增加。卫生条件好，微生物污染较少，否则微生物就会大量增加。

鲜鱼污染的微生物以腐生菌为主，如假单胞菌属、无色杆菌属、黄杆菌属和摩氏杆菌属等。河流中或海水中往往有一些特定的细菌，水产品在其中生活，就可以污染其特定的细菌。如淡水鱼可以污染产碱杆菌、气单胞杆菌、短杆菌属等细菌；海产鱼往往污染有嗜盐类细菌。这些细菌以分解鲜鱼体组织中的蛋白质、脂肪为主，以致使组织产生吲哚、粪臭质、硫醇、硫化氢等。能产生水深性色素的细菌，还能在鱼变质的过程中产生颜色。淡水河流中往往污染有致病菌，如沙门氏菌、志贺氏菌属等，其中的鱼类也可以污染这些病原菌。在霍乱疫区、口蹄疫疫区，其河流中也会污染有霍乱弧菌、口蹄疫病毒，生活在其中的鱼类便不免会污染这些病毒病菌。海产品在海水中还能污染致病性嗜盐菌。

水产品经过盐制后，仍有大量适合于盐制环境的微生物。鱼体在盐制后往往赤变，主要是嗜盐菌中的玫瑰小球菌、盐地赛杆菌、盐地假单胞菌、红皮假单胞菌、盐杆菌属等造成，这些细菌在含有 18% ~ 25% 食盐的基质中，仍能良好地生长。

（二）水产食品检验

水产食品种类繁多，鱼类、甲壳类、贝壳类的生态习性和体型结构差异较大。在对水产食品进行卫生微生物检验时，应按各品种性状合理采样和处理检样。

现场采样用品包括采样箱、篮、灭菌塑料袋、有盖搪瓷盘、灭菌刀、灭菌剪刀、灭菌镊子、灭菌具塞广口瓶、灭菌棉签、温度计、编号牌（或蜡笔、纸）。

1.样品采取和送检

赴现场采取水产食品样品时，应按检验目的和水产品的种类确定采样量。除个别大型鱼类和海兽只能割取其局部作为样品外，一般都采完整的个体，待检验时再按要求在一定部位采样。在以判断质量鲜度为目的时，鱼类和体型较大的贝甲类虽然应以一个个体为一件样品，单独采取一个检样，但必须对一批水产品做出质量判断时，仍需采取多个个体做多件检样以反映全面质量，而一般小型鱼类和小虾、小蟹，因个体过小在检验时只能混合采取检样，在采样时需采数量更多的个体，一般可采500～1000g。

水产食品含水分较多，体内酶的活力也较为旺盛，易于变质。因此，在采好样品后应在3h内送检，在送检途中一般都应加冰保养。

2.检样的处理

（1）鱼类。采取检样的部位为背肌。先用流水将鱼体表冲净、去鳞，再用75%酒精棉球擦净鱼背，待干后用灭菌刀在鱼背部沿脊椎切开5 cm，再切开两端使两块背肌分别向两侧翻开，然后用无菌剪刀剪取肉25 g，放入灭菌乳钵内，用灭菌剪刀剪碎，加灭菌海砂或玻璃砂研磨（有条件情况下可用均质器），检样磨碎后加入225 mL灭菌生理盐水，混匀成稀释液。剪取肉样时，勿触破及沾上鱼皮。

（2）虾类。采样的部位为腹节内的肌肉。将虾体在流水下冲净，摘去头胸节，用灭菌剪刀剪除腹节与头胸节连接处的肌肉，然后挤出腹节内的肌肉，称取25g放入灭菌乳钵内，以下操作同鱼类检样处理。

（3）蟹类。采样的部位为胸部肌肉。将蟹体用流水冲净，剥去壳盖和腹脐，再去除鳃条，复置流水下冲净。用75%酒精棉球擦拭前后外壁，置灭菌搪瓷盘上待干，然后用灭菌剪刀剪成左右两片，再用双手将一片蟹体的胸部肌肉挤出（用手指从足跟一端向剪开的一端挤压），称取25 g置灭菌乳钵内。以下操作同鱼类检样处理。

（4）贝壳类。采样部位为贝壳内容物。先用流水刷洗贝壳，刷净后放在铺有灭菌毛巾的清洁搪瓷盘或工作台上。采样者将双手洗净并用75%酒精棉球涂擦消毒后，用灭菌小钝刀从贝壳的张口处缝隙中徐徐切入撬开壳盖，再用灭菌镊子取出整个内容物，称取25 g置入灭菌乳钵内，以下操作同鱼类检样处理。

3.检验项目

菌落总数测定、大肠菌群测定、沙门氏菌检验、志贺氏菌检验、副溶血性弧菌检验、金黄色葡萄糖球菌检验、霉菌和酵母计数。

水产食品兼受海洋细菌和陆上细菌的污染，检验时细菌培养温度应为30℃。以上检样的方法和检验部位均以检验水产品食品肌肉内细菌含量从而判断其鲜度质量为目的。如需检验水产食品是否带染某种致病菌时，其检验部位应采胃肠消化道和鳃等呼吸器官。鱼类检取肠管和鳃，虾类检取头胸节内的内脏和腹节外沿处的肠管，蟹类检取胃和鳃条，贝类中的螺类检取腹足肌肉以下的部分，贝类中的双壳类检取覆盖在腹足肌肉外层的内脏和瓣鳃。

六、饮料、饮品的微生物与检验

（一）饮料、饮品中的病原微生物

饮料中的微生物含量一般都较少，而果类制品如果汁常带有各种微生物，特别是在果汁制造的过程中，能污染更多的微生物。但是，果汁的pH较低，糖度较高，这些都能抑制某些微生物的繁殖。

果汁中经常可以检出酵母，其中以假丝酵母属、圆酵母属、隐球酵母属和红酵母属等为主。例如，在柑橘果汁中存在有啤酒酵母、葡萄酒酵母、圆酵母等，主要是加工过程中污染到果汁中去的。

果汁中存在的霉菌以青霉属最为多见，如扩张青霉、皮壳青霉，其他还有构巢曲霉、烟曲霉等。果汁中还存在乳酸菌、琥珀酸杆菌肠道杆菌等。由于加工不良、污染严重，还可以污染沙门氏菌属、痢疾杆菌、葡萄球菌、链球菌及肉毒杆菌等致病菌。

冷冻食品由于具体条件的不同，还可能存在各种细菌和真菌。冷冻食品鲜冻初期，多为黄杆菌属、假单胞菌属、嗜冷微球菌等嗜冷菌，随着鲜冻至中末期，冷冻食品的温度也已升高，此时肠杆菌科各属细菌和球菌类等渐次增殖。另外，冷冻时的菌相与制作原料的污染程度与原料中的原有菌有关。该类食品在制作过程中由于原料、设备及容器消毒不彻底，常常造成各种微生物的污染和繁殖，有可能造成食品中毒及肠道疾病的传播。

（二）饮料、饮品检验

1.样品采取和送检

（1）瓶装汽水、果味水、果子露、鲜果汁水、酸梅汤。应采取原瓶、袋装样品；散装者应用灭菌容器采取500 mL，放入灭菌磨口瓶中。

（2）冰激凌。采取原包装样品；散袋者用无菌方法采取，放入灭菌磨口瓶内，再放入冷藏或隔热容器中。

（3）食用冰块。取冷冻冰块放入灭菌容器内。

（4）样品采取后，应立即送检，最多不得超过3h。

2.样品采取数量

（1）冰棍。班产量20万支以下者，一批为一批；20万支以上者，以工作台为一批，一批取3件，一件取3支。

（2）汽水。原装两瓶为一件。

（3）果味水、果子露、果子汁等饮料。原装两瓶为一件。

（4）冰淇淋。4杯为一件，散装采取200 g。

（5）食用冰块。500 g为一件。

（6）散装饮料。采取500 mL。

3.检样的处理

（1）瓶装汽水、果味水、果子露、鲜果汁水、酸梅汤等饮料检样。用点燃的酒精棉球烧灼瓶口灭菌，用石炭酸纱布盖好，再用灭菌开瓶器将盖启开，含有二氧化碳的饮料可倒入500 mL灭菌磨口瓶内，口勿盖紧；覆盖一灭菌纱布，轻轻摇荡，待气体全部逸出后进行检验。

（2）冰棍。用灭菌镊子除去包装纸，将冰棍部分放入灭菌磨口瓶内，木棒留在瓶外，盖上瓶盖，用力抽出木棒，或用灭菌剪子剪掉木棒，置45℃水浴30

min溶化后，立即进行检验。

（3）冰激凌。在灭菌容器内待其溶化后，立即进行检验。

（4）酸性饮料。用10%灭菌碳酸钠调pH至中性再进行检验。

4.检验项目

菌落总数测定、大肠菌群测定及致病菌测定。

七、调味品的微生物与检验

（一）调味品中的病原微生物

调味品包括酱油、酱类和醋等以豆类、谷类为原料发酵而成的食品。往往由于原料污染及加工制作、运输中不注意卫生，而污染上肠道细菌、球菌及需氧和厌氧芽孢杆菌。

（二）调味品检验

1.样品的采取和送检

（1）酱油和食醋。瓶装者，采取原包装；散装样品，可用灭菌勺或灭菌吸管采取。

（2）酱类。用灭菌勺子采取，放入灭菌磨口瓶内送检。

2.样品采取数量

原包装酱油、食醋和酱类采取一瓶，散装者采取500 mL（g）。

3.检样的处理

瓶装者，应用点燃的酒精棉球消毒瓶口，用石炭酸纱布盖好，再用灭菌的开瓶器开启后进行检验；散装检样直接吸取接种。

酱类用无菌方法称取25 g放入灭菌容器内，加入225 mL灭菌蒸馏水（食醋用灭菌10%碳酸钠调pH至中性），混匀，制成混悬液。

4.检验项目

（1）菌落总数测定。

（2）大肠菌群测定。①酱油：1 mL检样接种于30 mL双料乳糖发酵管中，0.1 mL和0.01 mL检样接种于10 mL单料乳糖发酵管中；②酱类：1 g检样接种于10 mL双料乳糖发酵管中，0.1 g和0.01 g检样接种于10 mL单料乳糖发酵管中；③食醋：接种方法与其他样品相同。

（3）致病菌检验沙门氏菌检验、志贺氏菌检验、副溶血性弧菌检验、金黄色葡萄球菌检验。

八、冷食菜、豆制品的微生物与检验

（一）冷食菜、豆制品中的微生物

冷食菜多为蔬菜和熟肉制品不经加热而直接食用的凉拌菜。该类食品由于原料、半成品、炊事员及炊事用具等消毒灭菌不彻底，造成细菌污染。豆制品是以大豆为原料制成的含有大量蛋白质的食品，该类食品大多由于加工后，在盛器、运输及销售等环节不注意卫生，沾染了存在于空气、土壤中的细菌。这两类食品如不加强卫生管理，极易造成食物中毒及肠道疾病的传播。

（二）冷食菜、豆制品的检验

1.现场采样用品

采样箱、灭菌塑料袋、灭菌带塞广口瓶（500 mL）、灭菌刀、剪子、镊子。

2.样品采取和送检

采样时，应注意样品的代表性，采取接触盛器边缘、底部及上面不同部位样品，放入灭菌容器内，样品送往化验室后应立即检验或放置冰箱中暂存，不得加入任何防腐剂。定型包装样品则随机采取，采样数量为200 g。

3.检样的处理

以无菌操作称取25 g检样，放入225 mL灭菌蒸馏水，用均质器打碎1 min，制成混悬液。定型包装样品，先用75%酒精棉球消毒包装袋口，用灭菌剪刀剪开后以无菌操作，称取25 g检样，放入225 mL无菌蒸馏水，用均质器打碎1 min，制成混悬液。

4.检测项目

菌落总数测定、大肠菌群测定、沙门氏菌检验、志贺氏菌检验、金黄色葡萄球菌检验。

九、糖果、糕点与果脯的微生物与检验

（一）糖果、糕点、果脯中的微生物

糖果、糕点与果脯等此类食品大多是由糖、牛奶、鸡蛋、水果等为原料而制成的甜食。部分食品有包装纸，污染机会较少，但由于包装纸、盒不清洁，或没有包装的食品放于不洁的容器内也可造成污染。带馅的糕点往往因加热不彻底、存放时间长或温度高，而使细菌大量繁殖。带有奶油的糕点长时间存放，细菌也可能大量繁殖，造成食品变质。

（二）糖果、糕点与果脯的检验

1.现场采样用品

灭菌塑料袋、灭菌镊子、75%酒精棉球、编号用蜡笔和纸。

2.样品采取和送检

糕点（饼干）、面包、蜜饯可用灭菌镊子夹取不同部位样品，放入灭菌容器内，

糖果采取原包装样品，采取后立即送检。糕点、果脯采取 200 g，糖果采取 100 g。

3.检样的处理

（1）糕点（饼干）、面包。如为原包装，用灭菌镊子夹下包装纸，采取外部及中心部位。如为带馅糕点，采取外皮及内馅25 g，裱花糕点，采取奶油及糕点部分各一半共25 g，加入225 mL灭菌生理盐水中，制成混悬液。

（2）蜜饯。采取不同部位称取25 g检样，加入灭菌生理盐水225 mL，制成混悬液。

（3）糖果。用灭菌镊子夹去包装纸，称取数块共25 g，加入预温至45℃的灭菌生理盐水225 mL，等溶化后检验。

4.检测项目

菌落总数测定、大肠菌群测定、沙门氏菌检验、志贺氏菌检验、金黄色葡萄球菌检验、霉菌和酵母计数。

十、酒类的微生物与检验

（一）酒类的微生物

酒类一般不进行微生物学检验，进行检验的主要是酒精度低的发酵酒。因酒精度低，不能抑制细菌生长。污染主要来自原料或加工过程中不注意卫生操作而沾染水、土壤及空气中的细菌，尤其是散装生啤酒，因不加热往往存有大量细菌。

（二）酒类的检验

1.样品的采集和送检

瓶装酒类应采取原包装样品，散装者应用灭菌容器采取，放入灭菌磨口瓶中；瓶装酒类应采取原包装两瓶，散装者采取500 mL。

2.检样的处理

（1）瓶装酒类。用点燃的酒精棉球烧灼瓶口灭菌，用石炭酸纱布盖好，再用灭菌开瓶器将盖启开，含有二氧化碳的酒类可倒入500 mL灭菌磨口瓶中，瓶口勿盖紧；覆盖灭菌纱布，轻轻摇荡，待气体全部逸出后，进行检验。

（2）散装酒类。可直接吸取进行检验。

3.检验项目

菌落总数测定、大肠菌群测定、沙门氏菌检验、志贺氏菌检验、金黄色葡萄球菌检验。

十一、方便面（速食米粉）的微生物与检验

（一）样品采集

袋装及碗装方便面3袋（碗）为一件，简易包装方便面采取200 g。

（二）样品处理

第一，未配有调味料的方便面。用无菌操作开封取样，称取面块25 g，加入225 mL灭菌生理盐水制成1∶10匀质液。

第二，配有调味料的方便面。用无菌操作开封取样，将面块和全部调料及配料一起称重，按1∶1（g∶mL）加入灭菌生理盐水，制成检样匀质液。

称取50 g匀质液加至200 mL灭菌生理盐水中，成为1∶10的稀释液。

称取50 g匀质液加至225 mLLGN增菌液中做志贺氏菌前增菌。

称取50 g匀质液加至225 mLLBP中做沙门氏菌前增菌。

（三）检验项目

菌落总数测定、大肠菌群测定、沙门氏菌检验、志贺氏菌检验、金黄色葡萄球菌检验、霉菌和酵母计数。

十二、罐头食品的微生物与检验

（一）罐头食品中的微生物

罐头由于微生物作用而造成的腐败变质，可分为嗜热芽孢细菌、中温芽孢细菌、不产芽孢细菌、酵母菌、霉菌等引起的腐败变质。

1.嗜热芽孢细菌

发生这类变质大多数是由于杀菌温度不够而造成的。通常发生以下三种主要类型的腐败变质现象：

（1）平酸腐败。平酸腐败也叫平盖酸败。变质的罐头外观正常，内容物却已变质，呈轻重不同的酸味，pH可下降0.1～0.3。导致平酸腐败的微生物习惯上称为平酸菌，大多数是兼性厌氧菌。例如，嗜热脂肪芽孢杆菌，耐热性很强，能在49～55℃温度中生长，最高生长温度65℃，一般pH为6.8～7.2的条件下生长良好，当pH接近5时不能生长。因此，这种菌只能在pH为5以上的罐头中生长。另一类细菌是凝结芽孢杆菌，它是肉类和蔬菜罐头腐败变质的常见菌，它的最高生长温度是54～60℃，该菌的突出特点是能在pH为4.0或酸性更低的介质中生长，所以又称为嗜热酸芽孢杆菌，在酸性罐头，如番茄汁或番茄酱罐头腐败变质时常见此菌。

平酸腐败无法通过不开罐检查发现，必须通过开罐检查或细菌分离培养才能确定。平酸菌在自然界分布很广，糖、面粉、香辛料等辅料常常是平酸菌的污染来源。平酸菌中，除有专性嗜热菌外，还有兼性嗜热菌和中温菌。

（2）TA菌腐败。TA菌是不产硫化氢的嗜热厌氧菌（Thermoanaerobion）的缩写。TA菌是一类能分解糖、专性嗜热、产芽孢的厌氧菌。它们在中酸罐头或低酸罐头中生长繁殖后，产生酸和气体，气体主要有二氧化碳和氢气。如果这种罐头在高温中放置时间太长，气体积累较多，就会使罐头膨胀最后引起破裂，变质的罐头通常有酸味。这类菌中常见的有嗜热解糖梭状芽孢杆菌，它的适宜生长温度是55℃，温度低于32℃时生长缓慢。由于TA菌在琼脂培养基上不易生成菌落，所以通常只采用液体培养法来检查，如用肝、玉米、麦芽汁、肝块肉汤或乙醇盐酸肉汤等液体培养基，培养温度为55℃，检查产气和产酸的情况。

（3）硫化物腐败。腐败的罐头内产生大量黑色的硫化物，沉积于罐的内壁和食品上，致使罐内食品变黑并产生臭味，罐头的外观一般保持正常，或出现隐胀和轻胀，敲击时有浊音。引起这种腐败变质的菌是致黑梭状芽孢杆菌，属厌氧性嗜热芽孢杆菌，生长温度在35～70℃，最适宜生长温度是55℃，耐热力较前面几种菌弱，分解糖的能力也较弱，但能较快地分解含硫的氨基酸而产生硫化氢气体。此菌如果在豆类罐头中生长，由于形成硫化氢，开罐时会散发出一种强烈的臭鸡蛋味；在玉米、谷类罐头中生长会产生蓝色的液体；在鱼罐头中也常发现。该菌的检查可以通过硫酸亚铁培养基55℃保温培养来检查，如形成黑斑即证实有此菌存在。罐头污染该菌一般是原料被粪肥污水污染，再加上杀菌不彻底造成的。

2.中温芽孢细菌

中温芽孢细菌最适宜的生长温度是37℃，包括中温需氧芽孢细菌和中温厌氧梭状芽孢细菌两大类。

（1）中温需氧芽孢细菌引起的腐败变质。这类细菌耐热性较差，许多细菌的芽孢在100℃或更低一些的温度下，短时间就能被杀死，少数种类的芽孢经过高压蒸汽处理而存活下来。常见的引起罐头腐败变质的中温芽孢细菌有枯草芽孢杆菌、巨大芽孢杆菌和蜡样芽孢杆菌等，它们能分解蛋白质和糖类，分解产物主要有酸及其他一些物质，一般不产生气体，少数菌种也产生气体，如多黏芽孢杆菌似浸麻芽孢杆菌等分解糖时除产酸外还有产气，所以产酸不产气的中温芽孢杆菌引起平酸腐败，而产酸产气的中温芽孢杆菌引起平酸腐败变质时有气体产生。

（2）中温厌氧梭状芽孢细菌引起的腐败变质。这类细菌属厌氧菌，最适宜生长温度为37℃，但许多种类在20℃或更低温度都能生长，还有少量菌种能在50℃或更高的温度中生长。这类菌中有分解糖类的丁酸梭菌和巴氏固氮梭状芽孢杆菌，它们可在酸性或中性罐头内发酵丁酸，产生氢气和二氧化碳，造成罐头膨胀变质。还有一些能分解蛋白质的菌种，如魏氏梭菌、生芽孢梭菌及肉毒梭菌等，这些菌主要造成肉类、鱼类罐头的腐败变质，分解其中的蛋白质产生硫化氢、硫醇、氨、吲哚、粪臭素等恶臭物质并伴有膨胀现象，此外，往往还产生毒性较强的外毒素，细菌产生毒素以后释放到介质中来，使整个罐内充满毒素，可造成严重的食物中毒。肉毒梭菌所产生的外毒素是引起食物中毒病原菌中耐热力最强的菌种之一，所以罐头食品杀菌时，常以此菌作为杀菌是否彻底的指示细菌。

3.不产芽孢细菌

不产芽孢细菌的耐热性不及产芽孢的细菌。如罐头中发现不产芽孢细菌，常常是由于漏气而造成的，冷却水是重要的污染源。当然，不产芽孢细菌的检出有时是由于杀菌温度不够而造成的。罐头中污染的不产芽孢细菌有两大类群：一类是肠道细菌，如大肠杆菌，它们的生长可造成罐头膨胀；另一类不产芽孢的细菌主要是链球菌，特别是嗜热链球菌、乳链球菌、粪链球菌等，这些菌多发现于果蔬罐头中，它们的生长繁殖会产酸并产生气体，造成罐头膨胀，在火腿罐头中常可检出粪链球菌和尿链球菌等不产芽孢的细菌。

4.酵母菌

酵母菌引起的腐败变质往往发生在酸性罐头或高酸性罐头中，主要种类有圆酵母、假丝酵母和啤酒酵母等。酵母菌及其孢子一般都容易被杀死。罐头中如果发现酵母菌污染，主要是由于漏罐造成的，有时也因杀菌温度不够造成。常见变质罐头有果酱、果汁、水果、甜炼乳、糖浆等含糖量高的罐头，这些酵母菌污染的一个重要来源是蔗糖。发生变质的罐头往往出现浑浊、沉淀、风味改变、爆裂膨胀等现象。

5.霉菌

霉菌引起罐头变质，说明罐内有较多的气体，可能由于罐头真空度不够，或者漏罐造成，因为霉菌属需氧性微生物，它的生长繁殖需要一定的气体。霉菌腐败变质常见于酸性罐头，变质后外观无异常变化，内容物却已烂掉，果胶物质被破坏，水果软化解体。引起罐头变质的霉菌主要有青霉、曲霉、柠檬酸霉属等。少数霉菌特别耐热，尤其是能形成菌核的种类耐热性更强，如纯黄丝衣霉菌是一种能分解果胶的霉菌，它能形成子囊孢子，加温85℃30 min或87.7℃10 min还能生存，在氧气充足的情况下生长繁殖，并产生二氧化碳，造成罐头膨胀。

（二）罐头商业无菌的检验

1.审查操作记录

工厂检验部门对送检产品的下述操作记录应认真进行审阅，并妥善保存至少三年备查。

（1）杀菌记录。杀菌记录包括自动记录仪的记录纸和相应的手记记录。记录纸上要标明产品品名、规格、生产日期和杀菌锅号。每一项图表记录都必须由杀菌锅操作者亲自记录和签字，由车间专人审核签字，最后由工厂检验部门审定后签字。

（2）杀菌后的冷却水有效氯含量测定的记录。

（3）罐头密封性检验记录。罐头密封性检验的全部记录应包括空罐和实罐卷边封口和焊缝质量的常规检查记录，记录上应明确标记批号和罐数等，并由检验人员和主管人员签字。

2.抽样方法

（1）按杀菌锅抽样。低酸性食品罐头在杀菌冷却完毕后每杀菌锅抽样2罐，3 kg以上的大罐每锅抽1罐，酸性食品罐头每锅抽1罐。一般一个班的产品组成一个检验批，将各锅的样罐组成一个样批送检，每批每个品种取样基数不得少于3罐。产品应按锅划分堆放，在遇到由于杀菌操作不当引起的问题时，也可以按锅处理。

（2）按生产班（批）次抽样。①取样数为1/6000，尾数超过2000者增取1罐，每班（批）每个品种不得少于3罐。②某些产品班产量较大，则以30000罐为基数，其取样数按1/6000；超过30000罐以上的按1/20000计，尾数超过4000罐者增取1罐。③个别产品产量小，同品种同规格可合并班次为一批取样，但并班总数不超过5000罐，每个批次取样数量不得少于3罐。

3.称重

用电子秤或天平称重，1kg及1kg以下的罐头精确到1g，1kg以上的罐头精确到2g，各罐头的重量减去空罐的平均重量即为该罐头的净重。称重前对样品进行记录编号。

4.保温

将全部样罐按分类在规定温度下按规定时间进行保温。低酸性罐头食品，36℃，保温10 d；酸性罐头食品，30℃，保温10 d；预定要输往热带地区（40℃以上）的低酸性罐头食品，55℃，保温5~7 d。

5.开罐

取保温过的全部罐头，冷却到常温后，按无菌操作开罐检验。

将样罐用温水和洗涤剂洗刷干净，用自来水冲洗后擦干。放入无菌室，用紫外杀菌灯照30 min。

将样罐移置超净工作台上，以75%酒精棉球擦拭无代号端，并点燃灭菌（胖听罐不能烧）。用灭菌的卫生开罐刀或罐头打孔器开启（带汤汁的罐头开罐前适当振摇），开罐时不能伤及卷边结构。

保温过程中应每天检查，如有胖听或泄漏等现象，立即剔除，并做开罐检查。

6.留样

开罐后，用灭菌吸管或其他适当工具以无菌操作取出内容物10~20 mL(g)，移入灭菌容器内，保存于冰箱中。待该批罐头检验得出结论后可随之弃去。

7.pH测定

取样测定pH，与同批中正常罐相比，看是否有显著的差异。

8.感官检查

在光线充足、空气清洁无异味的检验室中，将罐头内容物倾入白色搪瓷盘内，由有经验的检验人员对产品的外观、色泽、状态和气味等进行观察和嗅闻，用餐具按压食品或戴薄指套以手指进行触感，以鉴别食品有无腐败变质的迹象。

9.涂片染色镜检

（1）涂片。对感官、pH检查结果认为可疑的，以及腐败时pH反应不灵敏的（如肉、禽、鱼类等）罐头样品，均应进行涂片染色镜检。带汤汁的罐头样品可用接种环挑取汤汁涂于载玻片上，固态食品可以直接涂片或用少量灭菌生理盐水稀释后涂片，待干后用火焰固定。油脂性食品涂片自然干燥并用火焰固定后，用二甲苯流洗，自然干燥。

（2）染色镜检。用革兰氏染色法染色，镜检，至少观察5个视野，记录细菌的染色反应、形态特征以及每个视野的菌数。与同批的正常样品进行对比，判断是否有明显的微生物增殖现象。

10.接种培养

保温期间出现胖听、泄漏，可开罐检查，发现pH、感官质量异常、腐败变质，进一步镜检，若发现有异常数量细菌的样罐，均应及时进行微生物接种培养。

对需要接种培养的样罐（或留样），用灭菌的适当工具移出约1mL（g）内容物，分别接种培养。接种量约为培养基的1/10，要求在55℃培养（在接种前应将培养基在55℃水浴中预热至该温度，接种后立即放入55℃温箱中培养）。

11.微生物培养检验程序及判定

将培养基管分别放入规定温度的恒温箱中进行培养，每天观察生长情况。

对在36℃培养有菌生长的溴甲酚紫葡萄糖肉汤管，观察产酸产气情况，并涂片染色镜检。如果是含杆菌的混合培养物或球菌、酵母菌或霉菌的纯培养物，不再继续检验；如仅有芽孢杆菌则判为嗜温性需氧芽孢杆菌；如仅有杆菌无芽孢则为嗜温性需氧杆菌，如需进一步证实是否为芽孢杆菌，可转接于锰盐营养琼脂平板上在36℃培养后再做判定。

对在55℃培养有菌生长的溴甲酚紫葡萄糖肉汤管，观察产酸产气情况，并涂片染色镜检。如有芽孢杆菌，则判为嗜热性需氧芽孢杆菌；如仅有杆菌而无芽孢则判为嗜热性需氧杆菌，如需要进一步证实是否是芽孢杆菌，可转接于锰盐营养琼脂平板上在55℃培养后再做判定。

对在36℃培养有菌生长的庖肉培养基管，涂片染色镜检。如为不含杆菌的混合菌相，不再往下进行；如有杆菌，带或不带芽孢，都要转接于两个血琼脂平板（或卵黄琼脂平板）上，在36℃分别进行需氧培养和厌氧培养。在需氧平板上有芽孢生长，则为嗜温性兼性厌氧芽孢杆菌；在厌氧平板上生长为一般芽孢，则为嗜温性厌氧芽孢杆菌，如为梭状芽孢杆菌，应用疱肉培养基原培养液进行肉毒梭菌及肉毒素检验。

对在55℃培养有菌生长的疱肉培养基管，涂片染色镜检。如有芽孢，则为嗜热性厌氧芽孢杆菌或硫化腐败性芽孢杆菌；如无芽孢仅有杆菌，转接于锰盐营养琼脂平板上，在55℃厌氧培养。如有芽孢则为嗜热性厌氧芽孢杆菌，如无芽孢则为嗜热性厌氧杆菌。

对有微生物生长的酸性肉汤和麦芽浸膏汤管进行观察，并涂片染色镜检，按所发现的微生物类型判定。

12.罐头密封性检验

对确定有微生物繁殖的样罐均应进行密封性检验以判定该罐是否泄漏。罐头密封性检验方法为：将已洗净的空罐经35℃烘干，根据各单位的设备条件进行减压或加压试漏。

（1）减压试漏。将烘干的空罐内注入清水至八九成满，将一带橡胶圈的有机玻璃板妥当安放在罐头开启端的卷边上，使能保持密封。启动真空泵，关闭放气阀，用手按住盖板，控制抽气，使真空表升到68.0 kPa（510mmHg），并保持此真空度1 min以上。侧倾空罐仔细观察罐内卷边及焊缝处有无气泡产生，凡同一部位连续产生气泡，应判断为泄漏，记录漏气的时间和真空度，并在漏气部位做上记号。

（2）加压试漏。用橡皮塞将空罐的开孔塞紧，开动空气压缩机，慢慢开启阀门，使罐内压力逐渐加大，同时将空罐浸没在盛水玻璃缸中。仔细观察罐外底盖卷边及焊缝处有无气泡产生，直至压力升至 68.6 kPa 并保持 2 min，凡同一部位连续产生气泡，应判断为泄漏，记录漏气的时间和压力，并在漏气部位做上记号。

13.结果判定

（1）商业无菌。若该批（锅）罐头食品经审查生产操作记录，属于正常；

抽取样品经保温试验未胖听或泄漏；保温后开罐，经感官检查、pH测定、涂片镜检或接种培养，确证无微生物增殖现象，则为商业无菌。

（2）非商业无菌。若该批（锅）罐头食品经审查生产操作记录，未发现问题；抽取样品经保温试验有一罐及一罐以上发生胖听或泄漏；或保温后开罐，经感官检查、pH测定、涂片镜检或接种培养，确证有微生物增殖现象，则为非商业无菌。

第五章

食品有害物质检验技术

食品是人类赖以生存和发展的基础物质条件。随着食品产业的空前发展，食品安全的丑闻不断出现，这就引发了人们对食品安全问题的广泛关注，需要对食品分析及安全检测关键技术展开研究。由于食品样品种类繁多、成分复杂，有害物质残留含量极微，因此，食品样品的分离检测十分困难。本章主要从食品生物性污染及其检验技术、食品化学性污染及其检验技术、食品包装中有害物质的检验技术三方面进行论述。

第一节 食品生物性污染及其检验技术

一、细菌及其毒素的检验

细菌的个体非常小，目前已知最小的细菌只有0.2微米长，因此，大多只能在显微镜下被看到。细菌一般是单细胞，细胞结构简单，缺乏细胞核、细胞骨架以及膜状胞器，如线粒体和叶绿体。基于这些特征，细菌属于原核生物。原核生物中还有另一类生物称作古细菌，是科学家依据演化关系而另辟的类别。细菌广泛分布于土壤和水中，或者与其他生物共生。人体身上也带有相当多的细菌。据估计，人体内及表皮上的细菌细胞总数约是人体细胞总数的十倍。此外，也有部分种类分布在极端的环境中，如温泉，甚至是放射性废弃物中，它们被归类为嗜极生物，其中最著名的种类之一是海栖热袍菌，科学家是在意大利的一座海底火山中发现这种细菌的。然而，细菌的种类是如此之多，科学家研究过并命名的种类只占其中的小部分。细菌域下所有门中，只有约一半是能在实验室培养的种类。

细菌性微生物是人类食物链中最常见的病原，主要有大肠埃希菌、沙门氏菌、结核菌、炭疽菌、肉毒梭菌、李斯特菌、葡萄球菌、猪链球菌等。沙门氏菌对禽类、生猪及其鲜肉制品的感染率最高，蛋类、禽类肉制品和猪肉是人类感染沙门氏菌病的主要渠道。

食品细菌，即指常在食品中存在的细菌，包括致病菌、条件致病菌和非致病菌。自然界的细菌种类繁多，但由于食品的理化性质、所处环境条件及加工处理等因素的限制，在食品中存在的细菌只是自然界细菌的一小部分。非致病菌一般不引起人类疾病，但其中一部分为腐败菌，与食品腐败变质有密切关系，是评价食品卫生质量的重要指标。

污染食品的细菌分类：根据繁殖所需要的温度可分为嗜冷菌、嗜温菌和嗜热菌三类。嗜冷菌：生长在0℃或以下环境中，海水及冰水中常见，是导致鱼类腐败的主要微生物。嗜温菌：生长在15~45℃环境中（最适温度为37℃），大多数腐败菌和致病菌属于此类。嗜热菌：生长在45~75℃环境中，是导致罐头食品腐败的主要因素。

细菌污染主要来源是环境污染、未腐熟的农家肥和生活污水灌溉。

新鲜蔬菜体表的微生物，除植株正常的寄生菌外，主要是环境污染的结果，其中土壤是重要的污染来源。例如，马铃薯每克需氧菌可达2.8×10^7个，而甘蓝不与土壤直接接触，尽管表面积很大，但平均菌数仅为4.2×10^4个。一般情况下，其数量大小并不表示卫生状态的好坏。但是当蔬菜水果的组织破损时，细菌会趁虚而入，并大量繁殖，进而加速其腐败变质。有些细菌和霉菌可以侵入植物的正常组织而引起腐败变质。

黄色葡萄球菌按葡萄球菌的生理化学组成，将葡萄球菌分为金黄色葡萄球菌、表皮葡萄球菌和腐生葡萄球菌，其中金黄色葡萄球菌多为致病性菌，表皮葡萄球菌偶尔致病。金黄色葡萄球菌是人类化脓性感染中最常见的病原菌。球菌，直径为$0.8 \sim 1.0\,\mu m$。排列成葡萄串状，无芽孢，无荚膜；细胞单个、成对和多于一个平而分裂成不规则的堆团；有些菌株具有荚膜或黏层；菌落光滑、低凸、闪光、奶油状，并且有完整的边缘；革兰阳性菌具有高度耐盐性；最适生长温度为35~40℃，最适生长pH为7.0~7.4。

（一）细菌的生物分类学

域：细菌域Bacteria。

门：厚壁菌门Firmiciutes。

纲：芽孢杆菌纲Bacilli。

目：芽孢杆菌目Bacillales。

科：葡萄球菌科Staphylococcaceae。

属：葡萄球菌属Staphylococcus。

种：金黄色葡萄球菌S.aureus。

（二）细菌的生化特性

可分解葡萄糖、麦芽糖、乳糖、蔗糖，产酸不产气。甲基红反应阳性，VP

反应弱阳性。金黄色葡萄球菌在厌氧条件下分解甘露醇产酸，非致病性菌则无此现象。许多菌株可分解精氨酸，水解尿素，还原硝酸盐，液化明胶。金黄色葡萄球菌具有较强的抵抗力，对磺胺类药物敏感性低，但对青霉素、红霉素等高度敏感。

（三）金黄色葡萄球菌的致病性

金黄色葡萄球菌是人类化脓感染中最常见的病原菌，可引起局部化脓感染，也可引起肺炎、伪膜性肠炎、心包炎等，甚至引起败血症、脓毒症等全身感染。

当金黄色葡萄球菌污染了含淀粉及水分较多的食品，如牛奶和奶制品、肉、蛋等，在温度条件适宜时，经8～10h即可产生相当数量的肠毒素。肠毒素可耐受100℃煮沸30min而不被破坏，它引起的食物中毒症状是呕吐和腹泻。金黄色葡萄球菌肠毒素是个世界性卫生问题，在美国由金黄色葡萄球菌肠毒素引起的食物中毒占整个细菌性食物中毒的33%，加拿大则更多，占45%，我国每年发生的此类中毒事件也非常多。

肠毒素形成的条件包括：（1）存放温度。在37℃内，温度越高，产毒时间越短。（2）存放地点。通风不良、氧分压低时易形成肠毒素；（3）食物种类。含蛋白质丰富，水分多，同时含一定量淀粉的食物，肠毒素易生成。因此，食品中金黄色葡萄球菌的检验尤为重要。

（四）金黄色葡萄球菌的检验

1.食品中金黄色葡萄球菌的检验

（1）设备和材料

除微生物实验室常规灭菌及培养设备外，其他设备和材料包括：①恒温培养箱，（36±1）℃；②冰箱，2～5℃；③恒温水浴箱，36～56℃；④天平，感量0.1g；⑤均质器；⑥振荡器；⑦无菌吸管，1 mL（具0.01 mL刻度）、110 mL（具0.1 mL刻度）或微量移液器及吸头；⑧无菌锥形瓶，容量为100 mL、500 mL；⑨无菌培养皿：直径90 mm；⑩涂布棒；⑪pH计或pH比色管或精密pH试纸。

（2）培养基和试剂

第一，7.5%氯化钠肉汤的成分包括蛋白胨10.0 g、牛肉膏5.0 g、氯化钠75 g、蒸馏水1000 mL。制法：将上述成分加热溶解，调节PH至7.4±0.2，分装，每瓶225 mL，121℃高压灭菌15 min。

第二，血琼脂平板的成分包括豆粉琼脂（pH7.5±0.2）100 mL、脱纤维羊血（或兔血）5～10mL。制法：加热溶化琼脂，冷却至50℃，以无菌操作加入脱纤维羊血，摇匀，倾注于平板。

第三，Baird-Parker琼脂平板的成分包括胰蛋白胨10.0 g、牛肉膏5.0 g、酵母膏1.0 g、丙酮酸钠10.0 g、甘氨酸12.0 g、氯化锂（LiCl.6H₂O）5.0 g、琼脂20.0 g、蒸馏水950 mL。增菌剂的配法：30%卵黄盐水50 mL与通过0.22 μm孔径滤膜进行过滤除菌的1%亚碲酸钾溶液10 mL混合，保存于冰箱内。制法：将各成分加到蒸馏水中，加热煮沸至完全溶解，调节pH至7.0±0.02，分装每瓶95 mL，121℃高压灭菌15 min。临用时加热溶化琼脂，冷至50℃，每95 mL加入预热至50℃的卵黄亚碲酸钾增菌剂5 mL，摇匀后倾注于平板。培养基应是致密不透明的。使用前在冰箱储存不得超过48 h。

第四，脑心浸出液肉汤（BHI）的成分包括胰蛋白质胨10.0 g、氯化钠5.0 g、磷酸氢二钠（Na₂HPO₄·12H₂O）2.5 g、葡萄糖2.0 g、牛心浸出液500 mL。制法：加热溶解，调节pH至7.4±0.2，分装16 mm×160 mm试管，每管5 mL，121℃高压灭菌15 min。

第五，兔血浆。取柠檬酸钠3.8g，加蒸馏水100mL，溶解后过滤，装瓶，121℃高压灭菌15min。兔血浆制备：取3.8%柠檬酸钠溶液1份，加兔全血4份，混好静置（或以3000r/min离心30min），使血液细胞下降，即可得血浆。

第六，磷酸盐缓冲液的成分包括磷酸二氢钾（KH₂PO₄）34.0 g、蒸馏水500 mL。制法：贮存液，称取34.0 g的磷酸二氢钾溶于500 mL蒸馏水中，用大约175 mL的1 mol/L氢氧化钠溶液调节pH至7.2，用蒸馏水稀释至1000 mL，后贮存于冰箱。稀释液，取贮存液1.25 ml用蒸馏水稀释至1000 mL，分装于适宜容器中，121℃高压灭菌15 min。

第七，营养琼脂小斜面的成分包括蛋白胨10.0 g、牛肉膏3.0 g、氯化钠5.0 g、琼脂15.0～20.0 g、蒸馏水1000 ml。制法：将除琼脂外的各成分溶解于蒸馏水内，加入15%氢氧化钠溶液约2 mL调节pH至7.3±0.2。加入琼脂，加热煮沸，使琼脂溶化，分装13 mm×130 mm试管，121℃高压灭菌15 min。

第八，革兰染色液包括结晶紫染色液、革兰碘液和沙黄复染液。

结晶紫染色液的成分包括结晶紫1.0 g、95%乙醇20.0 mL、1%草酸铵水溶液80.0 mL。制法：将结晶紫完全溶解于乙醇中，然后与草酸铵溶液混合。

革兰碘液的成分包括碘 1.0 g、碘化钾 2.0 g、蒸馏水 300 mL。制法：将碘与碘化钾先行混合，加入蒸馏水少许，充分振摇，待完全溶解后，再加蒸馏水至 300 mL。

沙黄复染液的成分包括沙黄0.25 g、95%乙醇10.0 mL、蒸馏水90.0 mL。制法：将沙黄溶解于乙醇中，然后用蒸馏水稀释。

染色法：涂片在火焰上固定，滴加结晶紫染液，染1 min，水洗。滴加革兰碘液，作用1 min，水洗，滴加95%乙醇脱色15～30s，直至染色液被洗掉，不要过分脱色，水洗，滴加复染液，复染1 min，水洗、待干、镜检。

第九，无菌生理盐水的成分包括氯化钠8.5 g、蒸馏水1000 mL。制法：称取8.5 g氯化钠溶于1000 mL蒸馏水中，121℃高压灭菌15 min。

2.金黄色葡萄球菌的定性检验

（1）操作步骤

第一，样品的处理。称取25 g样品至盛有225 mL7.5%氯化钠肉汤的无菌均质杯内，以8000～10000r/min均质1～2 min，或放入盛有225 mL7.5%氯化钠肉汤无菌均质袋中，用拍击式均质器拍打1～2 min。若样品为液态，吸取25 mL样品至盛有225 mL7.5%氯化钠肉汤的无菌锥形瓶（瓶内可预置适当数量的无菌玻璃珠）中，振荡混匀。

第二，增菌。将样品匀液于36±1℃培养18～24 h。金黄色葡萄球菌在7.5%氯化钠肉汤中呈混浊生长。

第三,分离。将增菌后的培养物分别画线接种到Baird-Parker平板和血平板上，血平板（36±1）℃培养18～24 h，Baird-Parker平板（36±1）℃培养24～48 h。

第四，初步鉴定。金黄色葡萄球菌在Baird-Parker平板上呈圆形，表面光滑、凸起、湿润，菌落直径为2～3 mm，颜色呈灰黑色至黑色，有光泽，常有浅色（非白色）的边缘，周围绕以不透明圈（沉淀），其外常有一清晰带。当用接种针触及菌落时具有黄油样黏稠感。有时可见到不分解脂肪的菌株，除没有不透明圈和清晰带外，其他外观基本相同。从长期贮存的冷冻或脱水食品中分离的菌落，其黑色常较典型菌落浅些，且外观可能较粗糙，质地较干燥。在血平板上，形成菌落较大、网形、光滑凸起、湿润、金黄色（有时为白色），菌落周围可见完全透明溶血圈。挑取上述可疑菌落进行革兰染色镜检及血浆凝固酶实验。

第五，确证鉴定。包括染色镜检和血浆凝同酶实验。

染色镜检：金黄色葡萄球菌为革兰阳性球菌，排列呈葡萄球状，无芽孢，无荚膜，直径为 $0.5 \sim 1~\mu m$。

血浆凝同酶实验：挑取 Baird-Parkcr 平板或血平板上至少 5 个可疑菌落（小于 5 个，则全选），分别接种到 5 mLRHI 中和营养琼脂小斜面上，（ 36 ± 1 ）℃培养 18 ~ 24 h。取新鲜配制兔血浆 0.5 mL，放入小试管中，再加入 BHI 培养物 0.2 ~ 0.3 mL，振荡摇匀，置入温箱或水浴箱内，每半小时观察 1 次，观察 6 h，如呈现凝固（将试管倾斜或倒置时，呈现凝块）或凝固体积大于原体积的 1/2，则判定为阳性结果。同时以血浆凝固酶实验阳性和阴性葡萄球菌菌株的肉汤培养物作为对照，也可用商品化的试剂，按照说明书操作，进行血浆凝固酶实验。结果如可疑，挑取营养琼脂小斜面上的菌落到 5 mLBHI 中，（ 36 ± 1 ）℃培养 18 ~ 48 h，重复实验。

第六，葡萄球菌肠毒素的检验（选做）：可疑食物中毒样品或产生葡萄球菌肠毒素的金黄色葡萄球菌菌株的鉴定，应检测葡萄球菌肠毒素。

葡萄球菌肠毒素检验方法如下：

首先，试剂和材料。A、B、C、D、E 型金黄色葡萄球菌肠毒素分型 ELISA 检测试剂盒；pH 试纸，范围为 3.5 ~ 8.0，精度 0.1；0.25 mol/LpH 为 8.0 的 Tris 缓冲液：将 121.1 g 的 Tris 溶解到 800 mL 的去离子水中，待温度冷至室温后，加 42 mL 浓 HCL，调 pH 至 8.0；pH 为 7.4 的磷酸盐缓冲液：称取 0.55 g$NaH_2PO_4 \cdot H_2O$（或 0.62 g$NaH_2PO_4 \cdot 2H_2O$）、2.85 g$Na_2HPO_4 \cdot 2H_2O$（或 5.73 g$Na_2HPO_4 \cdot 12H_2O$）、8.7 g$NaCl$ 溶于 1000 mL 蒸馏水中，充分混匀即可；庚烷；10% 次氯酸钠溶液。肠毒素产毒培养基的成分包括：蛋白胨 20.0 g、胰消化酪蛋白 200 mg（氨基酸）、氯化钠 5.0 g、磷酸氢二钠 1.0 g、磷酸二氢钾 1.0 g、氯化钙 0.1 g、硫酸镁 0.2 g、烟酸 0.01 g、蒸馏水 1000 mL。制法：将所有成分混于水中，溶解后调节 pH 为 7.3 ± 0.2，121℃高压灭菌 30 min。营养琼脂的成分包括：蛋白胨 10.0 g、牛肉膏 3.0 g、氯化钠 5.0 g、琼脂 15.0 ~ 20.0 g、蒸馏水 1000 mL。制法：将除琼脂以外的各成分溶解于蒸馏水内，加入 15% 氢氧化钠溶液约 2 mL 校正 pH 至 7.3 ± 0.2。加入琼脂，加热煮沸，使琼脂溶化。分装烧瓶，121℃高压灭菌 15 min。

其次，仪器和设备。电子天平，感量 0.01 g；均质器；离心机，转速为

3000 ~ 5000 g；离心管，50mL；滤器，滤膜孔径为0.2 μm；微量加样器，20 ~ 200 μL、200 ~ 1000 μL；微量多通道加样器，50 ~ 300 μL；自动洗板机（可选择使用）；酶标仪，波长为450 nm。

最后，原理。可用A、B、C、D、E型金黄色葡萄球菌肠毒素分型酶联免疫吸附试剂盒完成。测定的基础是酶联免疫吸附反应（EUSA）。96孔酶标板的每一个微孔条的A ~ E孔分别包被了A、B、C、D、E型葡萄球菌肠毒素抗体，H孔为阳性质控，已包被混合型葡萄球菌肠毒素抗体，F孔和G孔为阴性质控，包被了非免疫动物的抗体。样品中如果有葡萄球菌肠毒素，游离的葡萄球菌肠毒素则与各微孔中包被的特定抗体结合，形成抗原抗体复合物，其余未结合的成分在洗板过程中被洗掉；抗原抗体复合物再与过氧化物酶标记物（二抗）结合，未结合上的酶标记物在洗板过程中被洗掉；加入酶底物和显色剂并孵育，酶标记物上的酶催化底物分解，使无色的显色剂变为蓝色；加入反应终止液可使颜色由蓝变黄，并终止了酶反应；以450 nm波长的酶标仪测量微孔溶液的吸光度值，样品中的葡萄球菌肠毒素与吸光度值成正比。

（2）检测步骤

第一，从分离菌株培养物中检测葡萄球菌肠毒素方法。待测菌株接种于营养琼脂斜面（试管18 mm × 180 mm）培养24 h，用5 mL生理盐水洗下菌落，倾入60 mL于产毒培养基中，36℃振荡培养48 h，振速为100次/min，吸出菌液离心，以8000 r/min离心20 min，加热100℃，10 min，取上清液，取100 μL稀释后的样液进行实验。

第二，从食品中提取和检测葡萄球菌毒素方法。牛奶和奶粉：将25 g奶粉溶解到125 mL、0.25 mol/L、pH为8.0的Tris缓冲液中，混匀后同液体牛奶一样按以下步骤制备。将牛奶于15℃、3500 r/min离心10 min。将表面形成的一层脂肪层移走，变成脱脂牛奶。用蒸馏水对其进行稀释（1：20），取100 μL稀释后的样液进行实验。脂肪含量不超过40%的食品：称取10 g样品绞碎，加入pH为7.4的PBS液15 mL进行均质振摇15 min。于15℃、3500 r/min离心10 min。必要时，移去上面脂肪层。取上清液进行过滤除菌。取100 μL的滤出液进行实验。脂肪含量超过40%的食品：称取10 g样品绞碎，加入pH为7.4的PBS液15 mL进行均质。振摇15 min，于15℃、3500 r/min离心10 min。吸取5 mL上层悬浮液，转移到另外一个离心管中，再加入5 mL的庚烷，充分混匀5 min，于15℃、3500 r/min离心5 min。将上部有机相（庚烷层）全部弃去，注意该过程中不要残留庚烷。将下部水相层进行过滤除菌，取100μL的滤出液进行实验。

（3）检测注意事项

第一，所有操作均应在室温（20～25℃）下进行，A、B、C、D、E型金黄色葡萄球菌肠毒素分型ELISA检测试剂盒中所有试剂的温度均应回升至室温方可使用。测定中吸取不同的试剂和样品溶液时应更换吸头，用过的吸头以及废液处理前要浸泡到10%次氯酸钠溶液中过夜。

第二，将所需数量的微孔条插入框架中（一个样品需要一个微孔条）。将样品液加入微孔条的A～G孔，每孔100μL。H孔加100μL的阳性对照，用手轻拍微孔板充分混匀，用黏胶纸封住微孔以防溶液挥发，置室温下孵育1 h。

第三，将孔中液体倾倒至含10%次氯酸钠溶液的容器中，并在吸水纸上拍打几次以确保孔内不残留液体。每孔用多通道加样器注入250μL的洗液，再倾倒掉并在吸水纸上拍干。重复以上洗板操作4次。本步骤也可由自动洗板机完成。

第四，每孔加入100μL的酶标抗体，用手轻拍微孔板充分混匀，置室温下孵1h。

第五，重复洗板程序。

第六，加50μL的TMB底物和的发色剂至每个微孔中，轻拍混匀，室温黑暗避光处孵育30min。

第七，加入100μL的2 mol/L硫酸终止液，轻拍混匀，30 min内用酶标仪在450 nm波长条件下测量每个微孔溶液的OD值。

（4）结果的计算和表述

第一，质量控制。测试结果阳性质控的OD值要大于0.5，阴性质控的OD值要小于0.3，如果不能同时满足以上要求，测试的结果不被认可。阳性结果要排除内源性过氧化物酶的干扰。

第二，临界值的计算。每一个微孔条的F孔和G孔为阴性质控，两个阴性质控OD值的平均值加上0.15为临界值。例如，阴性质控1=0.08，阴性质控2=0.10，平均值=0.09，临界值=0.09+0.15=0.24。

第三，结果表述。OD值小于临界值的样品孔判为阴性，表述为样品中未检出某型金黄色葡萄球菌肠毒素；OD值大于或等于临界值的样品孔判为阳性，表述为样品中检出某型金黄色葡萄球菌肠毒素。

（5）其他常见致病性微生物。其他常见致病性微生物，除金黄色葡萄球菌外，还有肠杆菌科的大肠埃希菌、沙门氏菌属和志贺氏菌属、耶尔森氏菌属、致病性弧菌中的副溶血性弧菌和霍乱弧菌、弯曲菌和革兰阳性杆菌中的单核细胞增生李斯特氏菌、蜡样芽孢杆菌、肉毒梭菌等致病菌。

二、霉菌及其毒素的检验

霉菌并不是生物学分类的名称，而只是一部分真菌的俗称，通常是指菌丝体比较发达而又没有子实体的小型真菌。真菌是指有细胞壁，不含叶绿素，无根、茎、叶，以寄生或腐生方式生存，能进行有性或无性繁殖的一类生物。霉菌是其中一部分真菌，是一些丝状真菌的通称，在自然界分布很广，几乎无处不在，主要分布在不通风、阴暗、潮湿和温度较高的环境中。

（一）霉菌的生物学特性

各种真菌最适宜的生长温度为25～30℃，在0℃以下或30℃以上时不能产生毒素或产毒力减弱，但梨孢镰刀菌、拟枝孢镰刀菌和雪腐镰刀菌的最适产毒温度为0℃或−2～−71℃，而毛霉、根霉、黑曲霉、烟曲霉繁殖的适宜温度为25～40℃。大部分真菌繁殖需要纯氧气。而毛霉和酵母往往可耐受高浓度的二氧化碳而厌氧。另外，水分、外界的温度对真菌的产毒也很重要，以最易受真菌污染的粮食为例，粮食水分达17%～18%时是真菌繁殖产毒的最适宜条件。

霉菌可非常容易地生长在各种食品上，造成不同程度的食品污染。一般认为大米、面粉、花生和发酵食品中，主要以曲霉、青霉菌属为主。在个别地区以镰刀菌为主，玉米和花生中黄曲霉及其毒素检出率高。小麦和玉米以镰刀菌及其毒素为主，青霉及其毒素主要在大米中出现。霉菌污染食品后，一方面，可引起粮食作物的病害和食品的腐败变质，使食品失去原有的色、香、味、形，降低甚至完全丧失其食用价值；另一方面，有些霉菌可产生危害性极强的霉菌毒素，对食品的安全性构成极大的威胁。霉菌毒素还有较强的耐热性，不能被一般的烹调加热方法所破坏，当人体摄入的毒素量达到一定程度后，可引起食物中毒。

（二）霉菌毒素的致病性

据统计，目前已发现的霉菌毒素有200多种，其中与食品卫生关系密切的霉菌大部分属于半知菌纲中霉菌属、青霉菌属、镰刀霉菌属和交链孢霉属中的一些霉菌。已有14种真菌毒素被认为是有致癌性的，其中毒性最强者有黄曲霉毒素和环氯素，其次为雪腐镰刀菌烯醇、T-2毒素、赭曲霉毒素、黄绿青霉素、红色青霉毒素及青霉酸等。真菌毒素按照其作用的器官部位不同，大致可分为肝脏毒、肾脏毒、神经毒、造血组织毒和光过敏性皮炎毒等类别。

霉菌产毒只限于产毒霉菌，而产毒霉菌中也只有一部分毒株产毒。目前已知具有产毒株的霉菌主要有以下类别：

第一，曲霉菌株：黄曲霉、赭曲霉、杂色曲霉、烟曲霉、构巢曲霉和寄生曲霉等。

第二，青霉菌株：岛青霉、黄绿青霉、扩张青霉、圆弧青霉、皱褶青霉和荨麻青霉等。

第三，镰刀菌株：犁孢镰刀菌、拟枝孢镰刀菌、三线镰刀菌、雪腐镰刀菌、粉红镰刀菌、禾谷镰刀菌等。

第四，其他菌属中，还有绿色木霉、漆斑菌属、黑色葡萄状穗霉等。

产毒霉菌所产生的霉菌毒素没有严格的专一性，即一种霉菌或毒株可产生几种不同的毒素，而一种毒素也可由几种霉菌产生。例如，黄曲霉毒素可由黄曲霉、寄生曲霉产生；荨麻青霉和棒形青霉等都能产生展青霉毒素；岛青霉可产生黄天精毒素、红天精毒素、岛青霉毒素及环氯素等。霉菌毒素对食品的污染已经受到世界各国的普遍关注。

（三）黄曲霉毒素的基本内容

1960年在英格兰南部和东部地区，有十几万只火鸡因食用发霉的花生粉而中毒死亡。剖检中毒死鸡，发现肝脏出血、坏死，肾肿大，病理检查发现肝实质细胞退行性病变及胆管上皮细胞增生。研究者从霉变的花生粉中分离出了一种荧光物质，并证实了这种荧光物质是黄曲霉的代谢产物，是导致火鸡死亡的病因，后来将这种荧光物质定名为黄曲霉毒素（Aflatoxin，AF）。

1.黄曲霉毒素化学结构和理化性质

黄曲霉毒素是一类结构类似的化合物。目前，已经分离鉴定出 20 多种，主要分为 AFB 和 AFG 两大类。结构上彼此十分相似，含 C、H、O 这 3 种元素，都是二氢呋喃氧杂萘邻酮的衍生物，即结构中含有一个双呋喃环、一个氧杂萘邻酮（又叫香豆素）。其结构与毒性和致癌性有关，凡二呋喃环末端有双键者毒性较强，并有致癌性。不同种类的黄曲霉毒素毒性相差很大，以鸭雏对不同黄曲霉毒素的半数致死量（LD50）为例，其中 AFB 的毒性最强，其毒性比氰化钾大100 倍，是真菌毒素中最强的。在食品检测中以 AFB 为污染指标。AF 在紫外光的照射下能发出特殊的荧光，因此，一般根据荧光颜色、RF 值、结构来进行鉴定和命名。AF 耐热，一般的烹调加工很难将其破坏，在 280℃时，才发生裂解，毒性破坏。AF 在中性和酸性环境中稳定，在 pH 为 9~10 的氢氧化钠强碱性环境中能迅速分解，形成香豆素钠盐。AF 能溶于氯仿和甲烷，而不溶于水、正己烷、石油醚及乙醚中。

2.食品中黄曲霉毒素的来源与分布

AF 是由黄曲霉和寄生曲霉产生的。寄生曲霉的所有菌株几乎都能产生黄曲霉毒素，但并不是所有黄曲霉的菌株都能产生黄曲霉毒素。黄曲霉是分布最广的霉菌之一，在全世界几乎无处不在，我国寄生曲霉却罕见。

黄曲霉在 12 ~ 42℃的范围内均可产生黄曲霉毒素，最适温度为 25 ~ 32℃。我国的分布情况是：华中、华南和华东产毒菌株多，产毒量也高；东北和西北较少。产毒量最高的是从广西玉米中分离到的一株菌，在大米培养基上产生黄曲霉毒素的却高达 2000 mg/kg。

世界各国的农产品普遍遭受过黄曲霉毒素的污染，主要污染的品种是粮油及其制品，如花生、花生油、玉米、大米及棉籽等。胡桃和杏仁等干果、动物性食品（奶及奶制品、干咸鱼等）及家庭内制发酵食品中均曾检出黄曲霉毒素。

3.黄曲霉毒素的种类、条件与毒性

（1）黄曲霉毒素有较多的种类，主要有 B_1、B_2、G_1、G_2、M_1 和 M_2。它们的结构式不同，其毒性及危害也有很大的差异。黄曲霉毒素的衍生物中以黄曲霉毒素的毒性及致癌性最强，在食品中的污染最广泛，对食品的安全性影响最大。因此，在食品卫生监测中，主要以黄曲霉毒素 B_1 为污染指标。

（2）黄曲霉产毒的必要条件为：湿度 80% ~ 90%、温度 25 ~ 30℃、氧气 1%。此外，天然基质培养基（玉米、大米和花生粉）比人工合成培养基的产毒量高。

（3）黄曲霉毒素有很强的急性毒性，也有明显的慢性毒性和致癌性。

第一，急性毒性。黄曲霉毒素为剧毒物，其毒性为氰化钾的10倍。对鱼、鸡、鸭、大鼠、豚鼠、兔、猫、狗、猪、牛、猴及人均有强烈毒性。鸭雏的急性中毒肝脏病变具有一定的特征，可作为生物鉴定方法。一次大量口服后，可出现的症状包括：肝实质细胞坏死；胆管上皮增生；肝脏脂肪浸润，脂质消失延迟；肝脏出血。国内外也有黄曲霉毒素引起人急性中毒的报道。

第二，慢性毒性。长期小剂量摄入AF可造成慢性损害，从实际意义出发，它比急性中毒更为重要。其主要表现是动物生长障碍，肝脏出现或急性或慢性损伤。其他症状，如食物利用率下降、体重减轻、生长发育迟缓、雌性不育或产仔少。

第三，致癌性。AF可诱发多种动物发生癌症。黄曲霉毒素与人类肝癌发生的关系：AF对动物有强烈的致癌性，并可引起人急性中毒，但对人类肝癌的关系难以得到直接证据。从肝癌流行病学的研究发现，凡食物中黄曲霉毒素污染严重和人类实际摄入量比较高的地区，原发性肝癌发病率高。

4.食品中黄曲霉毒素的限量标准值

黄曲霉毒素由于具有极强的毒性和致癌性，而引起了世界各国的重视。在第二届国际霉菌毒素会议上，有60多个国家制定了标准和法规，实际或建议的限量标准为：食品中黄曲霉毒素B为食品中黄曲霉毒素B_1、B_2、G_1和G_2总和为$10 \sim 20 \mu g/kg$，牛乳中的黄曲霉毒素M_1为$0.05 \sim 0.5 \mu g/kg$；乳牛饲料中的黄曲霉毒素为$10 \mu g/kg$。

我国颁布了食品中黄曲霉毒素B_1最高允许量标准：玉米、花生仁、花生油为$\leqslant 20 \mu g/kg$；玉米及花生仁制品为$\leqslant 20 \mu g/kg$；大米和其他食用油$\leqslant 10 \mu g/kg$；其他粮食、豆类、发酵食$\leqslant 5 \mu g/kg$；婴二代乳食品中不得检出。

欧盟对婴儿和儿童食品中的黄曲霉毒素和赭曲霉毒素A的限量标准进行了补充规定。新的限量标准规定：在包括谷类食物在内的婴幼儿食品以及在具有特殊医疗目的婴儿食品中，黄曲霉毒素B_1的最大限量均为$0.10 \mu g/kg$；在婴儿配方食品及改进配方食品（包括婴儿牛奶和改进配方牛奶）以及在具有特殊医疗目的的婴儿食品中，黄曲霉毒素M_1的最大限量均为$0.025 \mu g/kg$；在包括谷类食物在内的婴幼儿食品以及在具有特殊医疗目的的婴儿食品中，赭曲霉毒素A的最大限量均为$0.5 \mu g/kg$。

5.黄曲霉毒素的吸收、代谢和生化

（1）吸收、分布和排泄。动物摄取含AF的饲料后，奶中出现有毒代谢产物（M_1），在前7h最高。用^{14}C标记黄曲霉毒素B_1注射动物，测得半小时后组织的含量最高，2h内迅速下降，这间接说明AF在体内吸收与排泄均较快，一次摄入后约经1周即经呼吸、尿、粪等将大部分排出。慢性中毒可能是由于连续长期不断摄入所引起的。动物摄入黄曲霉毒素后肝脏中含量最多，可为其他器官组织的5～15倍。血液中微量，肌肉一般不能检出。

（2）代谢产物与生物化学作用。黄曲霉毒素B_1在体内的主要代谢途径为在肝脏微粒体酶作用下进行羟化、脱甲基和环氧化反应。AFB_1在动物体内转变成3种主要代谢产物AFM_1、AFP_1和AFQ_1。AFB_1经羟化转变成AFQ_1是一种解毒过程。AFP_1是AFB_1的6-去甲基酚型产物，由尿排出，其50%为葡萄糖醛酸，10%为AFP_1、硫酸盐。AFM_1对许多动物来说，都是主要代谢产物之一，经乳和尿排出，用含AFB_1 $100×10^9$的饲料喂牛，牛乳中含M_1约$1×10^{-9}$，部分存留在肌肉中。AFM_1毒性与AFB_1相近。我国上海测得54份牛乳中，AFM_1检出率为92.6%，污染水平为（$0.08～1.67×10^{-9}$）。因此，乳中含有AFM_1，是一个值得重视的问题。黄曲霉毒素的另一个代谢产物是二呋喃末端的双键的环氧化物，即$AFB_1-2,3$环氧化物，这种环氧化物的C_2与DNA的鸟嘌呤酮基结合形成AFB_1-DNA加合物。此加合物经去嘌呤反应形成AFB_1-N7-鸟嘌呤，因而造成了DNA的损伤，而产生致突变作用，所以认为这一氧化物在AFB_1致癌机制方面有着重要作用。

6.防止黄曲霉毒素中毒的基本措施

黄曲霉毒素耐热，用一般烹调加工方法达不到去毒的目的。污染食品仅依靠加热处理仍然是不安全的，应根据具体情况进行综合防范。

（1）谷物收获后，尽快脱水干燥，并放置在通风、阴凉、干燥处，以防止发霉变质。

（2）拣除霉变颗粒。除去发霉、变质的花生、玉米粒，是防止黄曲霉毒素中毒、保证食品安全性的最有效措施之一。

（3）反复搓洗、水冲。对于污染的谷物、豆类等粮食，用清水反复搓洗4～6次，随水倾去悬浮物，可去除50%～88%的毒素。

（4）加碱、高压去毒。碱性条件下，黄曲霉毒素被破坏后可溶于水中。反复水洗或加高压，可去除85.7%的毒素。

（四）食品中黄曲霉毒素的测定

黄曲霉毒素的测定，可采用同位素稀释液相色谱–串联质谱法。

1.同位素稀释液相色谱–串联质谱法的基本原理

同位素稀释液相色谱–串联质谱法的基本原理是试样中的黄曲霉毒素M_1和黄曲霉毒素M_2用甲醇–水溶液提取，上清液用水或磷酸盐缓冲液稀释后，经免疫亲和柱净化和富集，净化液浓缩、定容和过滤后经液相色谱分离，串联质谱检测，同位素内标法定量。

2.同位素稀释液相色谱–串联质谱法的试剂材料

（1）试剂如下：

①乙腈（CH_3CN）：色谱纯；②甲醇（CH_3OH）：色谱纯；③乙酸铵（CH_3COONH_4）；④氯化钠（$NaCl$）；⑤磷酸氢二钠（Na_2HPO_4）；⑥磷酸二氢钾（KH_2PO_4）；⑦氯化钾（KCl）；⑧盐酸（HCl）；⑨石油醚（C_nH_{2n+2}），沸程为30～60℃。

（2）试剂配制如下：

第一，乙酸铵溶液（5 mmol/L）：称取0.39 g乙酸铵，溶于1000 mL水中，混匀；乙腈–水溶液（25+75）：量取250 mL乙腈加入750 mL水中，混匀。

第二，乙腈–甲醇溶液（50+50）：量取500 mL乙腈加入500 mL甲醇中，混匀。

第三，磷酸盐缓冲溶液（以下简称PBS）：称取8.0 g氯化钠、1.20 g磷酸氢二钠（或2.92 g十二水磷酸氢二钠）、0.20 g磷酸二氢钾、0.20 g氯化钾，用900 mL水溶解后，用盐酸调节pH至7.4，再加水至1000 mL。

（3）标准品如下：

第一，AFTM$_1$标准品（$C_{17}H_{12}O_7$，CAS：6795–23–9）：纯度≥98%，或经国家认证并授予标准物质证书的标准物质。

第二，AFTM$_2$标准品（C$_{17}$H$_{14}$O$_7$，CAS：6885-57-0）：纯度≥98%，或经国家认证并授予标准物质证书的标准物质。

第三，^{13}C$_{17}$-AFTM$_1$同位素溶液（C$_{17}$H$_{14}$O$_7$）：0.5μg/mL。

（4）标准溶液配制如下：

第一，标准储备溶液（1.0μg/mL）。分别称取AFTM$_1$和AFTM$_2$1mg（精确至0.01mg），分别用乙腈溶解并定容至100mL，将溶液转移至棕色试剂瓶中，在-20℃下避光密封保存，临用前进行浓度校准。

第二，混合标准储备溶液（1.0μg/mL）。分别准确吸取10μg/mLAFTM$_1$和AFTM$_2$标准储备液1.00mL，置于同一10mL容量瓶中，加乙腈稀释至刻度，得到1.0μg/mL的混合标准液，此溶液密封后避光4℃保存，有效期3个月。

第三，混合标准工作液（100μg/mL）。准确吸取混合标准储备溶液（1.0μg/mL）1.00 mL至10 mL容量瓶中，用乙腈定容。此溶液密封后避光4℃下保存，有效期3个月。

第四，50 ng/mL同位素内标工作液1（^{13}C$_{17}$-AFTM$_1$，）。取AFTM$_1$同位素内标（0.5μg/mL）1 mL，用乙腈稀释至10mL。在-20℃下保存，供测定液体样品时使用，有效期3个月。

第五，5 ng/mL同位素内标工作液2（^{13}C$_{17}$-AFTM$_1$）。取AFTM$_1$同位素内标（0.5μg/mL）100μL，用乙腈稀释至10 mL。在-20℃下保存，供测定液体样品时使用，有效期3个月。

第六，标准系列工作溶液。分别准确吸取标准工作液5μL、10μL、50μL、100μL、200μL、500μL至10 mL容量瓶中，加入100μL50ng/mL的同位素内标工作液，用初始流动相定容至刻度，配制AFTM$_1$和AFTM$_2$的浓度均为0.05 ng/mL、0.1 ng/mL、0.5 ng/mL、1.0 ng/mL、2.0 ng/mL、5.0 ng/mL的系列标准溶液。

3.同位素稀释液相色谱-串联质谱法的仪器设备

（1）天平：感量0.01 g、0.001 g和0.00001 g；（2）水浴锅：温控50±2℃；（3）涡旋混合器；（4）超声波清洗器；（5）离心机：≥6000 r/min；（6）旋转蒸发仪；（7）同相萃取装置（带真空泵）；（8）氮吹仪；（9）液相色谱—串联质谱仪：带电喷雾离子源；（10）圆孔筛：1～2 mm孔径；（11）玻璃纤维滤纸：快速，高载量，液体中颗粒保留1.6 pm；（12）一次性微孔滤头：带0.22μm

微孔滤膜（所选用滤膜应采用标准溶液检验确认无吸附现象，方可使用）；（13）免疫亲和柱：柱容量≥100 ng。对于每个批次的亲和柱，在使用前需进行质量验证免疫亲和柱的柱容量。验证方法具体如下：

①柱容量验证。在30 mL的PBS中加入300 ngAFTM$_1$标准储备溶液，充分混匀。分别取同一批次3根免疫亲和柱，每根柱的上样量为10 mL。经上样、淋洗、洗脱，收集洗脱液，用氮气吹干至1 mL，初始流动相定容至10 mL，用液相色谱仪分离测定AFTM$_1$的含量。结果判定：结果AFTM$_1$≥80 ng，为可使用商品。

②柱回收率验证方法。分别取同一批次3根免疫亲和柱，每根柱的上样量为10 mL。经上样、淋洗、洗脱，收集洗脱液，用氮气吹干至1 mL，用初始流动相定容至10 mL，用液相色谱仪分离测定AFTM$_1$的含量。结果判定：结果AFTM$_1$≥80 ng，为可使用商品。

③交叉反应率验证。在30 mL的PBS中加入300 ngAFTM$_2$标准储备溶液，充分混匀。分别取同一批次3根免疫亲和柱，每根柱的上样量为10 mL。经上样、淋洗、洗脱，收集洗脱液，用氮气吹干至1 mL，用初始流动相定容至10mL，用液相色谱仪分离测定AFTM$_2$的含量。结果判定：结果AFTM$_2$≥80 ng，当需要同时测定AFTM$_1$、AFTM$_2$时使用的商品。

4.同位素稀释液相色谱–串联质谱法的步骤分析

使用不同厂商的免疫亲和柱，在样品的上样、淋洗和洗脱的操作方面可能略有不同，应该按照供应商所提供的操作说明书的要求进行操作。

警示：整个分析操作过程应在指定区域内进行。该区域应避光（直射阳光），具备相对独立的操作台和废弃物存放装置。在整个实验过程中，操作者应按照接触剧毒物的要求采取相应的保护措施。

（1）样品提取

第一，液态乳、酸奶。称取混合均匀的试样（精确到0.001 g），置于50 mL离心管中，加入100 μL^{13}C$_{17}$–AFTM$_1$内标溶液（5 ng/mL）振荡混匀后静置30 min，加入10 mL甲醇，涡旋3 min。置于4℃、6000 r/min下离心10 min或经玻璃纤维滤纸过滤，将适量上清液或滤液转移至烧杯中，加40 mL水或PBS稀释，备用。

第二，乳粉、特殊膳食用食品。称取1 g样品（精确到0.001 g），置于50

mL离心管中，加入100 μL $^{13}C_{17}$-AFTM$_1$内标溶液（5 ng/mL），振荡混匀后静置30 min，加入4 mL 50℃热水，涡旋混匀。如果乳粉不能完令溶解，将离心管置于50℃的水浴中，将乳粉完全溶解后取出。待样液冷却至20℃后，加入10 mL甲醇，涡旋3 min。置于4℃、6000 r/min下离心10 min或经玻璃纤维滤纸过滤，加40 mL水或PBS稀释，备用。

第三，奶油。称取1 g样品（精确到0.001 g），置于50 mL离心管中，加入100 μL $^{13}C_{17}$-AFTM$_1$内标溶液（5 ng/mL）振荡混匀后静置30 min，加入8 mL石油醚，待奶油溶解，再加9 mL水和11 mL甲醇，振荡30 min，将全部液体移至分液漏斗中。加入0.3 g氯化钠充分摇动溶解，静置分层后，将下层移到圆底烧瓶中，旋转蒸发至10 mL以下，用PBS稀释至30 mL。

第四，奶酪。称取1 g已切细、过孔径1～2 mm圆孔筛混匀样品（精确到0.001 g），置于50 mL离心管中，加入100 μL $^{13}C_{17}$-AFTM$_1$内标溶液（5 ng/mL）振荡混匀后静置30 min，加入1 mL水和18 mL中醇，振荡30 min，置于4℃、6000 r/min下离心或经玻璃纤维滤纸过滤，将适量上清液或滤液转移至圆底烧瓶中，旋转蒸发至2 mL以下，用PBS稀释至30 mL。

（2）净化

第一，免疫亲和柱的准备。将低温下保存的免疫亲和柱恢复至室温。

第二，净化。免疫亲和柱内的液体放弃后，将上述样液移至50 mL注射器筒中，调节下滴流速为1～3 mL/min。待样液滴完后，往注射器筒内加入10 mL水，以稳定流速淋洗免疫亲和柱。待水滴完后，用真空泵抽干亲和柱。脱离真空系统，在亲和柱下放置10 mL刻度试管，取下50 mL的注射器筒，加入2×2 mL乙腈（或中醇）洗脱亲和柱，控制1～3 mL/min下滴速度，用真空泵抽干亲和柱，收集全部洗脱液至刻度试管中。在50℃下氮气缓缓地将洗脱液吹至近干，用初始流动相定容至1.0 mL，涡旋30 s溶解残留物，0.22 μm滤膜过滤，收集滤液于进样瓶中以备进样。

（3）液相色谱参考条件

液相色谱参考条件包括：①液相色谱柱，C$_{18}$柱（柱长100 mm，柱内径2.1 mm，填料粒径1.7 μm），或相当者；②色谱柱柱温，40℃；③流动相，A相为5 mmol/L乙酸铵水溶液，B相为乙腈-甲醇（50+50）；④流速，0.3 mL/min；⑤进样体积，10 μL。

（4）定性测定

试样中目标化合物色谱峰的保留时间与相应标准色谱峰的保留时间相比较，变化范围应在±2.5％之内。每种化合物的质谱定性离子必须出现，至少应包括一个母离子和两个子离子，而且同一检测批次，对于同一化合物，样品中目标化合物的两个子离子的相对浓度比与浓度相当的标准溶液相比，其允许偏差不超过规定的范围。

5.同位素稀释液相色谱–串联质谱法的结果分析

试样中AFTM$_1$或AFTM$_2$的残留量，按下列公式计算：

$$X = \frac{\rho \times V \times f \times 100}{m \times 1000} \tag{5-1}$$

式中：

X——试样中AFTM$_1$或AFTM$_2$的含量，单位为微克每千克（μg/kg）；

ρ——进样溶液中AFTM$_1$或AFTM$_2$按照内标法在标准曲线中对应的浓度，单位为纳克每毫升（ng/mL）；

V——样品经免疫亲和柱净化洗脱后的最终定容体积，单位为毫升（mL）；

f——样液稀释因子；

1000——换算系数；

m——试样的称样量，单位为克（g）。

计算结果保留3位有效数字。

（五）食品中黄曲霉毒素B族和G族的测定

1.黄曲霉毒素B族和G族的串联质谱法

（1）原理。试样中的黄曲霉毒素B$_1$、黄曲霉毒素B$_2$、黄曲霉毒素G$_1$、黄曲霉毒素G2，用乙腈–水溶液或甲醇–水溶液提取。

（2）试剂和材料。

试剂如下：

①乙烯（CH$_3$CN）：色谱纯；②甲醇（CH$_3$OH）：色谱纯；③乙酸铵

（CH_3COONH_4）：色谱纯；④氯化钠（$NaCl$）；⑤磷酸氢二钠（Na_2HPO_4）；⑥磷酸二氢钾（KH_2PO_4）；⑦氯化钾（KCl）；⑧盐酸（HCl）；⑨TritonX-100[$C_{14}H_{22}O（C_2H_4O）_n$]（或吐温-20，$C_{58}H_{114}O_{26}$）。

试剂配制如下：

第一，乙酸铵溶液（5mmol/L）：称取0.39 g乙酸铵，用水溶解后稀释至1000mL，混匀。

第二，乙腈-水溶液（84+16）：取840 mL乙腈加入160 mL水，混匀。

第三，甲醇-水溶液（70+30）：取700 mL甲醇加入300 mL水，混匀。

第四，乙腈-水溶液（50+50）：取50 mL乙腈加入50 mL水，混匀。

第五，乙腈-甲醇溶液（50+50）：取50 mL乙腈加入50 mL甲醇，混匀。

第六，10%盐酸溶液：取1 mL盐酸，用纯水稀释至10 mL，混匀。

第七，磷酸盐缓冲溶液（以下简称PBS）：称取8.00 g氯化钠、1.20 g磷酸氢二钠（或2.92 g十二水磷酸氢二钠）、0.20 g磷酸二氢钾、0.20 g氯化钾，用900 mL水溶解，用盐酸调节PH至7.4±0.1，加水稀释至1000 mL。

第八，1%TritonX-100（或吐温-20）的PBS：取10mLTritonX-100（或吐温-20），用PBS稀释至1000mL。

（3）标准品如下

第一，AFTB$_1$标准品（$C_{17}H_{12}O_6$，CAS：1162-65-8）：纯度≥98%，或经国家认证并授予标准物质证书的标准物质。

第二，AFTB$_2$标标准品（$C_{17}H_{14}O_6$，CAS：7220-81-7）：纯度≥98%，或经国家认证并授予标准物质证书的标准物质。

第三，AFTG$_1$标准品（$C_{17}H_{12}O_7$，CAS：1165-39-5）：纯度≥98%，或经国家认证并授予标准物质证书的标准物质。

第四，AFTG$_2$标准品（$C_{17}H_{14}O_7$，CAS：7241-98-7）：纯度≥98%，或经国家认证并授予标准物质证书的标准物质。

第五，同位素内标$^{13}C_{17}$-AFTB$_1$（$C_{17}H_{12}O_6$，CAS：157449-45-0）：纯度≥98%，浓度为0.5 μg/mL。

第六，同位素内标$^{13}C_{17}$-AFTB$_2$（$C_{17}H_{14}O_6$，CAS：157470-98-8）：纯度≥98%，浓度为0.5 μg/mL。

第七，同位素内标$^{13}C_{17}$-AFTG$_1$（$C_{17}H_{12}O_7$，CAS：157444-07-9）：纯

度≥98%，浓度为0.5μg/mL。

第八，同位素内标$_{13}C^{17}$-AFTG$_2$（C$_{17}$H$_{14}$O$_7$，CAS：157462-49-7）：纯度≥98%，浓度为0.5μg/mL。

（4）标准溶液配制如下

第一，标准储备溶液（10μg/mL）：分别称取AFTB$_1$、AFTB$_2$、AFTG$_1$和AFTG$_2$1 mg（精确至0.01 mg），用乙腈溶解并定容至100 mL。此溶液浓度约为10μg/mL。溶液转移至试剂瓶中后，在-20℃下避光保存，备用。临用前进行浓度校准。

第二，混合标准工作液（100 ng/mL）：准确移取混合标准储备溶液（1.0μg/mL）1.00 mL至100 mL容量瓶中，用乙腈定容。此溶液密封后避光-20℃下保存，3个月有效。

第三，混合同位素内标工作液（100 ng/mL）：准确移取0.5μg/mL^{13}C$_{17}$-AFTB$_1$、^{13}C$_{17}$-AFTB$_2$、^{13}C$_{17}$-AFTG$_1$和^{13}C$_{17}$-AFTG$_2$各200mL，用乙腈定容至10 mL。在-20℃下避光保存，备用。

第四，标准系列工作溶液：准确移取混合标准工作液（100ng/mL）10μL、50μL、100μL、200μL、500μL、800μL、1000μL至10mL容量瓶中，加入200μL100ng/mL的同位素内标工作液，用初始流动相定容至刻度，配制浓度点为0.1 ng/mL、0.5 ng/mL、1.0 ng/mL、2.0 ng/mL、5.0 ng/mL、8.0 ng/mL、10.0 ng/mL的系列标准溶液。

（5）仪器和设备。①匀浆机；②高速粉碎机；③组织捣碎机；④超声波/涡旋振荡器或摇床；⑤天平：感量0.01 g和0.00001 g；⑥涡旋混合器；⑦高速均质器：转速6500～24000 r/min；⑧离心机：转速≥6000 r/min；⑨玻璃纤维滤纸：快速、高载量、液体中颗粒保留1.6μm；⑩固相萃取装置（带真空泵）；⑪氮吹仪；⑫液相色谱-串联质谱仪：带电喷雾离子源；⑬液相色谱柱；⑭免疫亲和柱：AFTB$_1$柱容量≥200ng，AFTB$_1$柱回收率≥80%，AFTG$_2$的交叉反应率≥80%；⑮黄曲霉毒素专用型固相萃收净化柱或功能相当的间相萃取柱（以下简称净化柱）：对复杂基质样品测定时使用；⑯微孔滤头：带0.22μm微孔滤膜（所选用滤膜应采用标准溶液检验确认无吸附现象，方可使用）；⑰筛网：1～2 mm实验筛孔径；⑱pH计。

（6）分析步骤。整个分析操作过程应在指定区域内进行。

第一，样品制备。包括液体样品的制备、固体样品的制备和半流体的制备。

液体样品（植物油、酱油、醋等）：采样量需大于1 L，对于袋装、瓶装等包装样品需至少采集3个包装（同一批次或号），将所有液体样品在一个容器中用匀浆机混匀后，对其中任意的100 g（mL）样品进行检测。

固体样品（谷物及其制品、坚果及籽类、婴幼儿谷类辅助食品等）：采样量需大于1 kg，用高速粉碎机将其粉碎，过筛，使其粒径小于2 mm孔径试验筛，混合均匀后缩分至100 g，储存于样品瓶中，密封保存，供检测用。

半流体（腐乳、豆豉等）：采样量需大于1 kg（L），对于袋装、瓶装等包装样品需至少采集3个包装（同一批次或号），用组织捣碎机捣碎混匀后，储存于样品瓶中，密封保存，供检测用。

第二，样品提取。包括液体样品的提取、固体样品的提取和半流体样品的提取。

液体样品的提取包括植物油脂的提取和酱油、醋的提取。

植物油脂的提取：称取5 g试样（精确至0.01 g），置于50 mL离心管中，加入100 μL同位素内标工作液振荡混合后静置30 min。加入20 mL乙腈-水溶液（84+16）或中醇—水溶液（70+30），涡旋混匀，置于超声波/涡旋振荡器或摇床中振荡20 min（或用均质器均质3 min），在6000 r/min下离心10 min，取上清液备用。

酱油、醋的提取：称取5 g试样（精确至001 g），置于50 mL离心管中，加入125 μL同位素内标工作液振荡混合后静置30 min。用乙腈或中醇定容至25 mL（精确至0.1 mL），涡旋混匀，置于超声波/涡旋振荡器或摇床中振荡20 min（或用均质器均质3 min），在6000 r/min下离心10 min（或均质后经玻璃纤维滤纸过滤），取上清液备用。

固体样品的提取，包括一般固体样品的提取和婴幼儿配方食品和婴幼儿辅助食品的提取。

一般固体样品的提取：称取5 g试样（精确至0.01 g），浸于50 mL离心管中，加入100 μL同位素内标工作液振荡混合后静置30 min。加入20.0 mL乙腈-水溶液（84+16）或中醇—水溶液（70+30），涡旋混匀，置于超声波/涡旋振荡器或摇床中振荡20 min（或用均质器均质3 min），在6000 r/min下离心10 min（或均质后经玻璃纤维滤纸过滤），取上清液备用。

婴幼儿配方食品和婴幼儿辅助食品的提取：称取5 g试样（精确至0.01 g），置于50 mL离心管中，加入100 μL同位素内标工作液振荡混合后静置30 min。加入20.0 mL乙腈–水溶液（50+50）或甲醇–水溶液（70+30），涡旋混匀，置于超声波/涡旋振荡器或摇床中振荡20 min（或用均质器均质3 min），在6000 r/min下离心10 min（或均质后经玻璃纤维滤纸过滤），取上清液备用。

半流体样品的提取：称取试样（精确至0.01 g），置于50 mL离心管中，加入100 μL同位素内标工作液振荡混合后静置30 min。加入20.0 mL乙腈–水溶液（84+16）或甲醇–水溶液（70+30），置于超声波/涡旋振荡器或摇床中振荡20 min（或用均质器均质3 min），在6000 r/min下离心10 min（或均质后经玻璃纤维滤纸过滤），取上清液备用。

第三，样品净化。包括免疫亲和柱净化和黄曲霉毒素固相净化柱及免疫亲和柱同时使用。

免疫亲和柱净化包括：上样液的准备，准确移取4 mL上清液，加入46mL1%TritionX–100（或吐温–20）的PBS（使用甲醇–水溶液提取时可减半加入），混匀；免疫亲和柱的准备：将低温下保存的免疫亲和柱恢复至室温；试样的净化待免疫亲和柱内原有液体流尽后，将上述样液移至50mL注射器筒中，调节下滴速度，控制样液以1～3 mL/min的速度稳定下滴。待样液滴完后，往注射器筒内加入2×10 mL水，以稳定流速淋洗免疫亲和柱。待水滴完后，用真空泵抽干亲和柱。脱离真空系统，在亲和柱下部放置10 mL刻度试管，取下50 mL的注射器筒，加入2×1 mL中醇洗脱亲和柱，控制1～3 mL/min的速度下滴，再用真空泵抽干亲和柱，收集全部洗脱液至试管中。在50℃下用氮气缓缓地将洗脱液吹至近干，加入1.0 mL初始流动相，涡旋30 s溶解残留物，0.22 μm滤膜过滤，收集滤液于进样瓶中以备进样。

黄曲霉毒素固相净化柱和免疫亲和柱同时使用（针对花椒、胡椒和辣椒等复杂基质）包括：净化柱净化，移取适量上清液，按净化柱操作说明进行净化，收集全部净化液；免疫亲和柱净化，用刻度移液管准确吸取上述净化液4 mL，加入46mL1%Trition×–100（或吐温–20）的PBS[使用甲醇–水溶液提取时，加入23mL1%Trition×–100（或吐温–2）的PBS]，混匀。

（7）定性测定。试样中目标化合物色谱峰的保留时间与相应标准色谱峰的保留时间相比较，变化范围应在±2.5%之内。

每种化合物的质谱定性离子必须出现，至少应包括一个母离子和两个子离子，而且同一检测批次，对同一化合物，样品中目标化合物的两个子离子的相对丰度比与浓度相当的标准溶液相比，其允许偏差不超过表5-1规定的范围。

表5-1　定时性相对离子丰度的最大允许偏差

相对离子丰度（%）	>50	20~50	10~20	≤10
允许相对偏差（%）	±20	±25	±30	±50

第一，标准曲线的制作。在（4）（5）的液相色谱串联质谱仪分析条件下，将标准系列溶液由低到高浓度进样检测，以AFTB$_1$、AFTB$_2$、AFTG$_1$和AFTG$_2$色谱峰与各对应内标色谱峰的峰面积比值-浓度作图，得到标准曲线回归方程，其线性相关系数应大于0.99。

第二，试样溶液的测定。取（3）处理得到的待测溶液进样，内标法计算待测液中目标物质的质量浓度，按（5）计算样品中待测物的含量。待测样液中的响应值应在标准曲线线件范围内，超过线件范围则应适当减少取样量重新测定。

第三，空白实验。不称取试样，做空白实验。应确认不含有干扰待测组分的物质。

（8）分析结果的表述

试样中AFTB$_1$、AFTB$_2$、AFTG$_1$和AFTG$_2$的残留量，按式（5-2）计算：

$$X = \frac{\rho \times V_1 \times V_3 \times 1000}{V_2 \times m \times 1000} \qquad (5-2)$$

式中：

X——试样中AFTB$_1$、AFTB$_2$、AFTG$_1$或AFTG$_2$的含量，单位为微克每千克（μg/kg）；

ρ——进样溶液中AFTB$_1$、AFTB$_2$、AFTG$_1$或AFTG$_2$按照内标法在标准曲线中对应的浓度，单位为纳克每毫升（ng/mL）；

V_1——试样提取液体积（植物油脂、间体、半间体按加入的提取液体积；酱油、醋按定容总体积），单位为毫升（mL）；

V_3——样品经净化洗脱后的最终定容体积，单位为毫升（mL）；

1000——换算系数；

V_2——净化分取的样品体积，单位为毫升（mL）；

m——试样的称样量，单位为克（g）。

计算结果保留3位有效数字。

（9）精密度。在重复性条件下获得的两次独立测定结果的绝对差值不得超过算术平均值的20%。

（10）其他。当称取样品5 g时，柱前衍生法的AFTB$_1$的检出限为0.03 μg/kg，AFTB$_2$的检出限为0.03 μg/kg，AFTG$_1$的检出限为0.03 μg/kg，AFTG$_2$的检出限为0.03 μg/kg；柱前衍生法的AFTB$_1$的定量限为0.01 μg/kg，AFTB$_2$的定量限为0.1 μg/kg，AFTG$_1$的定量限为0.1 μg/kg，AFTG$_2$的定量限为0.1 μg/kg。

2.高效液相色谱–柱前衍生法

（1）原理。试样中的黄曲霉毒素B$_1$、黄曲霉毒素B$_2$、黄曲霉毒素G$_1$、黄曲霉毒素G$_2$，用乙腈–水溶液或甲醇–水溶液的混合溶液提取，提取液经黄曲霉毒素固相净化柱净化去除脂肪、蛋白质、色素及碳水化合物等干扰物质，净化液用三氟乙酸柱前衍生，液相色谱分离，荧光检测器检测，外标法定量。

（2）试剂和材料

试剂如下：

①甲醇（CH$_3$OH）：色谱纯；②乙腈（CH$_3$CN）：色谱纯；③正己烷（C$_6$H$_{14}$）：色谱纯；④三氟乙酸（CH$_3$COOH）。

试剂配制如下：

第一，乙腈–水溶液（84+16）：取840mL乙腈加入160mL水。

第二，甲醇–水溶液（70+30）：取700mL甲醇加入300mL水。

第三，乙腈–水溶液（50+50）：取500mL乙腈加入500mL水。

第四，乙腈–甲醇溶液（50+50）：取500mL乙腈加入500mL甲醇。

（3）标准品如下

第一，AFTB$_1$标准品（C$_{17}$H$_{12}$O$_6$，CAS号：1162–65–8）：纯度≥98%，或经国家认证并授予标准物质证书的标准物质。

第二，AFTB$_2$标准品（C$_{17}$H$_{14}$O$_6$，CAS号：7220–81–7）：纯度≥98%，或经国家认证并授予标准物质证书的标准物质。

第三，AFTG$_1$标准品（C$_{17}$H$_{12}$O$_7$，CAS号：1165–39–5）：纯度≥98%，或经国家认证并授予标准物质证书的标准物质。

第四，AFTG$_2$标准品（C$_{17}$H$_{14}$O$_7$，CAS号：7241–98–7）：纯度≥98%，或经

国家认证并授予标准物质证书的标准物质。

（4）标准溶液配制如下

第一，标准储备溶液（10μg/mL）：分别称取AFTB$_1$、AFTB$_2$、AFTG$_1$和AFTG$_2$1mg（精确至0.01mg），用乙腈溶解并定容至100mL。此溶液浓度约为10μg/mL。溶液转移至试剂瓶中后，在–20℃下避光保存，备用。临用前进行浓度校准。

第二，混合标准工作液（AFTB$_1$和AFTG$_1$：100ng/mL，AFTB$_2$和AFTG$_2$：30ng/mL）：准确移取AFTB$_1$和AKTG$_1$标准储备溶液各1mL、AFBT$_2$和AFTG$_2$标准储备溶液各30μL至100mL容量瓶中，用乙腈定容。密封后避光–20℃下保存，3个月内有效。

第三，标准系列工作溶液：分别准确移取混合标准工作液10μL、50μL、200μL、500μL、1000μL、2000μL、4000μL至10mL容量瓶中，用初始流动相定容至刻度（含AFTB$_1$和AFTG$_1$浓度为0.1ng/mL、0.5ng/mL、2.0ng/mL、5.0ng/mL、10.0ng/mL、20.0ng/mL、40.0ng/mL，AFTB$_2$和AFTG$_2$浓度为0.03ng/mL、0.15ng/mL、0.6ng/niL、1.5ng/mL、3.0ng/mL、6.0ng/niL、12ng/mL的系列标准溶液）。

（5）仪器和设备。①匀浆机；②高速粉碎机；③组织捣碎机；④超声波/涡旋振荡器或摇床；⑤天平：感量0.01g和0.00001g；⑥涡旋混合器；⑦高速均质器：转速6500～24000r/min；⑧离心机：转速≥6000r/min；⑨玻璃纤维滤纸：快速、高载量、液体中颗粒保留1.6μm；⑩氮吹仪；⑪液相色谱仪：配荧光检测器；⑫色谱分离柱；⑬黄曲霉毒素专用型间相萃取净化柱（以下简称净化柱），或相当者；⑭一次性微孔滤头：带0.22μm微孔滤膜（所选用滤膜应采用标准溶液检验确认无吸附现象，方可使用）；⑮筛网：1～2mm试验筛孔径；⑯恒温箱；⑰pH计。

（6）分析步骤。包括样品制备、样品提取、样品黄曲霉毒素固相净化柱净化和衍生。

第一，样品制备。包括液体样品、固体样品和半流体。

液体样品（植物油、酱油、醋等）：采样量大于1L，对于袋装、瓶装等包装样品需至少采集3个包装（同一批次或号），将所有液体样品在一个容器中用匀浆机混匀后，对其中任意的100g（mL）样品进行检测。

固体样品（谷物及其制品、坚果及籽类、婴幼儿谷类辅助食品等）：采样量需大于1 kg，用高速粉碎机将其粉碎，过筛，使其粒径小于2 mm孔径实验筛，混合均匀后缩分至100 g，储存于样品瓶中，密封保存，供检测用。

半流体（腐乳、豆豉等）：采样量需大于1 kg（L），对于袋装、瓶装等包装样品需至少采集3个包装（同一批次或号），用组织捣碎机捣碎混匀后，储存于样品瓶中，密封保存，供检测用。

第二，样品提取。包括液体样品提取、固体样品提取和半流体样品提取。

液体样品包括植物油脂和酱油、醋。

植物油脂：称取5 g试样（精确至0.01 g），置于50 mL离心管中，加入20 mL乙腈-水溶液（84+16）或甲醇-水溶液（70+30），涡旋混匀，置于超声波/涡旋振荡器或摇床中振荡20 min（或用均质器均质3 min），在6000 r/min下离心10 min，取上清液备用。

酱油、醋：称取5 g试样（精确至0.01 g），置于50 mL离心管中，用乙腈或甲醇定容至25 mL（精确至0.1 mL），涡旋混匀，置于超声波/涡旋振荡器或摇床中振荡20 min（或用均质器均质3 min），在6000 r/min下离心10 min（或均质后玻璃纤维滤纸过滤），取上清液备用。

固体样品包括一般固体样品和婴幼儿配方食品和婴幼儿辅助食品。

一般固体样品：称取5 g试样（精确至0.01 g），置于50 mL离心管中，加入20.0 mL乙腈-水溶液（84+16）或甲醇-水溶液（70+30），涡旋混匀，置于超声波/涡旋振荡器或摇床中振荡20 min（或用均质器均质3 min），在6000 r/min下离心10 min（或均质后经玻璃纤维滤纸过滤），取上清液备用。

婴幼儿配方食品和婴幼儿辅助食品：称取5 g试样（精确至0.01 g），置于50 mL离心管中，加入20.0 mL乙腈-水溶液（50+50）或甲醇-水溶液（70+30），涡旋混匀，置于超声波/涡旋振荡器或摇床中振荡20 min（或用均质器均质3 min），在6000 r/min下离心10 min（或均质后经玻璃纤维滤纸过滤），取上清液备用。

半流体样品：称取5 g试样（精确至0.01 g），置于50 mL离心管中，加入20.0 mL乙腈-水溶液（84+16）或甲醇-水溶液（70+30），置于超声波/涡旋振荡器或摇床中振荡20 min（或用均质器均质3 min），在6000 r/niin下离心10 min（或均质后经玻璃纤维滤纸过滤），取上清液备用。

样品黄曲霉毒素固相净化柱净化：移取适量上清液，按净化柱操作说明进行净化，收集全部净化液。

衍生：用移液管准确吸取4.0 mL净化液，置于10 mL离心管后在50℃下用氮气缓缓地吹至近干，分别加入200 μL正己烷和100 μL三氟乙酸，涡旋30 s，在（40±1）℃的恒温箱中衍生15 min，衍生结束后，在50℃下用氮气缓缓地将衍生液吹至近干，用初始流动相定容至1.0 mL，涡旋30 s溶解残留物，过0.22 μm滤膜，收集滤液于进样瓶中以备进样。

（7）样品测定

第一，标准曲线的制作。系列标准工作溶液由低到高浓度依次进样检测，以峰面积为纵坐标、浓度为横坐标作图，得到标准曲线回归方程。

第二，试样溶液的测定。待测样液中待测化合物的响应值应在标准曲线线性范围内，浓度超过线性范围的样品则应稀释后重新进样分析。

第三，空白实验。不称取试样，做空白实验。应确认不含有干扰待测组分的物质。

（8）分析结果的表述

试样中AFTB$_1$、AFTB$_2$、AFTG$_1$和AFTG$_2$的残留量，按式（5-3）计算：

$$X = \frac{\rho \times V_1 \times V_3 \times 1000}{V_2 \times m \times 1000} \qquad (5-3)$$

式中：

X——试样中AFTB$_1$、AFTB$_2$、AFTG$_1$或AFTG$_2$的含量，单位为微克每千克（μg/kg）；

ρ——进样溶液中AFTB$_1$、AFTB2、AFTG$_1$，或AFTG$_2$按照外标法在标准曲线中对应的浓度，单位为纳克每毫升（ng/mL）；

V_1——试样提取液体积（植物油脂、同体、半间体按加入的提取液体积；酱油、醋按定容总体积），单位为毫升（mL）；

V_3——净化液的最终定容体积，单位为毫升（mL）；

1000——换算系数；

V_2——净化柱净化后的取样液体积，单位为毫升（mL）；

m——试样的称样量，单位为克（g）。

计算结果保留3位有效数字。

（9）精密度。在重复性条件下获得的两次独立测定结果的绝对差值不得超过算术平均值的20%。

（10）其他。当称取样品5 g时，柱前衍生法的AFTB$_1$的检出限为0.03 μg/kg，AFTB$_2$的检出限为0.03 μg/kg，AFTG$_1$的检出限为0.03 μg/kg，AFTG$_2$的检出限为0.03 μg/kg；柱前衍生法的AFTB$_1$的定量限为0.1 μg/kg，AFTB$_2$的定量限为0.1 μg/kg，AFTG$_1$的定量限为0.1 μg/kg，AFTG$_2$的定量限为0.1 μg/kg。

第二节　食品化学性污染及其检验技术

一、农药污染与农药残留

农药自诞生以来，逐渐成为重要的农业生产资料，对于防治病虫害、去除杂草、调节农作物生长具有重要作用。随着我国人民生活水平的不断提高，农产品的质量安全问题越来越受到关注，尤其是蔬菜中农药残留问题已经成为公众关心的焦点，全国每年都有上百起因食用被农药污染的农产品而引起的急性中毒事件，严重影响广大消费者的身体健康。目前，农药残留和污染已经成为影响农业可持续发展的重要问题之一，控制农药残留、保护生态环境已成为环境保护的重要内容。"农药过量使用不仅对土壤及大气造成污染，对人畜健康造成严重影响，也会对生态系统造成破坏，更容易引发食品安全问题"[①]。因此，完善农药残留的检测手段和防控农药残留危害的工作刻不容缓。

（一）农药与农药残留

农药根据不同的分类方法可分为不同类别：按用途可分为杀虫剂、杀菌剂、除草剂、杀螨剂、植物生长调节剂、昆虫不育剂和杀鼠药等；按来源可分为化学农药、植物农药、微生物农药；按化学组成和结构可分为无机农药和有机农药（包括元素有机化合物，如有机磷、有机砷、有机氯、有机硅、有机氟等；还有金属有机化合物，如有机汞、有机锡等）；按药剂的作用方式可分为触杀剂、胃

---

① 马孟增，王月.果树病虫害防治中的农药污染及治理措施探究[J].南方农业，2022，16（10）：194-196.

毒剂、熏蒸剂、内吸剂、引诱剂、驱避剂、拒食剂、不育剂等；按其毒性可分为高毒、中毒、低毒三类；按杀虫效率可分为高效、中效、低效三类；按农药在植物体内残留时间的长短可分为高残留、中残留和低残留三类。

农药残留，是指施用农药以后在生物体、食品（农副产品）内部或表面残存的农药，包括农药本身，农药的代谢物、降解物，以及有毒杂质等。人吃了有残留农药的食品后而引起的毒性作用，叫作农药残留毒性。残存数量称为残留量，表示单位为mg/kg食品或食品农作物。当农药过量或长期施用，导致食物中农药残存数量超过最高残留限量时，将对人和动物产生不良影响，或通过食物链对生态系统中的其他生物造成毒害。所谓农药残留的最高残留限量标准，是根据对农药的毒性进行危险性评估，得到最大无毒作用剂量，再乘以100的安全系数，得出每日允许摄入量，最后再按各类食品消费量的多少分配。随着农药相关法制的建设和人们对食品安全要求的不断提高，中国的农药残留问题在近年来得到了很大的改善，但仍然存在许多的问题。

农药的毒性作用具有两面性：一方面，可以有效控制或消灭农业、林业的病、虫及杂草的危害，提高农产品的产量和质量；另一方面，使用农药也带来环境污染，危害有益昆虫和鸟类，导致生态平衡失调。同时造成了食品农药残留，对人类健康产生危害。因此，应该正确看待农药使用带来的利与弊，更好地了解农药残留的发生规律及其对人体的危害，控制农药对食品及环境的污染，对保护人类健康十分重要。

我国是世界上农药生产和消费大国，近年生产的高毒杀虫剂主要有甲胺磷、甲基对硫磷氧乐果、久效磷、对硫磷、甲拌磷等，因而，这些农药目前在农作物中残留最严重。

（二）农药污染及农药残留来源

农药除可造成人体的急性中毒外，绝大多数会对人体产生慢性危害，并且都是通过污染食品的形式造成。几种常用的、容易对食品造成污染的农药品种有有机氯农药、有机磷农药、有机汞农药、氨基甲酸酯类农药等。

农药污染食品的途径及农药残留的来源如下：

第一，为防治农作物病虫害使用农药，喷洒作物而直接污染食用作物。给农作物直接施用农药制剂后，渗透性农药主要黏附在蔬菜、水果等作物的表面，大部分可以洗去，因此，作物外表的农药浓度高于内部；内吸性农药可进入作物体内，使作物内部农药残留量高于作物体外。另外，作物中农药残留量大小也与施药次数、施药浓度、施药时间和施药方法以及植物的种类等有关。一般施药次数越多、间隔时间越短、施药浓度越大，作物中的药物残留量越大。

第二，植物根部吸收。最容易从土壤中吸收农药的是胡萝卜、草莓、菠菜、萝卜、马铃薯、甘薯等，番茄、茄子、辣椒、卷心菜、白菜等吸收能力较小。熏蒸剂的使用也可导致粮食、水果、蔬菜中农药残留。

第三，空中随雨水降落。农作物施用农药时，农药可残留在土壤中，有些性质稳定的农药，在土壤中可残留数十年。农药的微粒还可随空气飘移至很远的地方，污染食品和水源。这些环境中残存的农药又会被作物吸收、富集，而造成食品间接污染。在间接污染中，一般通过大气和饮水进入人体的农药仅占10%左右，通过食物进入人体的农药可达到90%左右。种茶区在禁用滴滴涕、六六六多年后，在采收后的茶叶中仍可检出较高含量的滴滴涕及其分解产物和六六六。茶园中六六六的污染主要来自污染的空气及土壤中的残留农药。此外，水生植物体内农药的残留量往往比生长环境中的农药含量高出若干倍。

第四，食物链和生物富集作用。农药残留被一些生物摄收或通过其他的方式吸入后累积于体内，造成农药的高浓度贮存，再通过食物链转移至另一生物，经过食物链的逐级富集后，若食用该类生物性食品，可使进入人体的农药残留量成千倍甚至上万倍地增加，从而严重影响人体健康。一般在肉、乳品中含有的残留农药主要是禽畜摄入被农药污染的饲料，造成体内蓄积，尤其在动物的脂肪、肝、肾等组织中残留量较高。动物体内的农药有些可随乳汁进入人体，有些则可转移至蛋中，产生富集作用。鱼虾等水生动物摄入水中污染的农药后，通过生物富集和食物链可使体内农药的残留浓集至数百倍至数万倍。

第五，运输及贮存中由于和农药混放，可造成食品污染。尤其是运输过程中包装不严或农药容器破损，会导致运输工具污染，这些被农药污染的运输工具，往往未经彻底清洗，又被用于装运粮食或其他食品，从而造成食品污染。另外，这些逸出的农药也会对环境造成严重污染，从而间接污染食品。印度博帕尔毒气灾害就是某公司一化工厂泄漏农药中间体硫氰酸酯引起的。中毒者数以万计，同时造成大量孕妇流产和胎儿死亡。

脂溶性大、持久性长的农药，如六六六和滴滴涕等，很容易经食物链产生生物富集。随着营养级提高，农药的浓度也逐级升高，从而导致最终受体生物的急性、慢性和神经中毒。一般来说，人类处在食物链的最末端，受残留农药生物富集的危害很严重。有些农药在环境中稳定性好，降解的代谢物也具有与母体相似的毒性，这些农药往往引起整个食物链的生物中毒死亡；有些农药尽管毒性低，但性质很稳定，若摄入量很大，也可产生毒害作用。

（三）残留农药的毒性与危害

农药对人、畜的毒性可分为急性毒性和慢性毒性。所谓急性毒性，是指一次口服、皮肤接触或通过呼吸道吸入等途径，接受一定剂量的农药，在短时间内能引起急性病理反应的毒性，如有机磷剧毒农药1605、中胺磷等均可引起急性中毒。患者在出现各种组织、脏器的一些相应的毒性反应时，还常常发生严重的神经系统损害和功能紊乱，表现为急性神经毒性和迟发性神经毒性等一系列精神症状。慢性毒性包括遗传毒性、生殖毒性、致畸和致癌作用，是指低于急性中毒剂量的农药，被长时间连续使用，通过接触或吸入而进入人畜体内，引起慢性病理反应，如化学性质稳定的有机氯残留农药六六六、滴滴涕等。

长期或大剂量摄入农药残留的食品后，还可能对食用者产生遗传毒性、生殖毒性、致畸和致癌作用。怀孕母亲接触农药，其子女患脑癌危险度明显增加。用苯菌灵灌胃给药可引起动物致畸，而混合则不致畸。因此，关于农药对机体的遗传毒性、生殖毒性、致畸和致癌性等还需要有进一步研究证实。

二、食品中有机磷农药残留与检测

有机磷农药，属于有机磷酸酯类化合物，是使用最多的杀虫剂。在其分子结构中含有多种有机官能团，根据R、R₁及X等基团不相同，可构成不同的有机磷农药。它的种类较多，包括甲拌磷（3911）、内吸磷（1059）、对硫磷（1605）、特普、敌百虫、乐果、马拉松（4049）、甲基对硫磷（甲基1605）、二甲硫吸附、敌敌畏、甲基内吸磷（甲基1059）、氧化乐果、久效磷等。

大多数的有机磷农药为无色或黄色的油状液体，不溶于水，易溶于有机溶剂及脂肪中，在环境中较为不稳定，残留时间短，在室温下的半衰期一般为

7～10h，低温分解缓慢，容易光解、碱解和水解等，也容易被生物体内有关酶系分解。有机磷农药加工成的剂型有乳剂、粉剂和悬乳剂等。

（一）污染方式与人体吸收代谢

由于有机磷农药在农业生产中的广泛应用，导致食品发生了不同程度的污染，粮谷、薯类、蔬果类均可发生此类农药残留。其主要污染方式是直接施用农药或来自土壤的农药污染，一般残留时间较短，在根类、块茎类作物中相对比叶菜类、豆类作物中残留时间要长。对水域及水生生物的污染，大多是由于农药生产厂废水的排放及降水使得农药转移到水中而引起的。

有机磷农药随食物进入人体，被机体吸收后，可通过血液、淋巴液迅速分布到全身各个组织和器官，其中以肝脏分布最多，其次是肾脏、骨骼、肌肉和脑组织。有机磷农药主要在肝脏代谢，通过氧化还原、水解等反应；产生多种代谢产物。氧化还原后产生的代谢产物比原形药物的毒性有所增强。水解后的产物毒性降低。有机磷农药的代谢产物一般可在24～48h内经尿排出体外，也有一小部分随大便排出。另外，很少一部分代谢产物还可通过汗液和乳汁液排出体外。有机磷酸酯经过代谢和排出，一般不会或很少在体内蓄积。

（二）有机农药残留毒性与危害

有机磷农药的生产和应用也经历了由高效高毒型（如对硫磷、中胺磷、内吸磷等）转变为高效低毒低残留型（如乐果、敌百虫、马拉硫磷等）的发胺过程。有机磷农药化学性质不稳定，分解快，在作物中残留时间短。有机磷农药对食品的污染主要表现在植物性食物中。水果、蔬菜等含有芳香物质的植物最易吸收有机磷，且残留量高。有机磷农药的毒性随种类不同而有所差异。

有机磷农药是一类比其他种类农药更能引起严重中毒事故的农药，其导致中毒的原因是体内乙酰胆碱酯酶受抑制，导致神经传导递质乙酰胆碱的积累，影响人体内神经冲动的传递。这类化合物可能滞留在肠道或体脂中，再缓慢地被吸收或释放出来。因此，中毒症状的发作可能延缓，或者在治疗过程中症状有所反复。0.5～24h之间表现为一系列的中毒症状：开始为感觉不适，恶心，头痛，全身软弱和疲乏。随后发展为流口水（唾液分泌过多），并大量出汗，呕吐，腹部阵挛，腹泻，瞳孔缩小，视觉模糊，肌肉抽搐、自发性收缩，手震颤，呼吸时伴有泡沫，患者可能阵发疼挛并进入昏迷。严重的可能导致死亡；症状轻的，可在1个月内恢复，一般无后遗症，有时可能有继发性缺氧情况发生。

（三）防止有机农药中毒的措施

第一，加强农药管理，严禁与食品混放，防止运输、贮存过程发生农药污染事件。用于家庭卫生杀虫时，应注意食品防护，防止食品污染。

第二，农业生产中，要严格按照《农药安全使用标准》规范使用，易残留的有机磷农药避免在短期蔬菜、粮食、茶叶等作物中施用。

第三，对于水果和蔬菜表面的微量残留农药，可用洗涤灵或大量清水冲洗、去皮等方法处理。粮食、蔬菜等食品经过烹调加热处理后，可清除大部分残留的有机磷农药。

近年来，在食物中毒事件中，由农药残留引起的中毒死亡人数占总中毒死亡人数的20%左右。特别是，近年来农民患癌症及其他疾病的概率不断增加，农民作为施药者的主体，缺乏自我保护意识，再加上落后的施药器械使其经常面临急性中毒的危险，甚至丧失生命。因此，对食品中农药的检测十分重要。

三、食品中农药的检测方法

第一，根据（GB 23200.93—2016）《食品中有机磷农药残留量的测定气相色谱–质谱法》监检测食品中农药。

第二，范围。《食品中有机磷农药残留量的测定气相色谱–质谱法》规定了进出口动物源食品中10种有机磷农药（敌敌畏、二嗪磷、皮蝇磷、杀螟硫磷、马拉硫磷、毒死蜱、倍硫磷、对硫磷、乙硫磷、蝇毒磷）残留量的气相色谱–质谱检测方法。本标准适用于清蒸猪肉罐头、猪肉、鸡肉、牛肉、鱼肉中有机磷农药残留量的测定和确证，其他食品可参照执行。

第三，原理。试样用水–丙酮溶液均质提取，二氯甲烷液–液分配，凝胶色谱柱净化，再经石墨化炭黑固相萃取柱净化，气相色谱–质谱检测，外标法定量。

第四，试剂和材料。除另有规定外，所用试剂均为分析纯，水为GB/T 6682—1992规定的一级水。

试剂如下：

①丙酮（C_3H_6O）：残留级；②二氯中烷（CH_2Cl_2）：残留级；③环己烷（C_6H_{12}）：残留级；④乙酸乙酯（$C_4H_8O_2$）：残留级；⑤正己烷（C_6H_{14}）：残留级；⑥氯化钠（NaCl）。

溶液配制如下：

①无水硫酸钠：650℃灼烧4 h，贮于密封容器中备用；②氯化钠水溶液（5%）：称取5.0 g氯化钠，用水溶解，并定容至100 mL；③乙酸乙酯-正己烷（1+1，V/V）：量取100 mL乙酸乙酯和100 mL正己烷，混匀；④环己烷-乙酸乙酯（1+1，V/V）：量取100 mL环己烷和100 mL正己烷，混匀。

标准溶液配制如下：

①标准储备溶液：分别准确称取适量的每种农药标准品，用丙酮分别配制成浓度为100～1000 g/mL的标准储备溶液；②混合标准工作溶液：根据需要再用丙酮逐级稀释成适用浓度的系列混合标准工作溶液。保存于4℃冰箱内。

材料如下：

①氟罗里硅土固相萃取柱：Florisil，500 mg/6mL，或相当者；②石墨化炭黑固相萃取柱：ENVI-Carb，250 mg/6mL，或与之相当者，使用前用6 mL乙酸乙酯-正己烷预淋洗；有机相微孔滤膜：0.45 μm；③石墨化炭黑：60～80目。

第五，仪器和设备。①气相色谱-质谱仪：配有电子轰击源；②电子天平：感量0.01 g和0.0001 g；③凝胶色谱仪：配有单元泵、馏分收集器；④均质器；⑤旋转蒸发器；⑥锥形瓶：250 mL；⑦分液漏斗：250 mL；⑧浓缩瓶：250 mL；⑨离心机：4000 r/min以上；

第六，试样制备与保存。

试样制备：取代表性样品约1 kg，样品取样部位按GB2763执行，经捣碎机充分捣碎均匀，装入洁净容器，密封，标明标记。

试样保存：试样于-18℃保存。在抽样及制样的操作过程中，应防止样品受到污染或发生残留物含量的变化。

第七，分析步骤。

提取：称取解冻后的试样20 g（精确到0.01 g），置于250 mL具塞锥形瓶中，加入20 mL水和100 mL丙酮，均质提取3 min。将提取液过滤，残渣再用50 mL丙酮重复提取1次，合并滤液于250 mL浓缩瓶中，于40℃水浴中浓缩至约20 mL。将浓缩提取液转移至250 mL分液漏斗中，加入150 mL氯化钠水溶液和50

mL 二氯甲烷，振摇 3 min，静置分层，收集二氯甲烷相。水相再用 50 mL 二氯甲烷重复提收 2 次，合并二氯甲烷相。经无水硫酸钠脱水，收集于 250 mL 浓缩瓶中，于 40℃ 水浴中浓缩至近干。加入 10 mL 乙酸乙酯 – 环己烷溶解残渣，用滤膜过滤，待凝胶色谱净化。

净化包括凝胶色谱净化、固相萃取净化。

凝胶色谱条件：①凝胶净化柱，BioBeadsS–X3，700mm × 25mm（i.d.），或与之相当者；②流动相，乙酸乙酯–环己烷（1+1，V/V）；③流速，4.7 mL/min；④样品定量环，10 mL；⑤预淋洗时间，10 min；⑥凝胶色谱平衡时间，5 min；⑦收集时间，23 ~ 31 min。

凝胶色谱净化步骤：将 10mL 待净化液按规定的条件进行净化，收集 23 ~ 31min 区间的组分，于 40℃ 下浓缩至近干，并用 2mL 乙酸乙酯 – 正己烷溶解残渣待固相萃取净化。

固相萃取净化步骤：将石墨化炭黑固相萃取柱（对于色素较深试样，在石墨化炭黑间相萃取柱上加 1.5 cm 高的石墨化炭黑）用 6 mL 乙酸乙酯 – 正己烷预淋洗，弃去淋洗液；将 2 mL 待净化液倾入上述连接柱中，并用 3 mL 乙酸乙酯 – 正己烷分 3 次洗涤浓缩瓶，将洗涤液倾入石墨化炭黑固相萃取柱中，再用 12 mL 乙酸乙酯 – 正己烷洗脱，收集上述洗脱液至浓缩瓶中，于 40℃ 水浴中旋转蒸发至近干，用乙酸乙酯溶解并定容至 1.0 mL，供气相色谱 – 质谱测定和确证。

测定气相色谱 – 质谱参考条件：①色谱柱，30m × 0.25mm（i.d.），膜厚 0.25 μm，DB–5MS 石英毛细管柱，或与之相当者；②色谱柱温度，50℃（2min）30℃/min，180℃（10min）30℃/min，270℃（10min）；③进样口温度，280℃；④色谱 – 质谱接口温度，270℃；⑤载气，氦气，纯度 ≥99.999%，流速 1.2 mL/min；⑥进样量，1 L；⑦进样方式，无分流进样，1.5 min 后开阀；⑧电离方式，配有电子轰击源；⑨电离能量，70 eV；⑩测定方式，选择离子监测方式，选择监测离子（m/z）：见表 5–2；⑪溶剂延迟，5min；⑫离子源温度，150℃；⑬四级杆温度，200℃。

表5-2 选择离子监测方式的质谱参数表

通道	时间 t_R（min）	选择离子（amu）
1	5.00	109,125,173,145,179,185,199,220,270,285,304

2	17.00	109,127,158,169,214,235,245,258,260,261,263,285,286,314
3	19.00	153,125,384,226,210,334

气相色谱-质谱测定与确证：根据样液中被测物含量情况，选定浓度相近的标准工作溶液，对标准工作溶液与样液等体积参插进样测定，标准工作溶液和待测样液中每种有机磷农药的响应值均应在仪器检测的线性范围内。如果样液与标准工作溶液的选择离子色谱图中，在相同保留时间有色谱峰出现，则根据表5-3、表5-4中每种有机磷农药选择离子的种类及其丰度比进行确证。

表5-3 10种有机磷农药种类表

序号	农药名称	英文名称	CAS.No	化学分子式
1	敌敌畏	Dichlorvos	000062-73-7	$C_7H_7Cl_2O_4P$
2	二嗪磷	Diazinon	000333-41-5	$C_{12}H_{21}N_2O_3PS$
3	皮蝇磷	Fenchlorphos	000299-84-3	$C_8H_8Cl_3O_3PS$
4	杀螟硫磷	Fenitrothion	000122-14-5	$C_9H_{12}NO_5PS$
5	马拉硫磷	Malathion	000121-75-5	$C_{10}H_{19}O_6PS_2$
6	毒死蜱	Chlorpyrifos	002921-88-2	$C_9H_{11}Cl_3NO_3PS$
7	倍硫磷	Fenthion	000055-38-9	$C_{10}H_{15}O_3PS_2$
8	对硫磷	Parathion	000056-38-2	$C_{10}H_{14}NO_5PS$
9	乙硫磷	Ethion	0000563-12-2	$C_9H_{22}O_4P_2S_4$
10	蝇毒磷	Coumaphos	000056-72-4	$C_{14}H_{16}ClO_5PS$

表5-4 10种有机磷农药的保留时间、定量和定性选择离子及定量限表

序号	农药名称	保留时间（min）	特片碎片离子（amu）			定量限（ug/g）
			定量	定性	丰度比	
1	敌敌畏	6.57	109	185,145,220	37：10：12：07	0.02
2	二嗪磷	12.64	179	137,199,304	62：100：29：11	0.02
3	皮蝇磷	16.43	285	125,109,270	100：38：56：68	0.02
4	杀螟硫磷	17.15	277	260,247,214	100：10：06：54	0.02
5	马拉硫磷	17.53	173	127,158,285	07：40：100：10	0.02
6	毒死蜱	17.68	197	314,258,286	63：68：34：100	0.01
7	倍硫磷	17.80	278	169,263,245	100：18：08：06	0.02
8	对硫磷	17.90	191	109,261,235	25：22：16：100	0.02
9	乙硫磷	20.16	231	153,125,384	16：10：100：06	0.02
10	蝇毒磷	23.96	362	226,210,334	100：53：11：15	0.10

第八，结果计算和表述。试样中每种有机磷农药残留量，按下式计算：

$$X_i = \frac{A_i \times c_i \times V}{A_{is} \times m} \qquad (5-4)$$

式中：

X_i——试样中每种有机磷农药残留量（mg/kg）；

A_i——样液中每种有机磷农药的峰面积（或峰高）；

A_{is}——标准工作液中每种有机磷农药的峰面积（或峰高）；

c_i——标准工作液中每种有机磷农药的浓度（g/mL）；

V——样液最终定容体积（mL）；

m——最终样液代表的试样质量（g）。

注：计算结果须扣除空白值，测定结果用平行测定的算术平均值表示，保留2位有效数字。

在重复性条件下获得的两次独立测定结果的绝对差值与其算术平均值的比值（百分率）应符合要求。在再现性条件下获得的两次独立测定结果的绝对差值与其算术平均值的比值（百分率）应符合要求。

第三节 食品包装中有害物质的检验技术

包装是实现商品价值和使用价值的重要手段之一，是商品生产和消费之间的桥梁，绝大多数商品只有通过适当的包装才能进入流通领域进行销售，以实现其使用价值和价值。其作用有：保护商品，便于运输、搬运、装运、储存，以促使商品增值。

包装是指按一定的技术方法，采用一定的包装容器、材料及辅料包装或捆扎货物。商品的包装，按其在流通领域中所起的作用的不同分为运输包装和销售包装。包装的主要作用在于保护商品，以防止在储存、运输和装卸过程中发生货损货差。

运输包装的分类：按照包装方式分，可分为单件运输包装和集合运输包装；按包装的造型不同，可分为箱、袋、桶、捆等；按包装材料不同，可分为纸制包装，金属包装，木制包装，塑料包装，麻织品包装，玻璃制品包装，陶瓷制品包装，竹、柳、草制品包装等。

为了便于运输、仓储、商检、验关，以及发货人与承运人和承运人与收货人之间的货物交接，避免错发错运，货物在运送之前，都要按一定的要求，在运输包装上面书写、压印简单的图形、文字和数字，以资识别，这些图形、文字和数字统称为运输标志。

包装材料带来的食品不安全因素包括：（1）包装材料直接和食物接触，很多材料成分可迁移到食品中，造成不良后果，如塑料、橡胶包装容器，其残留的单体、添加剂及裂解物等可迁移进入食品中；（2）纸包装中的造纸助剂、荧光增白剂、印刷油墨中的多氯联苯等对食品造成化学污染；（3）搪瓷、陶瓷、金属等包装容器，所含有害金属溶出后，移入盛装的食品中。

食品包装材料及容器的基本要求包括：（1）适合食品的耐冷冻、耐高温、耐油脂、防渗漏、抗酸碱、防潮、保香、保色、保味等性能；（2）特别是食品容器、包装材料的安全性，即不能向食品中释放有害物质，不与食品中营养成分发生反应；（3）许多国家制定了食品包装材料中有害物质的限制标准。

一、塑料包装中有害物质的检验

塑料，照字面上讲，是具有可塑性的材料。现代塑料，是用树脂在一定温度和压力下浇铸、挤压、吹塑或注射到模型中冷却成型的一类材料的专称。化学上，塑料是一种聚合物，是由很多个单元不断重复组合而成的。"塑料作为当前食品包装的重要材料，具有很强的可塑性，质量轻，不仅具有良好的封闭性，结实耐用，而且便于保存和运输，满足不同类型食品包装的要求，给消费者带来了极大的便利，在食品生产制造中得到了广泛的应用。虽然我国规定了塑料材料和塑料制品的安全标准，并且制定了相关的生产许可的管理措施，但塑料包装还存在一定的质量问题，影响食品质量安全"[1]。

（一）塑料特点

①重量轻、耐酸碱、耐腐蚀性、低透气、透水性、运输销售方便、化学稳定性好、易于加工、装饰效果好及良好的食品保护作用；②近30年来，塑料是世界上发展最快的包装材料；③大多数塑料可达到食品包装材料对卫生安全性的要求，但仍存在着不少影响食品的不安全因素。

---

[1]牟玉芳.食品塑料包装安全检测问题探析[J].食品安全导刊，2022（4）：160-163.

（二）塑料分类

塑料是一种可塑性的高分子材料，是树脂在一定温度和压力下浇铸、挤压、吹塑或注射到模型中冷却成型的，可分为以下两类：

第一，热塑性塑料，主要是由线型或支链型高聚物组成的，加热软化或熔融，可塑制成型，再加热又能软化或熔融，可如此反复处理，其性能基本不变。

第二，热间性塑料，再次加热不能熔融成型。随着塑料产量增大、成本降低，大量的商品包装袋、液体容器以及农膜等人们已经不反复使用，使塑料成为一类用过即被丢弃的产品的代表，废弃塑料带来的白色污染，今天已经成为一种不能再被忽视的社会公害了。

多种塑料中，一般聚对苯二甲酸乙二醇酯（Polyethylen Etereph Thalate，PET）塑料是普遍会被回收的，除测试性质的小规模回收计划外，其他塑料一般是不被回收的。可回收塑料价值是生产新塑料价格的3倍，成本高昂，塑料的回收及再造比其他材料较难普及。

聚苯乙烯（Poly Styrene，PS）：以石油为原料制成乙苯，乙苯脱氢精馏后可得到苯乙烯，再由苯乙烯聚合而成。本身无味、无臭、无毒、透明、廉价、刚性、印刷性能好，不易生长霉菌，卫生安全性好，可用于收缩膜、食品盒、水果盘、小餐具以及快餐食品盒、盘等。常残留有苯乙烯、乙苯、异丙苯、中苯等挥发性物质，有一定毒性，不同国家的限量标准不同。氯乙烯聚合而成的，本身是一种无毒聚合物，其安全性主要是残留的氯乙烯单体、降解产物和添加剂（增塑剂、热稳定剂和紫外线吸收剂等）的溶出造成食品污染；增塑剂在塑料中的使用主要取决于聚合物的伸长率及塑料的用途。目前，已进入生产的增塑剂有500余种，大部分都属于酯类化合物。几种重要增塑剂和增塑塑料包装中的另类有害物质是被确定为环境激素化学物质双酚A，双酚A对前列腺的发育产生微小的影响，在婴儿刚刚出生时是看不出来的。但当受到影响的婴儿在长大后，就会逐渐出现病症，如前列腺肥大和前列腺癌。这种化学成分还可以导致尿道畸形。

单体氯乙烯具有麻醉作用，可引起人体四肢血管收缩而产生疼痛感，同时还具有致癌和致畸作用，各国对其单体的残留量都做了严格规定。单体氯乙烯结构疏松多孔，吸收增塑剂能力很强，所以有优异的加工性能，可用于生产高质量、透明度强的塑料制品；制造各种板材、棒材、管材、透明片、软塑料制品等，广泛应用于食品、医疗、文具、建材、装饰、化工、纺织、日用品制造等行业；包在熟食上的PVC保鲜膜，如果与油脂接触或放微波炉里加热，保鲜膜里的增塑剂与食物发生化学反应，毒素挥发出来，会危害人体健康。其主要检测方法为气相色谱法。

（三）塑料包装中有害物质的测定

塑料包装中，有害物质的测定主要通过对氯乙烯的测定。

1.氯乙烯测定的基本原理

将试样放入密封平衡瓶中，用N，N-二甲基乙酰胺溶解。在一定温度下，氯乙烯扩散，当达到气液平衡时，取液上气体注入气相色谱仪，氢火焰离子化检测器测定，外标法定量。

2.氯乙烯测定的试剂材料

除非另有说明，本方法所用试剂均为分析纯。

（1）试剂为N，N-二甲基乙酰胺，纯度大于99%。

（2）标准品为氯乙烯基准溶液，5000 mg/L，丙酮或甲醇作溶剂。

（3）标准溶液配制如下：

第一，氯乙烯储备液的配制（10 mg/L）：在10 mL棕色玻璃瓶中加入10mLN，N-二甲基乙酰胺，用微量注射器吸取20 μL氯乙烯基准溶液到玻璃瓶中，立即用瓶盖密封，平衡2 h后，保存在4℃冰箱中。

第二，氯乙烯标准工作溶液的配制：在7个顶空瓶中分别加入10 mLN，N-二甲基乙酰胺，用微鼠注射器分别吸取0 μL、50 μL、75 μL、100 μL、125 μL、150 μL、200 μL氯乙烯储备液缓慢注射到顶空瓶中，立即加盖密封，混合均匀，得到N，N-二甲基乙酰胺中氯乙烯浓度分别为0 mg/L、0.050 mg/L、0.075 mg/L、0.100 mg/L、0.125 mg/L、0.150 mg/L、0.200 mg/L。

3.氯乙烯测定的仪器设备

（1）气相色谱仪：配置自动顶空进样器和氢火焰离子化检测器；（2）玻璃瓶：0 mL，瓶盖带硅橡胶或者丁基橡胶密封垫；（3）顶空瓶：20 mL，瓶盖带硅橡胶或者丁基橡胶密封垫；（4）微量注射器：25 μL、100 μL、200 μL；（5）分析天平：感量0.0001 g和0.01 g。

4.氯乙烯测定的步骤分析

（1）试液制备：称取1 g（精确到0.01 g）剪碎后的试样（面积不大于1cm×1cm），置于顶空瓶中，加入10 mL的N，N–二甲基乙酰胺，立即加盖密封，振荡溶解（如果溶解困难，可适当升温），待完全溶解后放入自动顶空进样器待测。

（2）氯乙烯的测定如下：

第一，仪器参考条件。包括自动顶空进样器条件和色谱条件。

自动顶空进样器条件包括：①定量环，1 mL或3 mL；②平衡温度，70℃；③定量环温度；④传输线温度，20℃；⑤平衡时间，30 min；⑥加压时间，0.20 min；⑦定量环填充时间，0.10 min；⑧定量环平衡时间，0.10 min；⑨进样时间，1.50 min。

色谱条件：①色谱柱，聚乙二醇毛细管色谱柱，长30 m，内径0.32 mm，膜厚1 μm，或等效柱；②柱温程序，起始40℃，保持1 min，以2℃/min的速率升至60℃，保持1 min，以20℃速率升至200℃，保持1 min；③载气，氮气，流速1 mL/min；④进样模式，分流，分流比1∶1；⑤进样口温度，200℃；⑥检测器温度：200℃。

第二，标准工作曲线的制作。对制备的标准工作溶液在仪器参数下进行检测，以氯乙烯标准工作溶液质量浓度为横坐标，以对应的峰面积为纵坐标，绘制标准工作曲线，得到线性方程。

第三，定量测定。对制备的样品在列仪器参数下进行检测，根据氯乙烯色谱峰峰面积，由标准曲线计算出样液中氯乙烯单体量。

5.氯乙烯测定的结果分析

试样中的氯乙烯，按下列公式计算：

$$X = \frac{\rho V}{m} \qquad (5-5)$$

式中：

X——试样中氯乙烯单体的量，单位为毫克每千克（mg/kg）；

ρ——样液中氯乙烯的浓度，单位为毫克每升（mg/L）；

V——样品溶液的体积，单位为毫升（mL）；

m——试样的质量，单位为克（g）。

结果保留2位有效数字。

6.精密度

在重复性条件下获得的两次独立测定结果的绝对差值不得超过算术平均值的10%。

7.其他

本标准中氯乙烯的检出限为0.1 mg/kg，定量限为0.5 mg/kg。

二、纸包装中有害物质的检验

（一）纸包装的发展

造纸生产分两大部分，即制浆和造纸。制浆是用化学法或机械法（磨木法）把天然棺物原料中的纤维离解出来，制成本色或漂白纸浆的过程。造纸是将纸浆进行打浆处理，再加胶料、填料，使纸浆在水中均匀分散，然后在抄纸机中脱水（滤水、挤压、烘干）造型，再通过切纸机、复卷机整理制成成品纸。

东汉时期，是以麻为主的破布和渔网为原料，唐宋年间，造纸开始使用麻、树皮、稻草等原料；近一百年里，随着现代制浆技术的出现，木材开始逐渐成为造纸的主要原料，比重由1880年的10%上升到1970年的93%，现在世界上主要的造纸国家，几乎全部用木材纤维造纸。造纸原料分为植物纤维和非植物纤维（无机纤维、化学纤维、金属纤维）两大类。目前国际上的造纸原料主要是植物纤维，一些经济发达国家所采用的针叶树或阔叶树木材占总用量的95%以上。这些方面相对金属等包装材料来说，具有很大的优越性。

我国的瓦楞纸箱工业在世界上起步较晚，1954年才开始推广使用瓦楞纸箱，而且技术起点低，一开始沿用日本20世纪30年代的单机，工序间全靠手工连接，没有流水作业。这种情况直到20世纪70年代中后期才有所改观。

1975年起，北京纸箱厂率先从日本引进了双层瓦楞纸板生产线、双色印刷开槽机、糊盒机等设备；此后，青岛纸箱厂、天津外贸纸箱厂等纷纷引进国外（主要是日本）成套的瓦楞纸板、纸箱生产设备，其间我国也开始自行制造瓦楞纸板生产线。1982年5月，首都航天机械公司研制出我国第一条1.2米瓦楞纸自动化生产线，这是国内首创。

以1992年为分界点，在这之前的中国包装企业，整体技术落后、设备落后、管理落后，生产效益也不高。在不断引进国外各类先进流水线的同时，先进的管理方式和理念也同时进入中国，为今后中国包装产业的发展奠定了基础。

2001年，中国加入WTO，也标志着中国正式加入国际制造分工体系。中国的海外投资迎来新一波高潮，大批欧美企业涌入中国，我国外资企业构成更加多元化，从地域上也不再局限于沿海。相对港台背景的二次制造转移，这一时期进入内地的制造企业相对更加高端——这个说法在包装产业同样成立。

2006年，全球第一大造纸包装企业国际纸业宣布投资1.4亿美元与中国太阳纸业共同成立合资公司。中国的包装工业作为服务型制造业，是国民经济与社会发展的重要支撑，随着中国制造业规模的不断扩大和创新体系的日益完善，包装工业在服务国家战略、适应民生需求、建设制造强国、推进经济发展等方面发挥着越来越重要的作用，我国纸包装行业增速进入平缓增长的新常态。

2020年中国共有纸和纸板容器行业规模以上企业2510家，较2019年增加了58家，同比增长2.37%。随着企业数量的增加，营业收入也随之增长，2021年中国纸和纸板容器行业规模以上企业营业收入达3192.03亿元，较2020年增加了307.33亿元，同比增长10.65%。虽然2021年中国纸和纸板容器行业规模以上企业营业收入在增加，但利润总额却在下滑，2021年中国纸和纸板容器行业规模以上企业利润总额为132.29亿元，较2020年减少了11.96亿元，同比减少8.29%。

（二）纸包装材料的污染

然而，纸包装材料还是有一定的污染。在植物纤维中，主要有草浆和木浆。资料显示草浆用的麦秆之类的植物所含的木质素比木浆所用的阔叶、针叶木所含木质素要少，然而木浆的黑液可以通过碱回收系统回收再用，回收系统成熟。草浆的黑液里含有太多的硅酸盐，会对回收系统造成干扰，使系统不能很好地运行，所以草浆的黑液回收系统目前还不完善，只能排放草浆黑液。

为了减少原料对环境的污染，开始寻求新技术解决这个问题。如用蔗渣、稻草做原料，用全新技术达到基本无污染造纸。随着技术的全面发展，纸包装材料的取用对环境的污染会越来越小，为纸包装在绿色环保的道路上扫清障碍。造纸工业产生的主要污染来自制浆工艺。碱法制浆会产生造纸黑液，即木质素、聚戊糖和总碱的混合物，黑液中所含的污染物占到了造纸工业污染排放总量的90%以上，且具有高浓度和难降解的特性，它的治理一直是一大难题。为了让纸包装成为更加环保的材料，各种技术于治理制浆工艺产生的黑液。木质素是一类无毒的天然高分子物质，作为化工原料具有广泛的用途，聚戊糖可用作牲畜饲料。这些方案的提出帮助改进了造纸工艺，奠定了纸包装材料环境友好的地位。

尽管制浆工艺有一定的污染，纸包装的生产相对于其他包装材料还是更加绿色环保。金属、塑料、玻璃的熔融加工需要消耗大量的能量，其工业废物污染更加严重，并且改进金属等材料的加工工艺十分困难，复杂的工艺流程决定了这些材料没有纸包装材料在环保方面的优越性。

（三）食品包装纸中有害物质来源

食品包装纸中有害物质的主要来源：造纸原料中的污染物；造纸过程中添加的助剂残留，如硫酸铝、纯碱、亚硫酸钠、次氯酸钠、松香和滑石粉、防霉剂等；包装纸在涂蜡、荧光增白处理过程中，受多环芳烃化合物和荧光增白化学污染；彩色颜料污染，如生产糖果使用的彩色包装纸，涂彩层接触糖果可造成污染；成品纸表面的微生物及微尘杂质污染。

（四）包装纸对食品安全性的影响

包装纸对食品安全性的影响：食品包装纸的安全问题与纸浆、助剂、油墨等有关；种植过程中，使用农药、化肥等使其在稻草、麦秆等纸浆原料中残留；工厂在纸浆原料中掺入一定比例的社会回收纸，脱色只脱去油墨，铅、镉、多环芳烃类等仍留在纸浆；加工过程加入清洁剂、改良剂等对食品造成污染；使纸增白添加的荧光增白剂及石蜡处评制作蜡纸时石蜡中含有的多氯联苯，都是致癌物质；我国还没有食品包装印刷专用油墨，所用油墨中含有铅、镉及甲苯、二甲苯等物质，对食品造成污染。

包装与环境相辅相成，一方面包装在其生产过程中需要消耗能源、资源，产生工业废料和包装废弃物会污染环境；另一方面也要看到包装保护了商品，减少了商品在流通中的损坏，这又是利于减少环境污染的。目前，在解决包装与环境的关系上，绝不仅仅要考虑如何处理包装废弃物，而且要考虑人们的一切活动中所需要的包装产品都是通过消耗自然资源及能源，产生废弃物并且影响地球环境作为代价的。因此，包装的目的，就是要保存最大限度的自然资源，形成最小数量的废弃物和最低限度的环境污染。在这些方面，纸包装材料很好地符合了绿色包装的标准。

三、橡胶包装中有害物质的检验

（一）天然橡胶的发展

天然橡胶是由人工栽培的三叶橡胶树分泌的乳汁经凝固、加工而制得的，其主要成分为聚异戊二烯，含量在90%以上。此外，还含有少量的蛋白质、糖分及灰分。天然橡胶按制造工艺和外形的不同，分为烟片胶、颗粒胶、绉片胶和乳胶等，市场上以烟片胶和颗粒胶为主。虽然自然界中含有橡胶的植物很多，但能大量采胶的植物主要是生长在热带雨区的巴西橡胶树。从树中流出的胶乳，经过凝胶等工艺制成的生橡胶，最初只用于制造一些防水织物、手套、水壶等，但它受温度的影响很大，热时变黏，冷时变硬、变脆，因而用途较少。

1839年，美国一家小型橡胶厂的厂主古德易（Gmulyear）经过反复摸索，发现生橡胶与硫黄混合加热后能成为一种弹性好、不发黏的弹性体，这一发现推进了橡胶工业的迅速发展。在这之前，橡胶的年产量只有388t，但到1937年已增加到100万t，即100年间增加了2000倍，这在天然物质利用史上是十分罕见的，尤其是1920年以后，由于汽车工业兴起，进一步扩大需求，以致世界各国开始把天然橡胶作为军用战略物资加以控制，这就迫使美、德等汽车大国，但却是天然橡胶贫乏的国家开展合成橡胶的研究，这种研究是以制造与天然橡胶相同物质为目的开始的，因为人们已知它是由多个异戊二烯分子通过顺式加成形成的聚合体。

1914年爆发第一次世界大战，德国由于受到海上封锁，开展了强制性的合成橡胶研制和生产，终于实现了以电石为原料合成甲基橡胶，到1918年，共生产出

2350t。战后，由于暂时性天然橡胶过剩，使合成橡胶的生产也告中止，似其研究工作仍在进行。先后研制成聚硫橡胶（1931年投产）、氯丁橡胶（1932年）、丁苯橡胶（1934年）、丁腈橡胶（1937年）等。

第二次世界大战期间，尤其是在日本偷袭珍珠港、占领东南亚后，美国开始扩大合成橡胶生产，并纳入国防计划，1942年产量达84.5万t，其中丁苯橡胶为70.5万t。1950年以后，由于出现了齐格勒-纳塔催化剂，在这种催化剂的作用下，生产出3种新型的定向聚合橡胶，其中的顺丁橡胶，由于它的优异性能，到20世纪80年代产量已上升到仅次于丁苯橡胶的第二位。此后又有热塑性橡胶、粉末橡胶和液体橡胶等问世，进一步满足了尖端科技发展的需要。

2021年，全球天然橡胶产业在新冠肺炎疫情影响下基本正常运行，产量和消费量分别同比增长3.20%和9.90%，进口量和出口量分别同比增长7.75%和9.25%。其中我国天然橡胶产量同比增长23.01%，消费量同比增长6.02%，但是进口总量同比减少8.94%，青岛天然橡胶库存减少58.73%。2021年，国内外天然橡胶价格分别同比上涨16.24%和27.09%。展望2022年，全球天然橡胶产量可能增长1.80%~3.50%，消费量增长3.00%，天然橡胶价格大幅度增长的可能性较小，波动性较大；其中，我国天然橡胶产销量可能小幅度增长，浓缩胶乳市场竞争可能加重。

（二）橡胶制品的分类

人们常用的合成橡胶有丁苯橡胶、顺丁橡胶和氯丁橡胶等。合成橡胶与天然橡胶相比，具有高弹性、绝缘性、耐油和耐高温等性能，因而广泛应用于工农业、国防、交通及日常生活中。橡胶制品常用作奶嘴、瓶盖、高压锅垫圈及输送食品原料、辅料、水的管道等。其分为天然橡胶和合成橡胶两大类。

天然橡胶是以异戊二烯为主要成分的天然高分子化合物，本身既不分解，也不被人体吸收，因而一般认为对人体无毒。但由于加工的需要，加入的多种助剂如促进剂、防老剂、填充剂等，给食品带来了不安全的问题。

合成橡胶主要来源于石油化工原料，种类较多，是由单体经过各种工序聚合而成的高分子化合物，在加工时也使用了多种助剂。橡胶制品在使用时，这些单体和助剂有可能迁移至食品，对人体造成不良影响。丙烯橡胶和丁橡胶的溶出物有麻醉作用，氯二丁烯有致癌的可能。丁腈橡胶，耐油，其单体丙烯腈毒性较大。

（三）橡胶加工的危害

橡胶加工时使用的促进剂有氧化锌、氧化镁、氧化钙、氧化铅等无机化合物，由于使用量均较少，因而较安全（除含铅的促进剂外）。有机促进剂有醛胺类如乌洛托品，能产生甲醛，对肝脏有毒性；硫脲类如乙撑硫脲有致癌性；秋兰姆类能与锌结合，对人体可产生危害；另外，还有胍类、噻唑类、次磺酰胺类等，它们大部分具有毒性。防老剂中主要使用的有酚类和芳香胺类，大多数有毒性，如β–萘胺具有明显的致癌性，能引起膀胱癌。而填充剂也是一类不安全因子，常用的如炭黑往往含有致突变作用的多环芳烃——苯并［α]芘物质。橡胶主要的添加剂如下。

1.硫化剂

硫化促进剂可促进橡胶硫化作用，以提高其硬度、耐热度和耐浸泡性。无机促进剂有氧化锌、氧化镁、氧化钙等，均较安全，氧化铅由于对人体的毒性作用应禁止用于餐具；有机促进剂多属于醛胺类，如六甲四胺（乌洛托品，又名促进剂H）能分解出甲醛。硫脲类中乙撑硫脲有致癌作用，已被禁用。秋兰姆类的烷基秋兰姆硫化物中，烷基分子越大，安全性越高。二硫化四甲基秋兰姆与锌结合对人体有害。

2.防老化剂

防老化剂为使橡胶对热稳定，提高耐热性、耐酸性、耐臭氧性以及耐曲折龟裂性等而使用。防老化剂不宜采用芳胺类而宜用酚类，因前者衍生物及其化合物具有明显的毒性。如β–萘胺可致膀胱癌已被禁用，N–N'–二苯基对苯二胺在人体内可转变成β–萘胺，酚类化合物应限制制品中游离酚含量。

3.充填剂

充填剂主要有两种，即炭黑和氧化锌。炭黑提取物在Ames实验中被证实有明显的致突变作用，故要求其纯度较高，并限制苯并［α]芘含量，或降低提取至最低限度。由于某些添加剂具有毒性，或对实验动物具有致癌作用，故除上述以外，我国规定α–巯基咪唑啉、α–硫醇基苯并噻唑（促进剂M）、二硫化二甲并噻唑（促进剂DM）、乙苯-β-萘胺（防老剂J）、对苯二胺类、苯乙烯代苯酚、防老剂124等不得在食品用橡胶制品中使用。

橡胶制品的安全性：天然橡胶本身既不分解也不被人体吸收，一般认为对人体无毒，但由于加工的需要，加入的多种助剂，如促进剂、防老剂、填充剂等给食品带来了不安全的问题；合成橡胶在加工时也使用了多种助剂，使用时这些单体和助剂有可能迁移至食品，对人体造成不良影响；文献报道，异丙烯橡胶和丁橡胶的溶出物有麻醉作用，氯二丁烯有致癌的可能。

（四）橡胶制品中有害物质的测定

橡胶制品中，有害物质的测定包括挥发物、可溶性有机物质、重金属及甲醛迁移域的测定。下面主要介绍甲醛迁移域的测定。

甲醛迁移域的测定方法如下。

1.乙酰丙酮分光光度法

（1）乙酰丙酮分光光度法的原理。食品模拟物与试样接触后，试样中甲醛迁移至食品模拟物中。甲醛在乙酸铵存在的条件下与乙酰丙酮反应生成黄色的3，5-二乙酰基-1，二甲基吡啶，用分光光度计在410nm下测定试液的吸光度值，与标准系列比较得出食品模拟物中甲醛的含量，进而得出试样中甲醛的迁移量。

（2）乙酰丙酮分光光度法的试剂和材料。除非另有说明，本方法所用试剂均为分析纯，水为GB/T6682规定的三级水。

试剂如下：

①无水乙醇（CH_3CH_2OH）；②无水乙酸铵（CH_3COONH_4）；③乙酰丙酮（$C_5H_8O_2$）；④冰乙酸（CH_3COOH）：优级纯；⑤氢氧化钠（$NaOH$）。

试剂配制如下：

①水基食品模拟物，按照GB5009.156的规定配制；②乙酰丙酮溶液：称取15.0 g无水乙酸铵溶于适量水中，移入100 mL容量瓶中，加40μL乙酰丙酮和0.5 mL冰乙酸，用水定容至刻度，混匀，此溶液现用现配。

标准溶液配制如下：

第一，甲醛溶液（37%～40%，质量分数）：0～4℃保存。

第二，甲醛标准储备液：吸取甲醛溶液5.0 mL至1000 mL容量瓶中，用水定容至刻度，0～4℃保存，有效期为12个月，临用前进行标定，或直接使用甲醛溶液标准品进行配制。

第三，甲醛标准使用液：根据标定的甲醛浓度，准确移取一定体积的甲醛标准储备溶液，分别用相应的模拟物稀释至每升相当于10 mg甲醛，该使用液现用现配。

（3）乙酰丙酮分光光度法的仪器和设备。包括：①紫外可见分光光度计；②恒温水浴锅，精度控制在±1℃；③具塞比色管：10 mL（带刻度）。

（4）乙酰丙酮分光光度法的步骤分析：

第一，迁移实验。根据待测样品的预期用途和使用条件，按照要求，对样品进行迁移实验。迁移实验过程中至测定前，应注意密封，以避免甲醛的挥发损失，同时做空白实验。

第二，显色反应。分别吸取5.0 mL模拟物试样溶液和空白溶液至10 mL比色管中，分别加入5.0 mL乙酰丙酮溶液，盖上瓶塞后充分摇匀。将比色管置于40℃水浴中放置30 min，取出后置室温下冷却。

第三，标准曲线的制作。取7支10 mL比色管，根据迁移实验所使用的模拟物种类，按表5-5分别加入相应甲醛标准使用液，用相应的模拟物补加至5.0 mL，分别加入5.0 mL乙酰丙酮溶液，盖上瓶塞后充分摇匀。将比色管置于40℃水浴中放置30 min，取出后置室温下冷却。

表5-5　标准工作溶液系列配制

甲醛标准使用溶液加入量（mL）	0	0.5	1.0	1.5	2.0	2.5	3.0
甲醛标准工作溶液系列浓度（mg/L）	0	1.0	2.0	3.0	4.0	5.0	6.0

将经显色反应后的标准工作溶液系列装入10mm比色皿中，以显色后的空白溶液为参比，410nm处测定标准溶液的吸光度值。以标准溶液的浓度为横坐标，以吸光度值为纵坐标，绘制标准曲线。

第四，试样溶液和空白溶液的测定：将经显色反应后的试样溶液和空白溶液装入10 mm比色皿中，以显色后的空白溶液为参比，410 nm处测定试样溶液的吸光度值，由标准曲线计算试样溶液中甲醛的浓度（mg/L）。

（5）乙酰丙酮分光光度法的结果分析的表述

第一，食品模拟物中甲醛浓度的计算。食品模拟物中甲醛的浓度按下列公式计算：

$$X = \frac{y-b}{a}$$ （5-6）

式中：

X——食品模拟物中甲醛的浓度，单位为毫克每升或毫克每千克（mg/L或mg/kg）；

y——食品模拟物中甲醛的峰面积；

b——标准工作曲线的截距；

a——标准工作曲线的斜率。

第二，甲醛迁移量的计算。由食品模拟物中甲醛的浓度，按GB5009.156进行迁移量的计算，得到食品接触材及制品中甲醛的迁移量。结果保留至小数点后2位。

（6）精密度。在重复性条件下获得的两次独立测定结果的绝对差值不得超过算术平均值的10%。

（7）其他。以高于空白溶液吸光度值0.01的吸光度所对应的浓度值为检出限，以3倍检出限为方法的定量限。以每平方厘米试样表面积接触2 mL模拟物计，方法的检出限和定量限分别为0.02 mg/cm²和0.06mg/cm²。

2.变色酸分光光度法

（1）变色酸分光光度法的原理。食品模拟物与试样接触后，试样中甲醛迁移至食品模拟物中。甲醛在硫酸存在的条件下与变色酸反应生成紫色化合物，用分光光度计在574nm测定试液的吸光度值，与标准系列比较得出食品模拟物中甲醛的含量，进而得出试样中甲醛的迁移量。

（2）变色酸分光光度法的试剂和材料。除非另有说明，本方法所用试剂均为分析纯，水为GB/T6682规定的三级水或去离子水。所有试剂经本方法检测均不得检出甲醛。

试剂如下：

①无水乙醇（CH₃CH₂OH）；②变色酸（C₁₀H₈O₈S₂）；③硫酸：优级纯；

④冰乙酸（CH₃COOH）：优级纯；⑤氢氧化钠（NaOH）。

试剂配制如下：

①水基食品模拟物，按照GB5009.156的规定配制；②硫酸溶液：量取100 mL硫酸，溶于50 mL水中，缓慢搅拌，混匀；③变色酸溶液（5 mg/mL）：称取0.500 g变色酸，用适量水溶解，移入100 mL容量瓶中，用水定容至刻度，混匀后用慢速滤纸过滤，收集滤液待用，此溶液现用现配。

标准溶液配制如下：

第一，甲醛溶液（37%～40%，质量分数）：0～4℃保存。

第二，甲醛标准储备液：吸取甲醛溶液0.5 mL至1000 mL容量瓶中，用水定容至刻度，0～4℃保存，有效期为12个月，临用前进行标定，或直接使用甲醛溶液标准品进行配制。

第三，甲醛标准使用液：根据标定的甲醛浓度，准确移取一定体积的甲醛标准储备溶液，分别用相应的模拟物稀释至每升相当于10 mg甲醛，该使用液现用现配。

（3）变色酸分光光度法的步骤分析如下：

第一，迁移实验。根据待测样品的预期用途和使用条件，按照GB5009.156和GB31604.1的要求，对样品进行迁移实验。迁移实验过程中至测定前，应注意密封，以避免甲醛的挥发损失。

第二，空白实验。除不与待测样品接触外，进行空白实验。

第三，显色反应。分别吸取1.0 mL模拟物试样溶液、空白溶液至10 mL比色管中，各加入1.0 mL比变色酸溶液，再缓慢加入8.0 ml硫酸溶液，小心摇动比色管。溶液充分摇匀后，将比色管置于90℃水浴中放置20 min，立即在冰水浴中冷却2 min，然后取出并恢复至室温。

第四，工作曲线。取6支10 mL比色管，根据迁移实验所使用的模拟物种类，按表5-6分别加入相应甲醛标准使用液，用相应的模拟物补加至1.0 mL，各加入1.0 mL变色酸溶液，再缓慢加入8.0 mL硫酸溶液，小心摇动比色管。溶液充分摇匀后，将比色管置90℃水浴中放置20 min，立即在冰水浴中冷却2 min，然后取出恢复至室温。

表5-6　标准工作溶液系列配制

甲醛标准使用液加入量（mL）	0	0.20	0.40	0.60	0.80	1.0
甲醛标准工作系列浓度（mg/L）	0	2.0	4.0	6.0	8.0	10

将经显色反应后的标准工作溶液系列缓慢倒入10nm比色皿中，以显色后的空白溶液为参比，574nm处测定标准溶液的吸光度值。以标准溶液的浓度（mg/L）为横坐标，以吸光度值为纵坐标，建立工作曲线。

第五，试样溶液和空白溶液的测定。将经显色反应后的试样溶液和空白溶液缓慢倒入10nm比色皿中，以显色后的空白溶液为参比，574nm处分别测定试样溶液的吸光度值，由工作曲线计算试样溶液中甲醛的浓度（mg/L）。

（4）变色酸分光光度法的结果分析的表述。食品模拟物中甲醛的浓度按下列公式计算：

$$\rho = \frac{y-b}{a} \qquad\qquad (5-7)$$

式中：

ρ——食品模拟物中甲醛的浓度，单位为毫克每升或毫克每千克（mg/L或mg/kg）；

y——食品模拟物中甲醛的峰面积；

b——标准工作曲线的截距；

a——标准工作曲线的斜率。

四、无机包装中有害物质的检验

无机包装材料包括金属、玻璃、搪瓷和陶瓷等。它们与食品接触，有害元素的溶出对食品可造成污染。

（一）金属包装的食品安全性问题

1.铁包装材料对食品安全性的影响

铁是一种化学元素，为晶体，它的化学符号是Fe，原子序数是26，在化学元素周期表中位于第4周期、第Ⅷ族，是铁族元素的代表，是最常用的金属。它是过渡金属的一种，是地壳含量第二高的金属元素。铁制物件发现于公元前3500年的古埃及。它们包含7.5%的镍，表明它们来自流星。古代小亚细亚半岛（也就是现今的土耳其）的赫梯人在3500年前（公元前1500年前）是第一个从铁矿石中熔炼铁的，这种新的、坚硬的金属给了他们经济和政治上的力量，铁器时代开始了。中国也是最早发现和掌握炼铁技术的国家之一。1973年，在中国河北省出土了一件商代铁刃青铜钺，这表明3300多年以前中国人认识了铁，熟悉了铁的锻造性能，识别了铁与青铜在性质上的差别，把铁铸在铜兵器的刃部，加强铜的坚韧性。经科学鉴定，证明铁刃是用陨铁锻成的。随着青铜熔炼技术的成熟，逐渐为铁的冶炼技术的发展创造了条件。另外，人体中也含有铁元素，它是血红蛋白的成分之一，可帮助氧气运输。

2.铝包装材料对食品安全性的影响

铝制品的食品安全性问题主要在于铸铝和回收铝中的杂质。我国广西、江苏、上海等8个地区调查了精铝餐具486件，回收铝餐具426件，测定了锌、砷、铅、镉等金属在4%乙酸中的溶出量，精铝餐具中金属溶出量明显低于回收铝餐具，尤其是回收铝餐具中铅的溶出量最大达170 mg/L，可见，精铝餐具安全性较高，而回收铝中的杂质和金属难以控制，易造成食品的污染。铝的毒性主要表现为对大脑、肝脏、造血系统和细胞的毒性。长期接受含铝营养液的患者，可发生胆汁淤积性肝病和肝细胞变性。铝中毒时，时常发生小细胞低色素性贫血。

3.玻璃包装材料对食品安全性的影响

玻璃是以硅酸盐、碱性成分（纯碱、石灰石、硼砂等）、金属氧化物等为原料，在1000~1500℃高温下熔融而成的固体物质。玻璃的种类有很多，根据所用的原材料和化学成分不同，可分为氧化铝硅酸盐玻璃、钠钙玻璃、铅晶体玻璃、硼硅酸玻璃等。玻璃是一种惰性材料，无毒无味，化学性质极稳定，与绝大多数内容物不发生化学反应，是一种比较安全的食品包装材料。玻璃的食品安全性问题主要是从玻璃中溶出的迁移物，如着色玻璃，添加金属盐，茶色玻璃需要用石墨着色，蓝色玻璃需要用氧化钴着色等。另外，在高档玻璃器皿中，如高脚酒杯往往添加铅化合物，一般可高达玻璃质量的30%，有可能迁移到酒或饮料中，对人体造成危害。

4.不锈钢包装材料对食品安全性的影响

由于不锈钢用途广泛，型号较多，不同型号的不锈钢加入的铬、镍等金属的量有所不同。目前，我国用于食品容器的不锈钢大多为奥氏体型和马氏体型。两种型号的不锈钢餐具用4%乙酸煮沸30 min，再在室温放置24 h后，测定浸泡液中铅、铬和镍的含量。结果是两种型号不锈钢浸泡液中铅的溶出量均小于1 mg/L。奥氏体型不锈钢浸泡液中铬溶出量为0～4.5 mg/L、镍为0～9.7 mg/L；而马氏体型的不锈钢浸泡液中铬溶出量为0.003～370 mg/L、镍小于1 mg/L。

5.陶瓷和搪瓷包装材料对食品安全性的影响

搪瓷器皿是将瓷釉涂覆在金属坯胎上，经过焙烧而制成的产品，搪瓷的釉料配方复杂。陶瓷器皿是将瓷釉涂覆在由黏土、长石和石英等混合物烧结成的坯胎上，再经焙烧而制成的产品。

（1）搪瓷、陶瓷容器在食品包装中主要用于装酒、咸菜和传统风味食品。陶瓷容器美观大方，在保护食品的风味上有很好的作用，但由于其原材料来源广泛、反复使用以及在加工过程中所添加的化学物质，从而造成食品安全性问题。

（2）搪瓷、陶瓷容器的主要危害来源于制作过程中在坯体上涂的瓷釉、陶釉、彩釉等。釉料主要是由铅、锌、镉、锑、钡、钛、铜、铬、钴等多种金属氧化物及其盐类组成，它们多为有害物质。当使用陶瓷容器或搪瓷容器盛装酸性食品（如醋、果汁）和酒时，这些物质容易溶出而迁移入食品，造成污染。

（二）无机包装中有害物质的测定

无机包装中，有害物质的测定主要通过电感耦合等离子体质谱法进行测定。

1.电感耦合等离子体质谱法的基本原理

基本原理：纸制品及软木塞经粉碎后采用硝酸进行消解，所得溶液经水稀释定容后，经电感耦合等离子体质谱仪测定，与标准系列比较定量。

2.电感耦合等离子体质谱法的试剂材料

（1）试剂

①硝酸（HNO_3）；②氩气（Ar）：纯度≥99.99%，或液氩；③氦气（He）：纯度≥99.995%。

（2）试剂配制

①硝酸溶液（5+95）；②量收50mL硝酸，缓慢加入950mL水中，混匀。

（3）标准品如下

第一，元素标准储备液（1000mg/L或100mg/L）：砷、镉、铬、铅采用经国家认证并授予标准物质证书的单元素或多元素标准储备液。

第二，内标元素储备液（1000mg/L或100mg/L）：钪、锗、铟、铑、铼、铋等采用经国家认证并授予标准物质证书的单元素或多元素标准储备液。

（4）标准溶液配制如下。

第一，混合标准系列溶液。准确吸取适量单元素标准储备液或多元素混合标准储备液，用硝酸溶液（5+95）逐级稀释配成混合标准系列溶液，各元素浓度可参考表5-7。混合标准系列溶液配制后，应转移至洁净聚乙烯瓶中保存。

表5-7　混合标准系列溶液

序号	元素	标准系列浓度（μg/L）					
		系列1	系列2	系列3	系列4	系列5	系列6
1	As	0	0.200	1.00	5.00	10.0	20.0
2	Cd	0	0.0200	0.100	0.500	1.00	2.00
3	Cr	0	0.500	1.00	5.00	10.0	20.0
4	Pb	0	0.500	2.00	10.0	20.0	50.0

第二，内标使用液（1 mg/L）：取适量内标单元素储备液或内标多元素储备液，用硝酸溶液（50+950）配制成合适浓度的多元素内标使用液,内标溶液可在配制混合标准系列溶液和待测样品溶液中手动定量加入，也可由仪器在线加入。若样品进样量与内标进样量为20：1时，内标浓度建议配制为1～2 mg/L；若样品进样量与内标进样量为1：1时，内标浓度建议配制为50～100μg/L。

第三，仪器调谐使用液：依据仪器操作说明要求，取适量仪器调谐储备液，用硝酸溶液（5+95）配制成合适浓度的调谐溶液。

3.电感耦合等离子体质谱法的仪器和设备

（1）电感耦合等离子体质谱仪（ICP-MS）；（2）天平：感量为0.1 mg；（3）微波消解仪：配有聚四氟乙烯消解内罐；（4）压力消解器：配有聚四氟乙烯消解内罐；（5）恒温干燥箱（烘箱）；（6）控温电热板；（7）超声水浴箱；（8）样品粉碎设备。

4.电感耦合等离子体质谱法的步骤分析

（1）试样制备。取适量样品，用切割研磨机将样品切割或研磨成粉末，混匀。

（2）试样消解。包括微波密闭消解和压力密闭消解。

第一，微波密闭消解。称取0.5g经粉碎的试样（精确至0.1mg），置于聚四氟乙烯消解内罐中，加入5~8mL硝酸，加盖放置1h，将消解罐密封后置于微波消解系统中，按照微波消解仪标准操作步骤进行消解，消解结束后，将消解罐移出消解仪，待消解罐完全冷却后再缓慢开启内盖，用少量水分两次冲洗内盖合并于消解罐中。将消解罐放在控温电热板上于140℃加热30min，或置于超声水浴箱中超声脱气5min，将消解液全部转移至50ml容量瓶中，用水定容至刻度，混匀，待测。同时，做试样空白实验。

第二，压力密闭消解。称取0.5g经粉碎的试样（精确至0.1mg），置于聚四氟乙烯消解内罐中，加入5~8mL硝酸，加盖放置1h，将消解内罐密封于不锈钢外罐中，放入恒温干燥箱中消解。消解结束后，待消解罐完全冷却后再缓慢开启内盖，用少量水分两次冲洗内盖合并于消解罐中。将消解罐放在控温电热板上于140℃加热30min，或置于超声水浴箱中超声脱气5min，将消解液全部转移至50mL容量瓶中，用水定容至刻度，混匀，待测。同时做试样空白实验。

（3）仪器参考条件。包括：①采用仪器调谐使用液，优化仪器工作条件；②在所选择的仪器工作条件下，编辑测定方法、选择待测元素及内标元素质荷比。

（4）标准曲线的制作。测定空白溶液的质谱信号强度后，按顺序由低到高分别测定混合标准溶液系列中各元素的质谱信号强度，根据待测元素与内标元素质谱信号强度比值和对应的元素浓度绘制标准曲线。

（5）试样溶液的测定。分别测定试样溶液和试样空白溶液各被测元素与其内标元素的质谱信号强度比值，从标准曲线上计算出各被测元素的含量。若测定结果超出标准曲线的线性范围，以相应基质酸溶液稀释后再进行测定。

5.电感耦合等离子体质谱法的结果分析

试样中待测元素的含量按下列公式计算：

$$X = \frac{(\rho - \rho_0) \times V \times f}{m \times 1000} \qquad (5-8)$$

式中：

X——试样中待测元素的含量，单位为毫克每千克（mg/kg）；

ρ ——试样溶液中待测元素的浓度，单位为微克每升（μg/L）；

ρ_0——试样空A溶液中待测元素的浓度，单位为微克每升（μg/L）；

V——试样消化液的定容体积，单位为毫升（mL）；

f——试样溶液稀释倍数；

m——试样质量，单位为克（g）；

1000——换算系数。

当待测元素含量>1.00mg/kg时，计算结果保留3位有效数字；当含量<1.00 mg/kg时，计算结果保留2位有效数字。

6.精密度

在重复性条件下获得的两次独立测定结果的绝对差值不得超过算术平均值的10%。

7.其他

以称样量0.5 g，定容至50 ml，计算，各元素的检出限见表5-8。

表5-8　本方法各元素的检出限和定量限

元素	As	Cd	Cr	Ph
检出限（mg/kg）	0.01	0.0005	0.02	0.02
定量限（mg/kg）	0.04	0.002	0.05	0.05

五、食品包装材料设备的卫生管理

第一，包装材料必须符合国家标准有关卫生标准的要求，并经检验合格方可出厂。利用新原料生产接触食品包装材料新产品，在投产之前必须提供产品卫生评价所需的资料（包括配方、检验方法、毒理学安全评价、卫生标准等）和样品，按照规定的食品卫生标准审批程序报请审批，经审查同意后，方可投产。

第二，生产过程中必须严格执行生产工艺、建立健全产品卫生质量检验制度。产品必须有清晰完整的生产厂名、厂址、批号、生产日期的标识和产品卫生质量合格证。

　　第三，销售单位在采购时，要索取检验合格证或检验证书，凡不符合卫生标准的产品不得销售。食品生产经营者不得食用不符合标准的食品容器包装材料设备。

　　第四，食品容器包装材料设备在生产、运输、储存的过程中，应防止有毒有害化学品的污染。

　　第五，食品卫生监督机构对生产经营与使用单位应加强经常性卫生监督，根据需要采取样品进行检验。对于违反管理办法者，应根据《中华人民共和国食品卫生法》的有关规定追究法律责任。

第六章

食品检测的质控与体系完善

　　食品安全问题是人们最关心的问题。食品检验检测技术对于保障食品安全有重要的作用。建立食品检验检测体系，不断完善对食品检验检测工作的监管，提高食品检验检测技术对于每一位公民都有重要意义。本章主要探究食品检测的质控与不足之处、食品检测的重要性及完善对策。

第一节　食品检测的质控与不足之处

　　近年来，随着人们生活水平的提高，人们对食品的质量要求也日益提高。同时，层出不穷的食品健康问题使人们越来越关注食品安全问题。食品是人们每天的能量来源，食品安全问题对人们的生活质量及生命安全有着直接的影响，因此，食品安全问题是关系着国计民生的首要问题。

　　"随着我国社会经济水平的发展，人们开始更加注重生活品质，饮食成为人们改善日常生活的一大方式，由于食品直接关系到身体健康甚至生命，食品的质量受到了人们的广泛关注"①。食品在加工的过程中，会存在对人体健康产生危害的物质，这主要是因为在食品制作过程中会加入各种添加剂，如果这些添加剂超过国家规定标准就会转化成对人们有害的化学物质，危害人们的健康甚至生命安全。如果以错误的方法处理食物，或者因为一些检验工作不合格导致有毒有害的食品流入市场，那么这些问题就都会严重威胁到人们的身体健康。因此，对于食品的检验检测工作显得尤为重要，相关企业应该对食品检测提出更高的要求，以确保食品在流入市场前的健康安全，这样才能从根源上保障食品质量，也会更大程度地确保食物的无害、健康，更有效地保障人们的身体健康，从而使食品安全问题得到解决。

一、食品检测质量控制的建议

（一）完善制度，创新检验技术

　　目前，我国的食品检测制度不够完善，导致出现了一些问题，为了解决这些问题，相关部门应该完善相关制度。

---

①吴业庭.食品检测的质量控制及细节问题分析[J].现代食品，2022，28（5）：132-134.

首先，针对食品检测标准的问题，食品安全部门要不断关注社会的发展，对当前的食品行业现状有清晰的把握，并且针对当今市场上的食品的特点不断修改食品检测标准，保障食品检测标准符合当前我国食品的特点，同时要及时地对失效的检验标准进行修正，以确保食品标准跟上发展的需要。

其次，相关企业要在食品检测每个阶段制定标准，以便做到食品从开始生产到加工完成，再到输入市场的每个步骤的检测检验都有标准可循。

再次，还要提高食品的检验技术水平，不断研究对食品制作过程中的农药残留、添加剂、违禁的化学品等物质的快速检验检测技术，积极引进先进的检验技术，及时掌握食品中存在的有害物质，采取清除或者禁止出厂等措施，以防食品流入市场对人们的健康造成危害。

最后，对食品生产厂家也要加大管理力度，如有食品厂家出现食品安全问题，要加大惩处力度，使之认识到食品安全的重要性，加强对食品生产的把控。

（二）加强检验检测机构建设

由于我国的检验检测技术不够先进，为了确保食品检测的全面性，重复设置检验机构造成了对资源的严重浪费，因此，完善了相关的检验检测制度后，还要加强对检测资源的整合，对于一些检测机构，要给予更多的检测权限，使其发挥更大的作用，也避免造成检测资源的浪费。对于检测机构方面，还要加强检测机构建设，支持检测机构的工作，使检测结果能够更加高效，检测数据更加全面，在检测过程中，做到物尽其用、人尽其用，在不浪费资源的前提下，发挥更高的作用。

（三）完善检验人员考核制度

在建立完善的检验检测制度的基础上，检验人员的考核制度也不容忽视。检验人员的技术水平与综合素质高低是保障食品安全与否的重要组成部分，工作人员不仅要有专业的知识，还要有过硬的检测技术，因此，为了保障食品安全，提高食品检测水平，相关企业需要不断完善检验人员的考核制度，加强对检验人员的培养。

第一，可以对检验人员安排检验技术培训，使其掌握最新的技术知识。

第二，加强检验人员对食品检测标准的学习，使其掌握国家食品安全最新标准。

第三，对检验人员定期进行考核，对于不合格的检测人员要有惩罚措施。

第四，加大培训力度，提高检验人员的专业水平，这样才能提高食品安全检验的工作效率。

第五，整个食品检验检测过程要全程监控，安排监管人员，制定监管制度，在检验员对食品进行检测时起到监督作用，避免由于检验员疏忽和操作不当对食品检测不到位，使带有危害物质的食品流入市场。

第六，相关企业还需建立从业人员的管理制度，提高检验行业的检测水平，进而使食品安全在每个环节都达到质量安全的标准。

（四）食品检测部门相互协调

食品检测工作，其实是由多个部门一起完成的，部门间充分沟通交流，协调配合才能确保食品检验检测工作的顺利开展，以及确保食品检测的质量，因此，政府主管部门应该组织其他相关部门和检测机构共同参与开展协调会议，主要是针对食品检测工作的协调，各部门要各司其职，恪尽职守，对食品检测工作做好，并且要分工明确。会议上指出在食品检验检测过程中存在的不足以及需要改进的地方，多方协调后，可以更好地开展食品检测工作，有效减少部门间的重复工作，从而降低食品检测成本、减少检验资源的浪费、提高检验效率。为方便各部门食品检测信息的共享，相关企业可以建立食品检测信息资源共享平台，各部门将食品检测信息分享到平台上，各级的检验部门都可以及时查询与了解想要的信息，这样也可以很好地对食品检测机构进行监督管理。资源共享平台中的食品检测数据要及时更新，并要对资源信息进行维护与管理，以保证食品检测数据的时效性与真实性。

（五）提高对食品的检测频率

当前的检验检测工作大部分是以随机抽查或者不定期检查的方式展开，并不能做到及时有效地对食品安全进行监控。

第一，食品检测工作者应在遵守食品安全规定的前提下，定期对食品进行检验检测，优化监督与评价的方式，落实食品检测工作，根据检验结果对企业做出正确引导，真正、有效地提高食品检验检测质量。

第二，由于食品具有保质期，因此应提高检验频率以及食品检测范围，做到对食品的定量与定性检验，使其成为检验工作的常态，以确保检验工作的有效性。

第三，针对消费者反映的食品安全问题，检验人员要及时进行食品抽检，对于检验结果要出具食品安全检测报告，让人们知晓检查结果，打消其顾虑，使其可以放心地购买食品。

第四，提高食品检测频率以及时掌握食品安全信息，对检测中的质量控制措施存在的缺陷进行分析，及时调整质量控制措施，保障食品质量安全。

第五，食品检测工作者还要不断创新工作模式和检验技术，提高检验检测频率、检验新技术，从而更好地开展食品检测工作，进而提高工作效率。

（六）加强食品检测过程监督

在完善食品检测制度和检验人员的考核制度后，还要加强食品检测过程中的过程监督，在食品检验检测工作中，不仅要求检测人员有专业的技术，还要求其能够科学地运用检验仪器和试剂，以此保障检测结果的准确性。在食品检测过程中，因为不同食品的特性需要用到不同的检测仪器和检测试剂，检测仪器与试剂的科学运用与否直接影响着食品检验检测结果，因此，在食品检测过程中除要执行相关的食品检测工作外，还需要注重食品检测仪器的日常保养与校对。

第一，食品检测中最常用的电子天平仪器，需要在每次使用前进行校准，并且还需要按照检定周期送到计量检定部门进行检定，以确保仪器的标准性能。此外，在检测过程中对于检测试剂的使用也要科学规范，在一些食品检测上，运用检测试剂与食品发生化学反应，通过分析化学反应结果对食品进行检测。因此，对这类试剂的质量要求很高，需根据试剂的特性以及存放要求合理保管这类试剂，严格保证其存放环境的适宜性、有效期以及试剂的运用在有效期内。

第二，对于保管的各类试剂，要分门别类标示清楚，每个试剂瓶外要注明试剂名称、属性、保存特质及保质期等。在运用试剂时，由检测员进行领取，且需和库房管理员进行确认，确认无误且双方签字后才能将试剂领出库房。在试剂的使用过程中，工作人员要注意检测安全，食品检测完成后尽快将试剂送回库房并进行妥善保管。在食品检测过程中，只有确保使用试剂的合格、有效，才能保障食品检测结果的准确性。

二、食品检测工作的不足之处

（一）检验标准制度不健全

当前，我国的食品检测工作存在检验标准不健全及检测制度不完善的缺点，我国当前的检验工作基本是突击检查，或者是接到群众反映，出现事故了才会做检验检测，因而办事效率、办事方法存在很大的问题。

检测也只是表面工作，不能有效地确保食品安全。同时，相关人员在检测过程中未严格按照国家标准开展工作，且没有严格的监管制度，工作人员因不能受到很好的约束以及及时的工作纠正而普遍出现一些工作上的疏忽，导致检测结果不精确，无法确保食品质量。如食品取样不按规定时间、检测标准不严格执行。此外，由于食品安全部门没有形成很好的工作机制，工作人员无法有效且高质量完成检测工作，从而导致食品检测效率低，严重拖慢了食品检测工作的进度。

（二）食品检测技术不先进

相对于发达国家来说，我国在一些科学技术、科学手段的应用上存在技术落后的问题，尤其在食品检验检测工作中体现较为明显。由于食品检测应用的技术不够先进，存在检测技术灵敏度低、没有很好的特异性等问题，因此，工作人员不能及时检测出对人体有害的物质。为了避免有害物质仍然处于食品内部，就需要反复进行食品检测工作，这就造成了对食品检测资源的浪费，使得食品检测成本提高，同时增大了工作人员的工作量，给工作人员带来了很大的负担。这种现象不仅对资源造成浪费，还会使工作人员在检验检测过程中容易出现工作失误，从而导致食品安全问题的发生。

（三）检测人员综合素质低

检验人员可以通过了解食品检测出来的数据是否符合标准来判断食品安全是否符合标准，因此，在食品检测过程中检测技术十分重要，同样处理检测出来的数据结果也是十分重要的。但是现阶段仍然存在一些综合素质不高的食品检测人员，对于食品检测工作仍然处于初级阶段，或者对于数据的处理也是按照原本的设定技术进行处理，这些检测人员没有更大地发挥自己的潜能，只是机械地完成表面工作，缺乏研究、创新的精神，并且对于食品检测人员来说，监管力度还不够，使得一些检测人员对待工作不够细致，会出现工作疏忽的情况，因此，在对待检验检测的工作人员时，相关企业应该加强监管制度，对工作人进行约束，鼓励食品检测工作人员研究新的检测技术，提高检测人员的工作热情，以确保检测工作能高效完成，也使检测技术得到改善。

第二节 食品检测的重要性及完善对策

"目前食品安全问题已逐渐得到了社会的广泛关注，然而我国食品监管部门在监管力度方面仍存在薄弱部位，检测水平有待提升。在高速发展的现代社会中，只有建立健全的食品安全检测体系，增强检测团队综合素质，才能为食品安全提供保障。在食品安全背景下，只有创新检测工作体系，在食品检测工作开展中融入现代技术，提升检测工作效率与工作质量，才能保证群众生命财产安全"①。

一、食品检测体系的重要性

（一）对人民群众的重要性

人民群众最关注的就是自己的"吃住行"问题，而吃永远是放在第一位的，食物不仅使我们吃饱、不挨饿，最重要的是给我们提供营养，促进儿童、青少年的生长发育，也让青壮年保持充沛的体力。食品营养与安全是至关重要的，它在老百姓的生活各方面都发挥着重要作用，食品检验部门可以通过科学的检验方法来验证食品的安全性，对每一类食品都按国家标准实施检验，如农产品、蔬菜等的农残检测，食品加工制品的重金属、微生物检测，肉制品的兽药残留检测，玉米、甜椒等转基因成分检测等，有计划、定期地对各类食品实施食品安全指标的检验，有效地监控食品安全，让生产企业有敬畏之心，从源头控制食品安全。

---

①孙宏娟.基于食品安全背景的食品检测工作创新发展研究[J].现代食品，2022，28（3）：121-123.

（二）对生产企业的重要性

国家的市场监督管理部门，每年都会依据食品安全风险对食品进行抽检，制订抽检计划，抽检范围包括生产企业产品、农贸市场销售产品等，抽检途径包括企业生产厂、超市终端、农贸市场终端、餐饮食堂终端等，对于这些地方食品安全抽检工作，在完成食品安全指标的抽检后，对于检验不合格的指标，会第一时间向社会公示，让老百姓了解到哪些食品出了安全问题，也让企业第一时间处理，启动应急召回程序，将影响降低到最小。

企业不仅要接受政府部门的抽检，也要主动向有资质的权威检验机构送检，至少每年送检企业生产的食品符合检测安全全项指标，以验证自己产品的安全性。不同的产品要求不同，根据标准和客户的不同需求，有些食品要每年送检两次，甚至是四次，食品检测结果应第一时间向生产部门反馈，对于提高产品质量、找到质量问题根源有着重要的指导作用，甚至对于整个食品链的质量安全都有促进作用，对于调整产业链安全也有重要意义，可以促进食品行业健康发展。

（三）对社会发展的重要性

食品检测部门要做到公正、公平，出具准确的检验结果，对于流入市场的食品质量安全做严格的质量监控，对促进社会和谐发展、保障人民的健康有着重要意义。食品检测部门的检验工作能够保障食品质量安全，促进社会发展。

二、食品检测体系解决对策

（一）构建食品安全风险的社会共治体系

1.健全和完善公众参与制度

现代食品安全体系的建立，要基于风险评估，要使用科学的方法，也要让民众参与，人民是食品的使用者，每一类食品都是为人民服务的，所以民众参与至关重要。民众参与体现在以下立法参与、执法参与和司法参与三方面来建立健全与完善公众参与制度。

以立法参与为例，在新标准进行建立或者对老标准进行修改时，要由国家机关牵头、专业协会参与，各大中专院校老师、生产企业技术人员、检验人员等共同参与制定，而且制定的标准还要在社会公示，所有人员都可以提出改进建议。对于改进建议国家机关还要组织再次评审，对于适用的建议评审通过后，按照民众的要求进行修改。立法参与过程，我们要不断地完善，通过网络、公众诉求平台，让每一位公民有参与的渠道，能够有途径去反馈需求，以便于在国家组织修订法规、标准时，可以充分考虑民众需求，将民众的诉求编制到食品安全政策中。

2.强化行业协会的自律监管

在我国，根据不同的食品，建立有不同的食品行业协会，如调味品行业协会、发酵行业协会、淀粉行业协会等，这些行业协会都是由行业里专业技术人员组成，他们是行业的权威人员，新的食品安全法颁布，行业协会的职能也被进一步确认，行业协调、行业代表、行业自律与行业服务都是最基本的职能。充分发挥行业协会的作用，在行业内部做好信息传达与服务，必要时做好培训教育，提高行业整体素质，制定行业标准，签订自律公约，在行业内实施监管，对于整个行业起到很好的约束作用，对于保障食品安全也有重要意义。

3.发挥媒体的宣传曝光职能

由于新冠肺炎疫情的原因，加速了小视频的传播，现代网络技术发达，视频App上市，公众媒体和自媒体都得到快速发展，通过网络媒体宣传来提高食品安全也是很重要的途径。目前，中国食品安全网也在抖音、快手等平台建立了自媒体宣传账号，宣传食品安全知识、曝光食品安全事件。媒体的宣传，传播途径更广、更快，这对于向老百姓灌输食品安全知识、传播食品不安全的信息是一条捷径。媒体宣传，可以提升公众的食品安全意识和认知水平。

4.鼓励第三方社会组织参与

竞争促进发展，政府机关要鼓励第三方检测机构利用信息化技术构建系统的检验技术平台，在平台中公示检验结果。同时，政府要给予资金扶持，鼓励第三方社会检测机构参与到食品安全监管活动中，弥补政府直属事业单位检测能力不足的缺点，以确保整个食品安全检测体系的完整。

（二）创新食品检测方法，提高检测技术

在创新食品检测方法、提高食品检测技术上下功夫，要积极引进国外的先进检测技术及检测设备，要派专业技术人员到有先进技术的国家交流学习。同时，政府要投入检测方法研发经费，要给大中专院校拨款用于食品检测技术的研发。总之，要加大食品检测技术的投资，充分发挥食品行业协会作用，努力打造国际领先的食品检测机构。

（三）建立完整的检测人员培训考核体系

21世纪最重要的是人才，食品检测工作的开展最重要的也是人才。加强检测人员的培训与考核，系统地策划培训内容，持续地开展培训，并制定考核措施，同时，要从源头控制检验人才，即保持高标准的招聘，这样通过招聘、培训、考核这三个方面，全方位地提高检测人员的能力水平、提高人员素养。与此同时，做好思想政治教育，让检验员敬畏职责，提高检测人员的使命感和责任感。

结束语

　　随着我国社会的不断发展，改革在不断推行中，我国居民的生活水平不断提高，对食品的要求也随之提高。食品安全直接关系到我国居民的身体健康问题，所以食品安全问题尤为重要，必须得到相关部门的广泛关注。随着我国科学技术、生物技术、机械工业等方面的不断发展，食品检验的技术也越来越成熟，可以更好地保障我国食品安全。现阶段，由于人们生活水平的提升，对各种各样食品的需求也不断提高，而在这种时代背景下，食品安全问题越发受到人们的关注，且食品安全问题也是制约食品行业发展的主要因素之一。为了确保食品具有良好的安全性，相关部门也采用了先进的食品检验技术，并有效实现了对食品安全的控制。

参考文献

1.著作类

[1] 曾小兰.食品微生物及其检验技术[M].北京：中国轻工业出版社，2010.

[2] 刘文玉，魏长庆，刘巧芝，等.食品微生物学及检验技术[M].南京：东南大学出版社，2015.

[3] 李自刚，李大伟.食品微生物检验技术[M].北京：中国轻工业出版社，2016.

[4] 林丽萍，吴国平，舒梅，等.食品卫生微生物检验学[M].北京：中国农业大学出版社，2019.

[5] 宁喜斌.食品微生物检验学[M].北京：中国轻工业出版社，2019.

[6] 卫晓怡.食品感官评价[M].北京：中国轻工业出版社，2018.

[7] 王永华，吴青.食品感官评定[M].北京：中国轻工业出版社，2018.

[8] 杨彩霞.食品卫生检验学[M].沈阳：辽宁科学技术出版社，2019.

[9] 张正红，蔡惠钿，王正朝.食品理化检验技术[M].成都：电子科技大学出版社，2020.

2.期刊类

[1] 陈伟，陈建设.食品的质构及其性质[J].中国食品学报，2021，21（1）：377–384.

[2] 邓家棋，黄桂颖，姚敏，等.感官分析在果脯中的应用[J].农产品加工，2021（15）：76–79.

[3] 范蕊，阿依努尔·阿娜比亚，曹雪琴，等.食品微生物检验及实验室质量控制[J].食品安全质量检测学报，2021，12（9）：3824–3829.

[4] 郝明明，寇雷，米晓丽.食品检验检测的质量控制[J].食品安全导刊，2020（18）：65.

[5] 蒋靖雯，林思宇，易灿，等.感官分析技术及其在乳制品中的应用[J].中国乳业，2022（2）：110–116.

[6] 江登珍，李敏，康莉，等.食品质构评定方法的研究进展[J].现代食品，2019（7）：99–103.

[7] 姬莉莉，闫雪.食品中微生物限量要求及检测技术发展趋势[J].食品安全质量检测学报，2021，12（2）：459–465.

[8] 姜云.浅论如何提高食品添加剂的检验质量[J].中国食品，2021（8）：123.

[9] 陆春梅.影响食品检验检测的因素、问题及对策[J].中国食品工业，2022（8）：83–85.

[10] 李洁.食品感官检验技术及其应用探讨[J].食品安全导刊，2017（32）：73–74.

[11] 李卿，马盛凯，张悦，等.感官评定在新食品开发中的应用[J].食品工程，2021（2）：42–45.

[12] 牟玉芳.食品安全管理中存在的问题及对策[J].食品安全导刊，2022（2）：19–21.

[13] 马孟增，王月.果树病虫害防治中的农药污染及治理措施探究[J].南方农业，2022，16（10）：194–196.

[14] 牟玉芳.食品塑料包装安全检测问题探析[J].食品安全导刊，2022（4）：160–163.

[15] 孙宏娟.基于食品安全背景的食品检测工作创新发展研究[J].现代食品，2022，28（3）：121–123.

[16] 孙灵霞，詹飞丽，潘治利，等.食品感官品评员对感官评价结果的影响[J].食品工业，2021，42（10）：268–270.

[17] 孙鑫磊.食品添加剂检验方法探析[J].黑龙江科技信息，2014（24）：28.

[18] 谭秀山.食品感官科学技术的机遇和挑战[J].食品安全导刊，2019（24）：75.

[19] 吴传立.食品检测对食品安全的重要性分析[J].现代食品，2022，28（11）：114–116.

[20] 吴业庭.食品检测的质量控制及细节问题分析[J].现代食品，2022，28（5）：132–134.

[21] 王宁，姜金岐，陈鹤月.食品感官评价的作用及与方法概述[J].农业科技与装

备，2020（6）：63-64.

[22] 王忠桂.PCR技术在食品微生物检测中的运用[J].食品安全导刊，2022（8）：
155-157.

[23] 王丹云，黄海民，朱俊玮，等.食品安全检验中微生物检测技术应用研究[J].
中国口岸科学技术，2021，3（10）：37-41.

[24] 王佳.食品理化检验中样品前处理的方法分析[J].中国食品工业，2021
（22）：118.

[25] 薛斌，陈心怡，张思琪，等.食品感官评价技术在乳制品冷链物流中的应用
研究[J].农村实用技术，2021（4）：95-97.

[26] 夏绪红，陶小庆，崔龙.微生物检测技术在食品安全中的应用[J].现代食品，
2022，28（1）：96-98.

[27] 余家统.食品检验检测中的质量控制措施探讨[J].现代食品，2022，28（4）：
42-45.

[28] 杨成彬，王勇，刘刚.食品检验检测体系存在的问题及完善对策[J].科技创新
与应用，2021，11（22）：135-137.

[29] 张国.食品安全管理的问题及对策[J].中国食品工业，2022（10）：99-101.

[30] 曾习，曾思敏，龙维贞.食品感官评价技术应用研究进展[J].中国调味品，
2019，44（3）：198-200.

[31] 张秀娟.微生物检测技术在食品安全检验领域中的应用[J].食品安全导刊，
2022（4）：189-192.

[32] 张思怡，聂晓臻，俞方璐.关于微生物检测技术及其在食品安全中的应用研
究[J].现代食品，2021（21）：121-123.